影视后期特效项目教程——After Effects

主　编　王东军　张　娟　仇　霞
副主编　郭林敏　张　慧　杜伟丽
参　编　张丽华　刘　鹏

北京理工大学出版社
BEIJING INSTITUTE OF TECHNOLOGY PRESS

内容简介

本书秉承“面向工作过程”的编写理念，精选8个不同领域的项目实例，深入浅出地讲解了使用After Effects进行影视特效合成、创作MG动画、短片、宣传片、广告、MV、片头以及栏目包装的完整工作流程。全书结构清晰、图文并茂，案例典型性强，不但能有效提高读者应用AE的技能，还有利于提升读者的艺术创作能力，能让其快速胜任影视后期特效制作工作，同时又能做到触类旁通，可以轻松地驾驭影视后期制作的其他领域的工作。

本书既可以作为职业院校“数字媒体技术应用”和“动漫与游戏设计”等专业的教材，还可以作为从事影视后期处理工作人员的参考用书。

图书在版编目（CIP）数据

影视后期特效项目教程：After Effects / 王东军，张娟，仇霞主编. -- 北京：北京理工大学出版社，2023.7重印

ISBN 978-7-5763-0722-1

Ⅰ. ①影… Ⅱ. ①王… ②张… ③仇… Ⅲ. ①图像处理软件－教材 Ⅳ. ①TP391.413

中国版本图书馆CIP数据核字（2021）第243562号

出版发行 / 北京理工大学出版社有限责任公司
社　　址 / 北京市海淀区中关村南大街5号
邮　　编 / 100081
电　　话 / （010）68914775（总编室）
（010）82562903（教材售后服务热线）
（010）68944723（其他图书服务热线）
网　　址 / http://www.bitpress.com.cn
经　　销 / 全国各地新华书店
印　　刷 / 定州启航印刷有限公司
开　　本 / 889毫米×1194毫米　1/16
印　　张 / 12
字　　数 / 238千字
版　　次 / 2023年7月第1版第2次印刷
定　　价 / 34.00元

责任编辑 / 张荣君
文案编辑 / 张荣君
责任校对 / 周瑞红
责任印制 / 边心超

图书出现印装质量问题，请拨打售后服务热线，本社负责调换

前言 PREFACE

After Effects CC 2021是Adobe公司推出的一款优秀的视频特效处理软件，经过多年发展，其已经在众多行业得到了广泛应用。本书秉承“面向工作过程”的编写理念，精选8个不同领域的项目实例，深入浅出地讲解了使用After Effects进行影视特效合成、创作MG动画、短片、宣传片、广告、MV、片头以及栏目包装的完整工作流程。同时，辅以典型的知识点和功能讲解，全面、系统地介绍了After Effects软件的基本操作流程及图层和时间轴、路径与蒙版、跟踪与稳定、颜色校正与抠像特效及其他特效等各种功能，以及制作关键帧动画、制作文字动画等的具体方法。

本书采用面向工作过程的编写体例，选择典型的工作项目作为教学实例，按照任务的实际需求匹配知识点，将陈述性知识有机地嵌入到工作过程中。同时，本书在项目题材的选择上注重融入思政内容，切实贯彻党的二十大精神，实现德技并修。项目中的“不忘初心”“建党一百周年”题材贯彻了“坚持中国共产党领导”的精神；“中秋”“国潮”“歌唱祖国”等题材贯彻了“推进文化自信自强，铸就社会主义文化新辉煌”精神；“环保片头”题材贯彻了“推动绿色发展，促进人与自然和谐共生”的精神；“智能生活”、“大国工匠”题材贯彻了“实施科教兴国战略，强化现代化建设人才支撑”的精神。本书主要内容包括如下：

项目1　不忘初心，青春无悔——After Effects的基本工作流程和项目设置。在熟悉项目操作的同时，掌握AE相关概念、编辑格式、项目设置、素材管理、文件管理、渲染输出、关键帧动画等知识和技能。

项目2　中秋——MG动画制作。在熟悉项目操作的同时掌握图层、图层混合模式、图层样式、通过路径操作编辑形状等知识和技能。

项目3　国潮形象短片——文字动画和蒙版。在熟悉项目操作的同时，掌握创建文本、设置文本动画、使用蒙版、绘制形状图层等知识和技能。

项目4　建党百年宣传片制作——AE的三维合成。在熟悉项目操作的同时，掌握创建及设置三维图层、使用灯光与摄像机等知识和技能。

项目5 智能生活——AE的稳定和跟踪。在熟悉项目操作的同时，掌握稳定、追踪以及模糊锐化、通道、风格化等特效知识和技能。

项目6 以青春歌唱祖国MV——色彩校正和抠像特效。在熟悉项目操作的同时，掌握颜色基本理论、颜色校正特效、抠像特效等知识和技能。

项目7 环保片头——透视、模拟、生成特效。在熟悉项目操作的同时，掌握透视、模拟、生成等各类特效的知识和技能。

项目8 大国工匠栏目包装——扭曲、过渡、音频特效。在熟悉项目操作的同时，掌握扭曲、过渡、音频等各类特效的知识和技能。

本书既可以作为职业院校“数字媒体技术应用”和“动漫与游戏设计”等专业的教学教材，还可以作为从事影视后期处理工作人员的参考用书。

本书由王东军、张娟、仇霞担任主编，郭林敏、张慧、杜伟丽任副主编，张丽华老师做了全书的统稿工作，北京汇众益智科技有限公司的专业讲师刘鹏提供了部分企业案例并给予了技术支持，在此表示衷心地感谢！

由于编者水平有限，本书不足之处在所难免，恳请广大读者批评指正。如有反馈建议，请发邮件至29158912@qq.com联系。

编　者

目录
CONTENTS

不忘初心，青春无悔

——After Effects 的基本工作流程和项目设置

项目描述

根据提供的素材，制作一段 20 秒左右的短视频，借此来直观地了解 AE 的基本工作流程及简单的编辑技巧。制作完成的短视频效果如图 1-1 所示。

图 1-1

学习目标

知识目标

1. 了解数字视频基本概念；
2. 了解 AE 的基本工作流程；
3. 熟悉 AE 的工作界面；
4. 理解动画原理。

能力目标

1. 会设置项目参数、创建合成；
2. 能熟练修改图层属性、创建基本动画。

情感目标

1. 养成规范操作的习惯；
2. 传播正能量，激发学习热情。

任务 1 项目设置

任务解析

在本任务中，需要完成以下操作：

- 设置项目参数。
- 设置渲染参数、设置输出音频参数。

任务制作

（1）启动 After Effects CC 2021（以下简称 AE），系统会迅速自动创建一个项目，如图 1–2 所示。

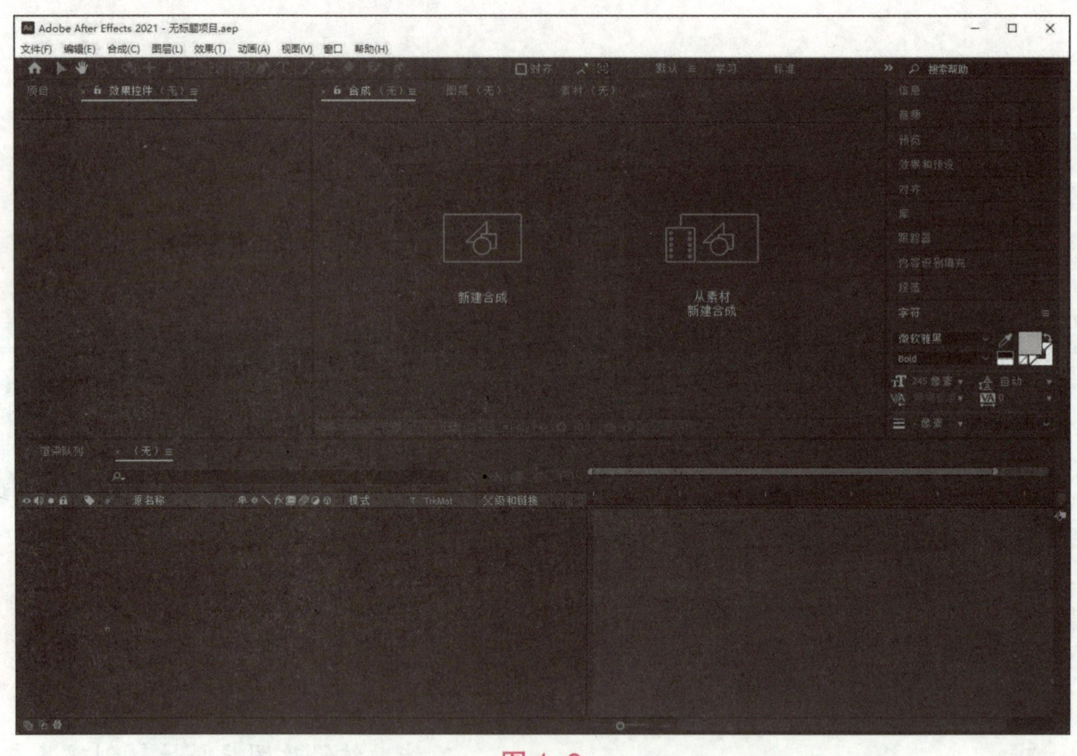

图 1–2

（2）执行“文件→项目设置”命令，在打开的对话框中设置“时间基准”为 25（25 帧 / 秒），设置“颜色深度”为“每通道 8 位”“音频采样率”为“48.000kHz”，然后单击“确定”按钮。（注：“时间基准”为 25，是针对我国的 PAL 制式进行设置，输出目标不同应根据实际要求进行设置）。

（3）执行“编辑→模板→渲染设置”命令，在打开的对话框中单击“编辑”按钮，设置

“帧速率”为 25，“影片默认值”等选择“最佳设置”，如图 1–3 所示。

（4）执行“编辑→模板→输出模块”命令，在打开的对话框中单击“编辑”按钮，设置下方的音频输出模式为“自动音频输出”，如图 1–4 所示。

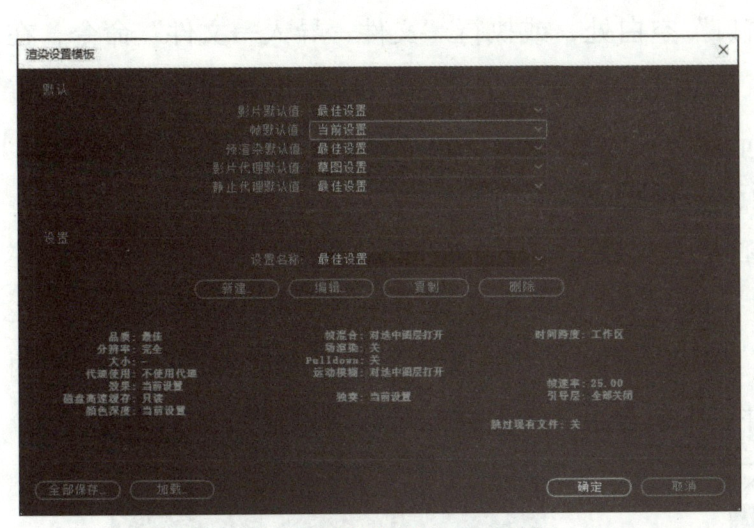

图 1–3

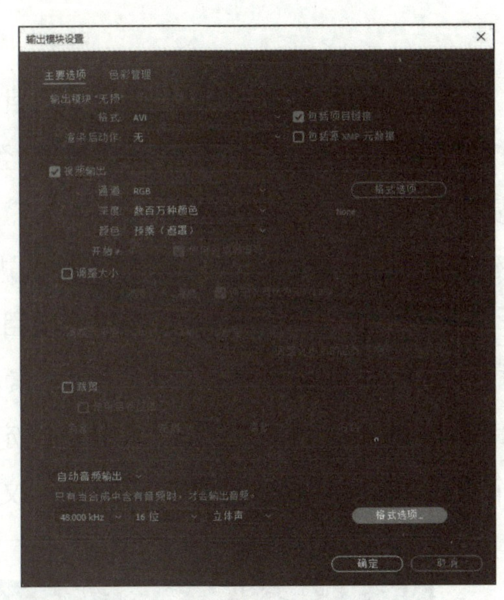

图 1–4

（5）执行“文件→保存”命令，在打开的对话框中输入项目名称“不忘初心，青春无悔”，单击“保存”按钮。

任务 2　合成设置

单击工作区的“新建合成”按钮，或者选择“合成→新建合成”选项（按【Ctrl+N】组合键），输入合成名称，其他设置参数如图 1–5 所示。

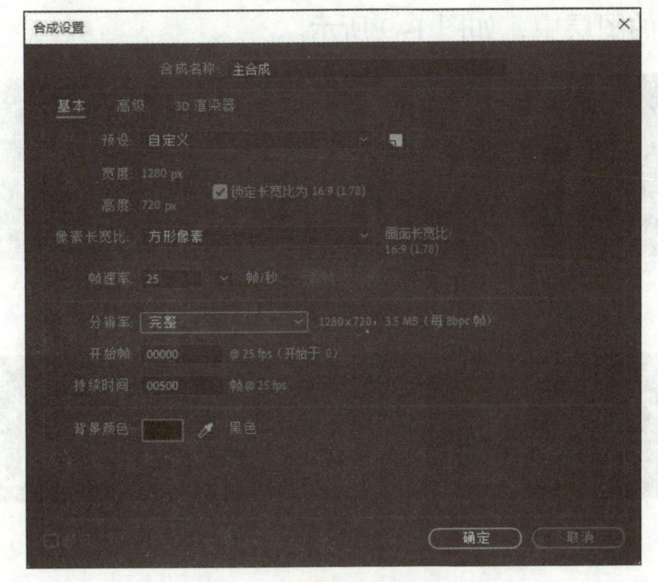

图 1–5

任务 3 导入与组织素材

（1）导入单张图片。双击“项目窗口”空白处，或执行“文件→导入→文件”命令，在打开的对话框中选择素材所在的路径，然后选择“背景.jpg”素材，单击“导入”按钮。重复以上操作，导入“树.png”“动态.mpp4”素材（提示：可以在导入素材窗口中按【Shift】键或【Ctrl】键同时选择多个文件，进行同时导入）。

（2）导入 PSD 图片。双击“项目窗口”空白处，或执行“文件→导入→文件”命令，在打开的对话框中选择“时钟.psd”素材，单击“导入”按钮弹出如图 1-6 所示的对话框，在其中进行相应设置，然后单击“确定”按钮。这时项目面板中增加了“时钟”“时钟 2”两个合成和“时钟 个图层”文件夹。文件夹中包含了 3 个独立的时钟素材，如图 1-7 所示。

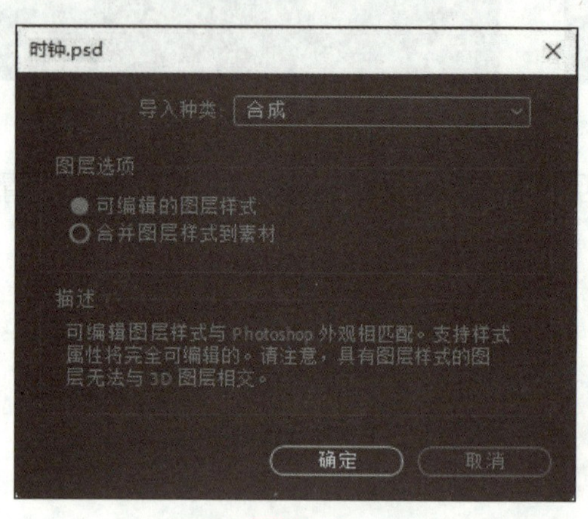

图 1-6

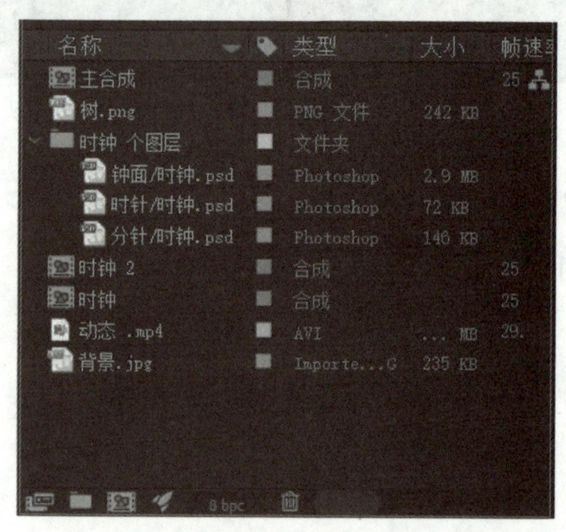

图 1-7

（3）单击时间线上的“时钟”合成，可以看到导入的 3 个时钟素材被分别放置在了 3 个图层中，如图 1-8 所示。单击时间线上的“时钟 2”合成，可以看到“时钟”合成作为素材被放置到了“时钟 2”的图层中，如图 1-9 所示。

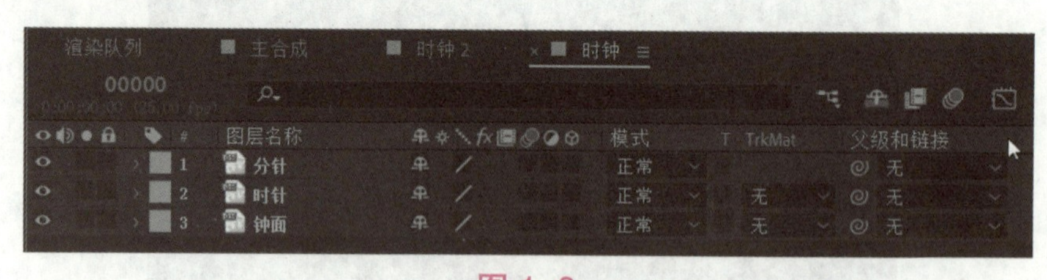

图 1-8

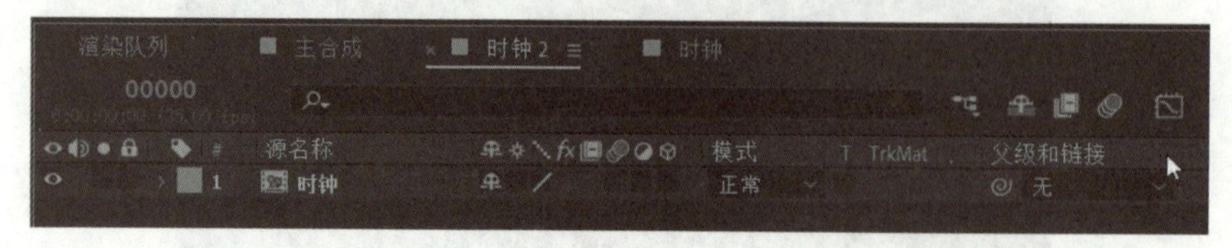

图 1-9

（4）导入 PSD 中的单个素材。双击“项目窗口”空白处，或执行“文件→导入→文件”命令，在打开的对话框中选择“蝴蝶 .psd”素材，单击“导入”按钮，弹出如图 1–10 所示的对话框，在其中进行相应设置，单击“确定”按钮。这时项目面板中增加了“蝴蝶 / 蝴蝶”合成和“蝴蝶 / 蝴蝶”素材。

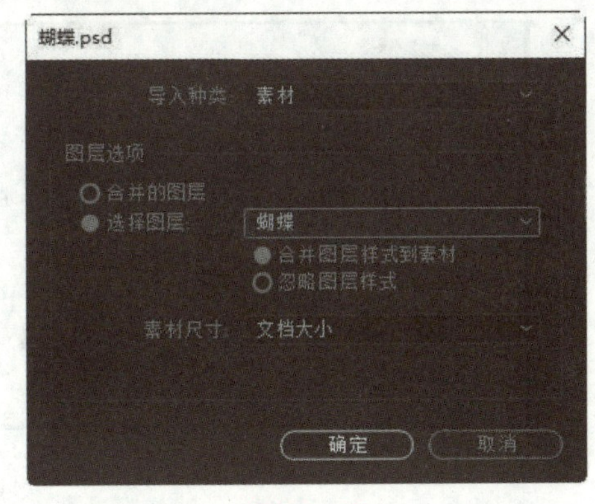

图 1–10

（5）导入序列素材。双击“项目窗口”空白处，或执行“文件→导入→文件”命令，在打开的对话框中选择序列素材文件夹中的一幅图片，勾选“PNG 序列”复选框，单击“导入”按钮。

（6）在“项目窗口”空白处右击，在弹出的快捷菜单中选择“新建文件夹”选项，命名为“时钟”，然后把与时钟相关的素材都拖放到“时钟”文件夹中。

（7）右击“项目窗口”中的“动态 .mp4”素材，在弹出的菜单中选择“解释素材→主要”选项，打开“解释素材”对话框，在其中将“帧速率”设置为“匹配帧速率: 25 帧 / 秒”。

任务 4　编辑素材

（1）选择“选取工具”选项，单击时间线面板上的“主合成”标签切换到主合成。把项目面板中的“背景”素材拖放到时间线面板上，通过合成预览面板可以看到背景图片没有充满窗口，如图 1–11 所示。单击图层名称左侧的三角按钮，在下方区域单击“变换”组名称左侧的三角按钮，修改“缩放”值为 125，使背景充满视频窗口，如图 1–12 所示。最后单击图层上“锁定”图标对应的方框，锁定背景层。

图 1–11

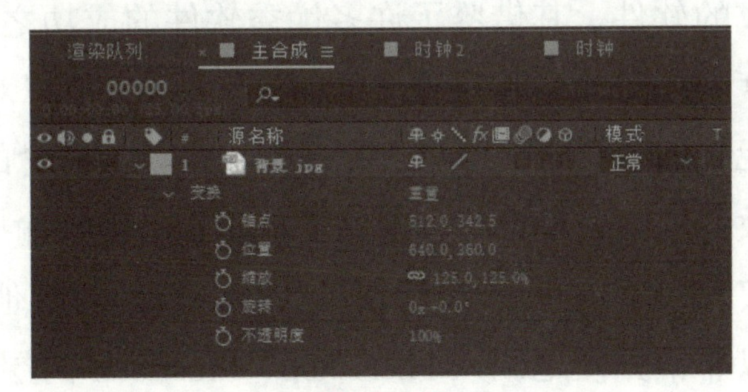

图 1–12

（2）分别把“树”“时钟 2”拖放到时间线面板的“背景”层之上，修改“缩放”“位置”等属性，效果如图 1–13 所示。在时间线面板的空白处右击，在弹出的快捷菜单中选择“新建→文本”选项，创建文本层，输入文字“不忘初心，青春无悔”，设置“字体”为“微软雅黑”，颜色为 #E9C20D，效果如图 1–14 所示。

图 1-13

图 1-14

任务 5 渲染输出

（1）执行“合成→添加到渲染队列”命令，打开“渲染队列”面板。单击“输出到”右侧的文本，在“将影片输出到”对话框中，选择输出影片文件的名称和位置，单击“保存”按钮。单击“输出模块”右侧的文本，设置“格式”为 QuickTime，单击“确定”按钮。

（2）单击“渲染”按钮，处理渲染队列中的项目。“渲染队列”面板显示了渲染操作的进度。

可以导入已创建的影片，并在 After Effects 中预览，也可以使用外部播放器播放影片。

知识链接

After Effects（以下简称 AE）是由 Adobe 公司开发的一款用于高端的非线性视频特效合成的软件，其借鉴了许多优秀软件的成功之处，将视频特效合成技术上升到了一个新的高度。Photoshop 中层概念的引入，使 AE 可以对多图层的合成图像进行控制，最终制作出天衣无缝的视频合成效果；关键帧、路径等概念的引入，使 AE 对于控制二维动画游刃有余；高效的视频处理系统，确保了高质量的视频输出；功能齐备的特效系统让 AE 能够帮助使用者实现一切创意。AE 保留了 Adobe 软件与其他图形图像软件的优秀兼容性，在 AE 中不仅可以非常方便地调入 Photoshop、Illustrator 的层文件，还可以近乎完美地再现 Premiere 的项目文件，调入 Premiere 的 EDL 文件，以及与主流 3D 软件进行良好的结合。此外，AE 在影像合成、动画、视觉效果、非线性编辑、动画样稿设计、多媒体和网页动画制作等方面都发挥了一定的作用。

本教材编写所依据的软件版本为 Adobe After Effects 2021。

一、影视基础知识

1. 常用的电视制式

电视信号的标准也称为电视制式。目前各国的电视制式不尽相同，制式的区分主要在于其帧频（场频）、分解率、信号带宽以及载频、色彩空间转换关系的不同等。目前，世界上用于彩色电视广播的主要有以下 3 种制式：

（1）NTSC 制式。NTSC 制式属于同时制，是美国于 1953 年 12 月首先研制成功的，并以美国国家电视系统委员会（National Television System Committee）的缩写命名。NTSC 制式采用正交平衡调幅制式，包括平衡调制和正交调制两种。NTSC 制式有相位容易失真、色彩不太稳定的缺点。采用 NTSC 制式的国家有美国、日本、加拿大等。

（2）PAL 制式。PAL 制式是为了克服 NTSC 制式对相位失真的敏感性，于 1962 年由联邦德国在综合 NTSC 制式的技术成就基础上研制出来的一种改进方案。PAL 是英文 Phase Alteration Line 的缩写，意思是逐行倒相，也属于同时制。PAL 制式对相位失真不敏感，图像彩色误差较小，与黑白电视的兼容性也好；但 PAL 制式的编码器和解码器都比 NTSC 制式的复杂，信号处理较麻烦，接收机的造价也高。采用 PAL 制式的国家较多，如中国、德国、新加坡和澳大利亚等。

（3）SECAM 制式。SECAM 制式被最先用于法国的模拟彩色电视系统中，是系统化的一个 8MHz 宽的调制信号，1966 年由法国研制成功，属于同时顺序制，特点是不怕干扰，彩色效果好，但兼容性差。采用 SECAM 制式的国家或地区主要有法国、俄罗斯、中东和西欧等。

2. After Effects 常用术语

（1）项目。在 After Effects 中制作视频的第一步就是创建“项目”。项目是一个文件，用于存储合成以及该项目中素材所使用的全部源文件。通过“项目设置”可以对视频作品的规格进行定义，如帧尺寸、帧速率、像素纵横比、音频采样、场等，这些参数的定义会直接决定视频作品输出的质量及规格。

（2）合成。合成是图层的集合及影片的框架。每个合成均有其自己的时间轴。典型的合成包括代表诸如视频和音频素材项目、动画文本和矢量图形、静止图像及光之类组件的多个图层。合成类似于 Flash 中的影片剪辑或者 Premiere 中的序列。简单项目可以只包括一个合成，复杂项目可能包括数百个合成以用来组织大量素材或制作多个效果。

（3）预合成和嵌套。嵌套是一个合成包含在另一个合成中。嵌套合成显示为包含它的合成中的一个图层。嵌套合成有时称为预合成，当预合成被用作某个图层的源素材项目时，该图层称为预合成图层。

（4）视频分辨率：

• 标清，是物理分辨率在 720p 以下的一种视频格式。

• 高清，定义为 720p、1080i 与 1080p 三种标准形式，而 1080P 又有另外一种称呼——

全高清。关于高清标准，国际上公认的有两条：一是视频垂直分辨率超过 720p 或 1080i；二是视频宽、高比为 16∶9。720p 格式，其分辨率为 1280px×720px，行频为 45kHz；1080p 格式，其分辨率是 1920px×1080px。

• 超高清，“4K 分辨率（3840px×2160px）”的正式名称被定为“超高清”。同时，这个名称也适用于“8K 分辨率（7680px×4320px）”。4K 分辨率是 1080p 的 4 倍，即 3840px×2160px，8K 的分辨率是 4K 的 4 倍，即 7680px×4320px。

（5）像素纵横比。像素纵横比就是组成图像的像素在水平方向与垂直方向之比，而“帧纵横比”就是一帧图像的宽度和高度之比。计算机产生的像素是正方形，电视所使用图像的像素是矩形的。在影视编辑中，视频用相同帧纵横比时，可以采用不同的像素纵横比，例如，帧纵横比为 4∶3 时，可以用 1.0（方形）的像素比输出视频，也可以用 0.9（矩形）像素比输出视频。以 PAL 制式为例，以帧纵横比为 4∶3 输出视频时，像素纵横比通常选择 1.067。

（6）SMPTE 时间码。视频编辑中，通常用时间码来识别和记录视频数据流中的每一帧，从一段视频的起始帧到终止帧，其间的每一帧都有唯一的时间码地址。根据电影与电视工程师协会（SMPTE）使用的时间码标准，其格式是：“时：分：秒：帧（Hours：Minutes：Seconds：Frames）”，用来描述剪辑持续的时间。若时基设定为每秒 30 帧，则持续时间为 00∶02∶50∶15 的剪辑表示它将播放 2 分 50 秒 15 帧。

（7）帧。帧是构成视频的最小单位，每一幅静态图像被称为一帧，而帧速率是指每秒钟能够播放或录制的帧数，其单位是帧 / 秒（fps）。帧速率越高，动画效果越好。传统电影播放画面的帧速率为 24 帧 / 秒，NTSC 制式规定的帧速率为 29.97 帧 / 秒（一般简化为 30 帧 / 秒），而我国使用的 PAL 制式的帧速率为 25 帧 / 秒。

（8）音频采样率。音频采样率简单地说就是通过波形采样的方法记录 1 秒钟长度的声音需要多少个数据，44kHz 采样率的声音就是要花费 44000 个数据来描述 1 秒钟的声音波形。原则上采样率越高，声音的质量越好。

（9）音频量化级。音频量化级简单地说就是描述声音波形的数据是多少位的二进制数据，通常用 bit 做单位，如 16bit、24bit。16bit 量化级记录声音的数据是用 16 位的二进制数，因此，量化级也是数字声音质量的重要指标。形容数字声音的质量，通常就描述为 24bit（量化级）、48kHz 采样，比如标准 CD 音乐的质量就是 16bit、44.1kHz 采样。

二、After Effects 的工作区

AE 为用户提供了一个可以伸缩、自由定制的界面。单击右上方的标签，可以快速切换不同的工作模式，也可以通过以最适合特定任务的工作样式的布局排列面板来创建和自定义工作区，以便针对不同的任务布置合适的工作区，提高工作效率。“默认”的工作界面如图 1-15 所示。

图 1-15

三、After Effects 的基本工作流程

无论制作简单的字幕动画、创建复杂的运动图形，还是合成真实的视觉效果，通常都需要遵循相同的基本工作流程，但可以重复或跳过一些步骤。

1. 导入和组织素材

在创建项目后，在“项目”面板中将素材导入该项目。After Effects 可自动解释许多常用媒体格式，也可以指定希望 After Effects 解释帧频率和像素长宽比等属性的方式。

2. 在合成中创建、排列和组合图层

用户可以创建一个或多个合成，然后在二维空间或三维空间堆叠或排列图层。用户可以使用蒙版、混合模式和抠像工具组合（合并）多个图层的图像，甚至可以使用形状图层、文本图层和绘画工具来创建自己的视觉元素。

3. 修改图层属性和为其制作动画

用户可以修改图层的大小、位置和不透明度等，也可以使用关键帧和表达式创建动画效果。

4. 添加效果并设置参数

用户可以通过添加一种或者多种效果以改变图层的外观或声音。

5. 预览

用户可以在计算机显示器或外部视频监视器上预览合成。

6. 渲染和导出

用户可以将一个或多个合成添加到渲染队列中，选择品质、指定的格式创建影片。

项目拓展

创建动画效果，具体步骤如下：

（1）打开保存的项目“不忘初心，青春无悔 .aep”。

（2）制作文字移动缩放动画。单击“合成面板”下方的“预览时间”按钮，在打开的对话框中输入要跳转到的帧位置，如图 1–16 所示，单击“确定”按钮把“时间指示器”定位到第 150 帧位置。打开文本图层的“变换”属性，单击“位置”左边的“秒表”按钮添加一个位置关键帧，图层相应位置会出现一个菱形标记，如图 1–17 所示。

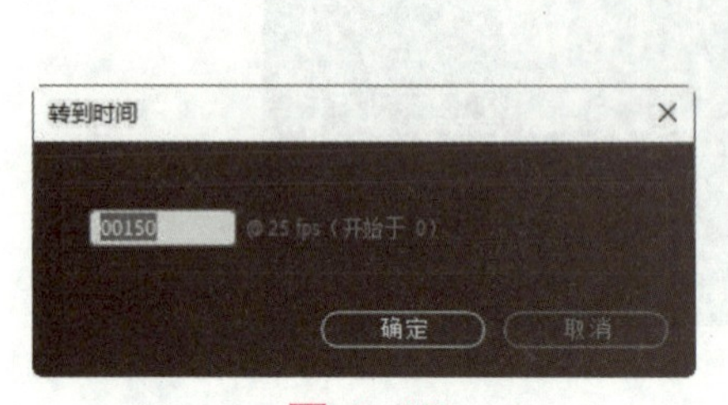

图 1–16

图 1–17

（3）把“时间指示器”定位到第 0 帧位置，然后修改文本的位置，文本层会在第 0 帧处自动添加一个位置关键帧。此时可以：单击“预览”面板中的“播放”按钮预览动画，如图 1–18 所示。再次单击“播放”按钮可停止预览（快捷键为“空格键”）。

（4）用同样的方法在第 150 帧位置处添加一个“缩放”关键帧，在第 0 帧处修改缩放参数，效果如图 1–19 所示。

图 1–18

图 1–19

（5）制作时钟指针旋转动画。打开“时钟”合成，调整分针层锚点在表盘的圆心位置，分针的尾部对准锚点。在第 0 帧处为分针的旋转属性添加一个关键帧，参数使用默认值，然后在最后一帧修改旋转参数为 2x+0.0。用同样的方法在时针层第 0 帧处添加一个“旋转”关键帧，参数使用默认值，然后在最后一帧修改旋转参数为 0x+12.0。

（6）制作“树”透明度动画。打开“主合成”，在“树”层的第 150 帧处添加一个“透明度”关键帧，在第 0 帧处修改透明度参数为 0。

（7）制作“父子关系”动画。打开“主合成”，把“蝴蝶”素材拖放到时间轴的最上层，调整位置与缩放参数，效果如图 1–20 所示。把“蝴蝶”层上的“父级关联器”拖放到文字层上，使蝴蝶层成为文字层的子层。预览动画，可以看到蝴蝶跟随文字层的属性而变化，效果如图 1–21 所示。

图 1–20

图 1–21

（8）剪辑素材。双击项目面板的 particle 素材，在素材预览窗口设置“入点”为第 95 帧，“出点”为第 130 帧，如图 1–22 所示。

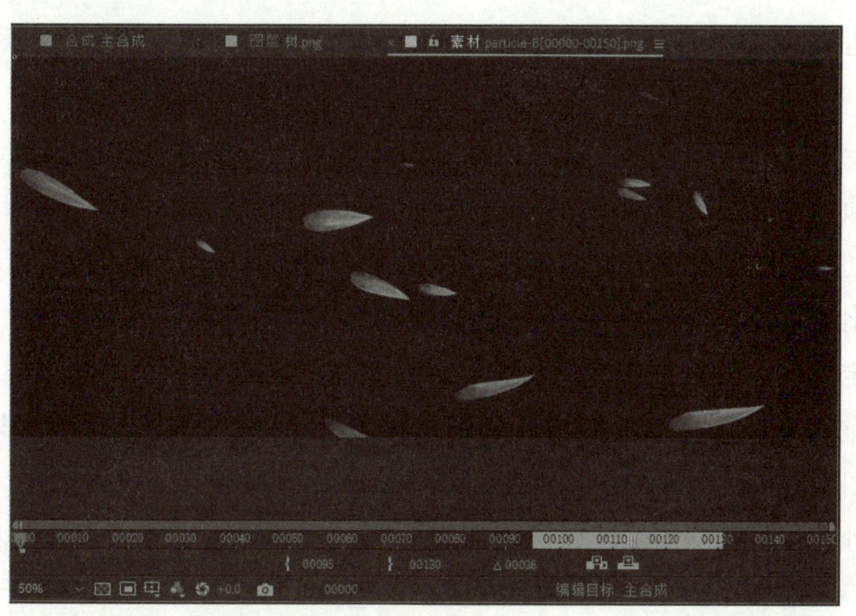

图 1–22

（9）新建合成，命名为“粒子”。把项目面板的 particle 素材拖放到“粒子”的时间线上，然后按【Ctrl+D】组合键复制几份，拖动到图层上的素材位置，把它们依次错开放置，如图 1–23 所示。切换到“主合成”，把“粒子”合成移动到时间线的最上层。

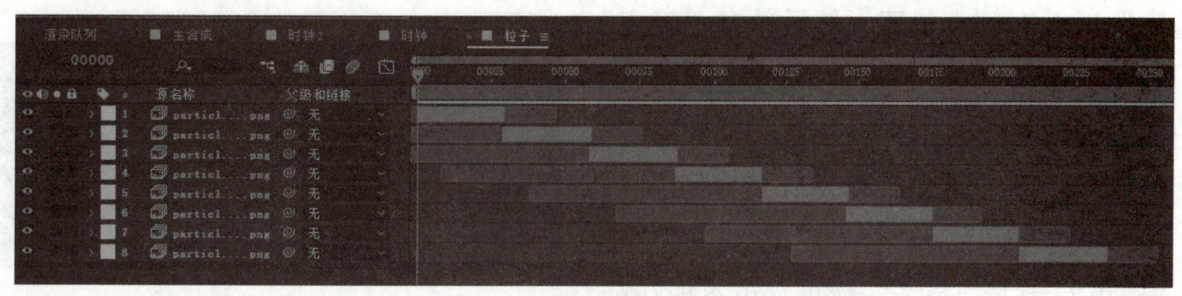

图 1–23

（10）导入“bj.mp3”，拖放到“主合成”时间线。预览效果，保存，渲染输出，最终效果如图 1–1 所示。

知识链接

下面对关键帧动画进行详细介绍。

1. 动画概述

通过使图层或图层上效果的一个或多个属性随时间变化，可以为该图层及该图层的效果添加动画。例如，可以为图层的“不透明度”属性添加动画，使其在 1 秒内从 0 变化到 100%，从而使图层淡入。可以为“时间轴”面板或“效果控件”面板中名称左侧具有秒表按钮的任何属性添加动画。

此外，用户还可以使用关键帧和（或）表达式为图层属性添加动画。许多动画预设都包括关键帧和表达式，因此可以轻松地将动画预设应用于图层，以实现复杂的动画效果。

2. 关键帧

关键帧用于设置动作、效果、音频以及许多其他属性的参数，这些参数通常随时间而发生变化。关键帧标记为图层属性（如空间位置、不透明度或音量）指定值的时间点。使用关键帧创建随时间推移的变化时，通常使用至少两个关键帧：一个对应于变化开始的状态，另一个对应于变化结束的新状态。

当某个特定属性的秒表处于活动状态时，如果更改该属性值，那么 After Effects 将自动设置或更改当前时间该属性的关键帧。如果在秒表处于非活动状态时更改某个图层属性的值，则该值在图层的持续时间内保持不变，且不会产生动画效果。

如果停用秒表，将删除该图层属性的所有关键帧，并且该属性的常量值将成为当前时间的值。

- 移动关键帧：选择关键帧拖动，即可改变关键帧在时间线中的位置。
- 复制与剪切关键帧：可以通过复制粘贴或剪切粘贴的方法修改动画，以提高制作效率。
- 调整关键帧速度：在时间线面板中选中某个关键帧，执行“动画→关键帧速度”命令，弹出“关键帧速度”对话框，如图 1–24 所示。在该对话框中选中关键帧的“进来速度”“输出速度”以及时间点位置，然后单击“确定”按钮。在动画速率变化的同时，时间线面板中相应的关键帧图标也会发生变化。

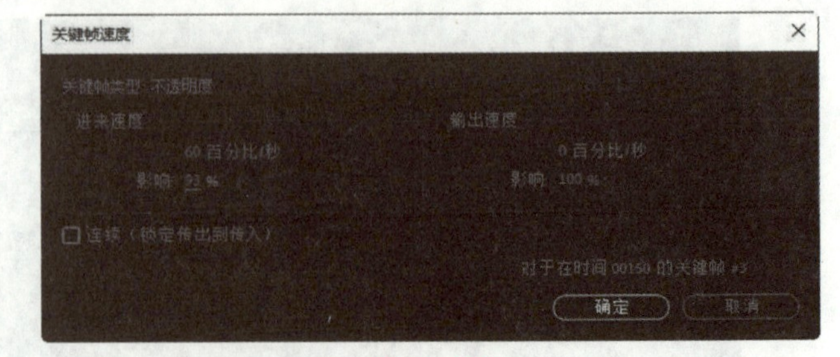

图 1–24

- 缓动设置：右击需要设置缓动的关键帧，选择“关键帧辅助”选项，可以设置“缓入”“缓出”或者“缓动”效果。更个性化的缓动效果可以在图表编辑器中手动调节。

3. 设置沿路径运动

选择如图 1–25 所示动画所在的层，执行“图层→变换→自动定向”命令，在弹出的对话框中选择“沿路径定向”选项，再次播放动画，就可以看到运动对象的方向沿路径的改变而改变，如图 1–26 所示。

图 1–25

图 1–26

4. 动画的倒序播放

要实现动画顺序的倒序播放效果，需首先选中时间线面板中动画所在的图层，然后右击图层，在弹出的菜单中执行“时间→时间反向层”命令，即可发现关键帧位置反转，同时图层条下方出现红色线条。播放动画时就会发现动画顺序发生了颠倒，形成原动画的倒序播放效果。

5. 图表编辑器

使用图表编辑器可以制作带有运动缓冲效果的动画，这样的动画才更接近现实中的运动个体。比如制作一只飞舞的蝴蝶，可以使用曲线编辑器，轻松地做出蝴蝶飞舞的时候时快时慢的动作，如图 1–27 所示。

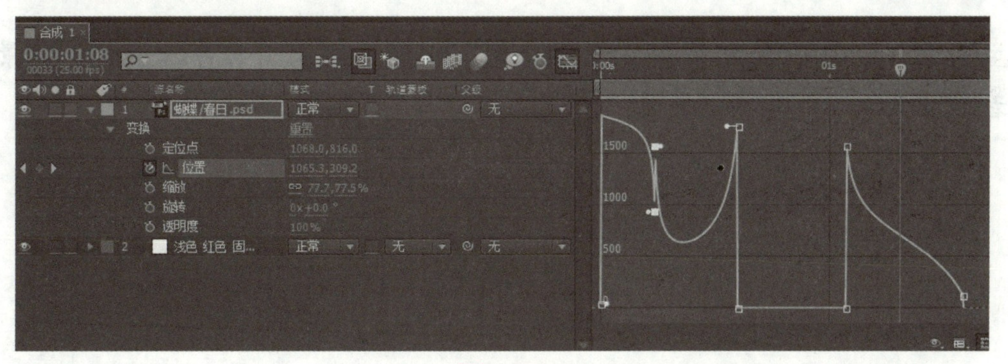

图 1–27

6. 建立父级关系

单击某个图层中的父子图标，并将其拖至其他图层上，释放后即可为这两个图层建立父级关系，其中前者为子图层，后者为父图层。当修改父图层的属性时，子图层的相应属性会同步变化。

巩固训练

上机实训

1. 制作飞机从左边缓慢进入，在中间盘旋，然后加速向右飞走的运动效果，如图 1-28 所示。

图 1-28

2. 使用提供的素材完成如图 1-29、图 1-30、图 1-31 所示的字母散开再重新排序的动画。

图 1-29

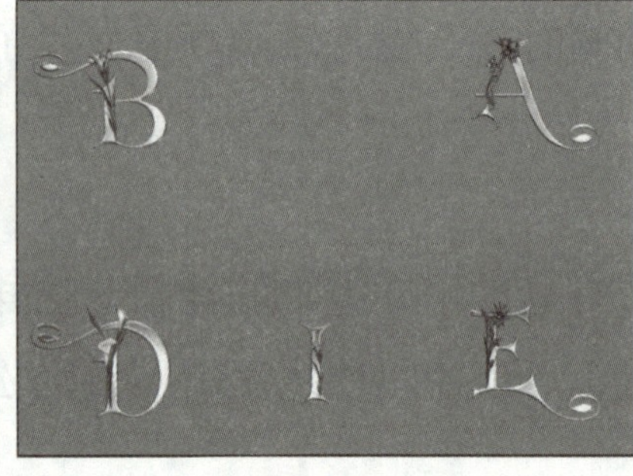

图 1-30

图 1-31

3. 自主创意，制作一段 20 秒的“自我介绍”视频，要求有文字、图片、背景音乐或者解说词，有美感，有一定的动画效果。

中秋

——MG 动画制作

项目描述

根据提供的素材，制作一段 20 秒左右的中秋主题 MG 动画短片。本案例通过制作“花纹装饰”“水波纹”“缓动效果”等动画元素，介绍了“形状层”的“中继器”“修剪路径”和“摆动路径”等命令的用法，最终效果如图 2-1 所示。

图 2-1

学习目标

知识目标

1. 了解 MG 动画的基本概念；
2. 了解 MG 动画的主要制作工具；
3. 熟悉形状层的主要编辑工具。

能力目标

1. 会应用“圆角”“中继器”“修剪路径”“摆动路径”创建工具，熟练设置参数；
2. 能综合运用多种方法创意、制作 MG 动画。

情感目标

1. 培养创新意识；
2. 促进对传统节日、传统文化的了解。

任务 1 创建背景

任务解析

在本任务中，需要完成以下操作：

- 使用“椭圆”等基本绘图工具绘制矢量图形。
- 为矢量图形添加“中继器”等特效，通过修改参数制作动画效果。
- 通过“图表编辑器”修改动画的播放速率。

任务制作

（1）新建项目，保存命名为“千里共婵娟”。新建合成，命名为“背景”，设置宽、高为 1280px × 720px，帧速率为 25，持续时间为 20 秒。

（2）创建静态背景元素。在时间线面板新建一个纯色层，右击纯色层，执行“效果→生成→四色渐变”命令，然后在“效果控件”面板设置“颜色 1”为 #FFFF00，“颜色 2”为 #FFC000，“颜色 3”为 #D8E97A，“颜色 4”为 #96FF00。

（3）选择椭圆形工具，设置填充颜色为 #E5B719，描边颜色为 #F2F1E3，描边宽度为 3 像素。按【Shift】键绘制一个正圆形，如图 2-2 所示。此时生成一个“形状图层 1”图层。展开“形状图层 1”属性，单击“内容”右侧的“添加”三角形按钮，选择“收缩和膨胀”选项，效果如图 2-3 所示。设置“收缩膨胀 1”的数值为 95，效果如图 2-4 所示。

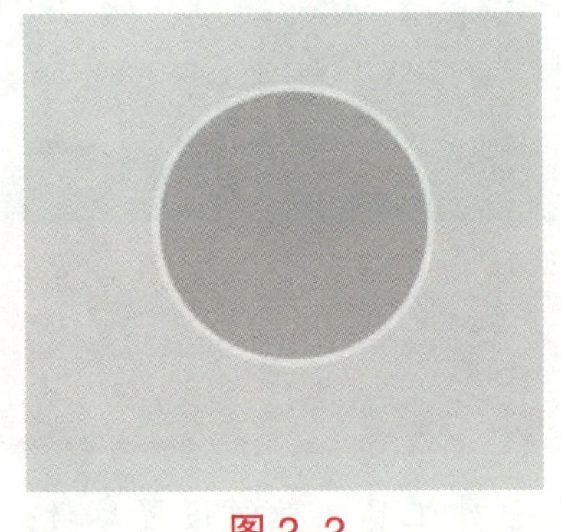

图 2-2

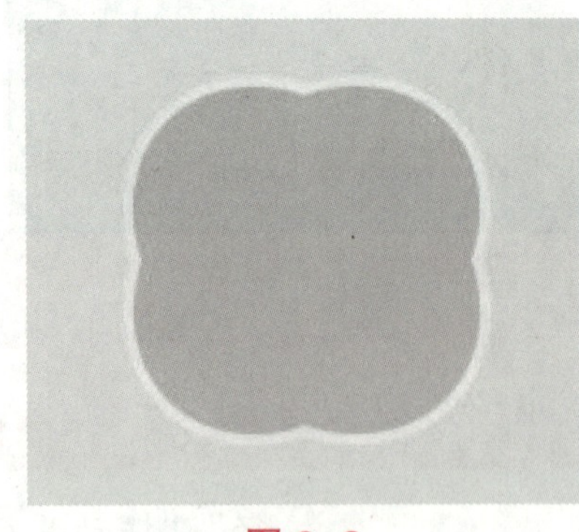

图 2-3

图 2-4

（4）展开“形状图层 1”属性，单击“添加”右侧的三角形按钮，选择“中继器”选项，效果如图 2-5 所示。设置“变换：中继器 1”的位置参数为 0、0；设置旋转参数为：120°，效果如图 2-6 所示。设置“收缩膨胀 1”的数值为 95，绘制一个正圆与星型，调整大小与位置，如图 2-7 所示。

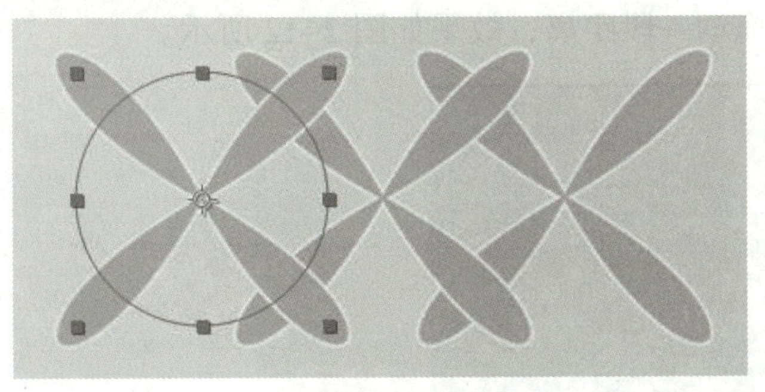

图 2-5

图 2-6

图 2-7

（5）把“花朵”移动到左上角，修改“形状图层 1”的“缩放”为 46，“不透明度”为 50。添加“中继器”，设置“副本”为 13，“位置”为 210、0，“起始点不透明度”为 80，“结束点不透明度”为 50，效果如图 2-8 所示。

（6）添加“中继器”，设置“副本”为 6，“位置”为 0、240，“起始点不透明度”为 90，“结束点不透明度”为 50，效果如图 2-9 所示。

图 2-8

图 2-9

（7）创建动态背景元素。选择矩形工具，设置填充颜色为 #56CDE6，禁用描边。按住【Shift】键绘制一个矩形，如图 2-10 所示。此时生成一个“形状图层 2”图层。展开“形状图层 2”属性，单击“内容”右侧的“添加”三角形按钮，选择“摆动路径”选项。设置“大小”为 45，“点”为“平滑”，其他参数采用默认值，效果如图 2-11 所示。

图 2-10

图 2-11

（8）选择“形状图层 2”，按【Ctrl+D】组合键复制，得到“形状图层 3”。修改“形状图层 3”的填充颜色为 #13B9DC，然后稍微往下拖动一段距离。以同样的方法创建“形状图层

4”，修改填充颜色为 #11A2C1，然后稍微往下拖动一段距离，效果如图 2–12 所示。

图 2–12

任务 2　制作嫦娥奔月动画

（1）在“背景”合成中绘制一个正圆形，设置填充为“径向渐变”，设置“中心与边缘颜色”分别为 #E4DEAE、#E8C022，“不透明度”分别为 100、70。效果如图 2–13 所示。右击“月亮”所在的“形状图层 5”，执行“图层样式→外发光”命令，设置外发光颜色为 #FFFFBE，其他参数如图 2–14 所示，效果如图 2–15 所示。

（2）把“月亮”图层拖放到“形状图层 1”与“形状图层 2”之间，设置“缩放”值为 63，调整位置效果如图 2–16 所示。

图 2–13

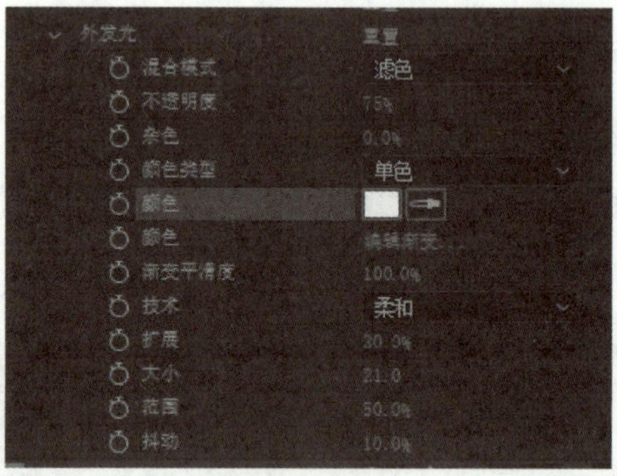

图 2–14

图 2–15

图 2–16

（3）把“时间指示器”放置在第 0 帧处，为“月亮”添加“位置”和“缩放”关键帧，然后把“时间指示器”放置在第 2 秒处，设置“缩放”值为 77，移动“月亮”位置，效果如图 2–17 所示。把“时间指示器”放置在第 3 秒处，设置“缩放”值为 100，移动“月亮”位置，效果如图 2–18 所示。

（4）框选 3 个位置关键帧，按【F9】键添加“缓动效果”。选择第 2 个关键帧，右击，在弹出的快捷菜单中选择“漂浮穿梭时间”选项，然后在“图表编辑器”中修改动画速度曲线，如图 2–19 所示。

图 2–17

图 2–18

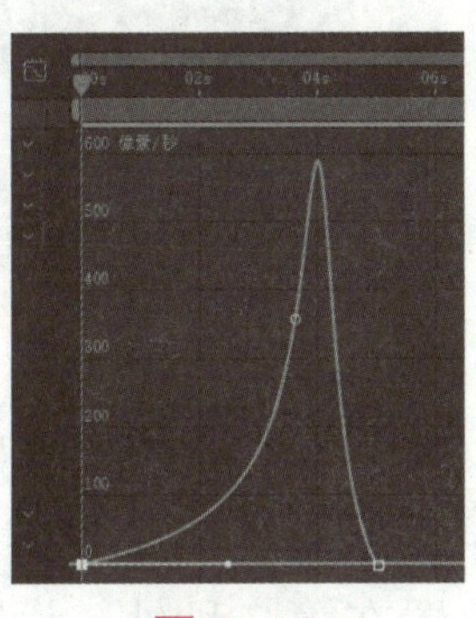

图 2–19

（5）创建合成，命名为“主合成”，把“背景”合成拖放到时间线。导入“嫦娥”素材图片，拖放到时间线。把“时间指示器”放置在第 0 帧处，为“嫦娥”添加“位置”和“缩放”关键帧，效果如图 2–20 所示。把“时间指示器”放置在第 5 秒处，调整“缩放”和“位置”，效果如图 2–21 所示。

（6）框选 2 个位置关键帧，按【F9】键添加“缓动效果”，然后在“图表编辑器”中修改动画速度曲线，如图 2–22 所示。

图 2–20

图 2–21

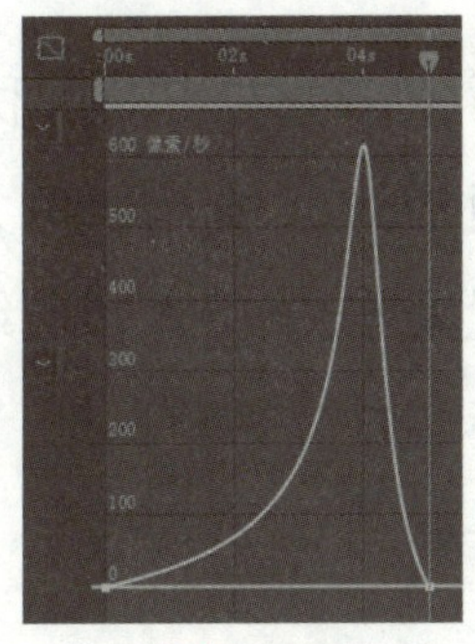

图 2–22

任务 3　制作标题文字动画

（1）单击“主合成”，选择“横排文字工具”选项，输入文字“中秋佳节”，设置字体为“文鼎古印繁体”，调整大小，放置在月亮下方，如图 2–23 所示。选择文字层右击，执行

“创建→从文字创建形状”命令，生成“中秋佳节”轮廓层，按【Ctrl+D】组合键复制生成“中秋佳节”轮廓层 2，删除“中秋佳节”文字层。

（2）隐藏“中秋佳节”轮廓层 1。选择上面的“中秋佳节”轮廓层 2，禁用填充颜色，设置描边颜色为 #EF9508，描边宽度为 2 像素，效果如图 2-24 所示。

图 2-23

图 2-24

（3）为轮廓层 2 添加“修剪路径”，设置“修剪多重形状”值为“单独”。把“时间指示器”放置在第 5 秒处，为修剪路径的“结束”添加关键帧，设置值为 0。把“时间指示器”放置在第 7 秒处，设置值为 100，动画描边效果如图 2-25、图 2-26 所示。

图 2-25

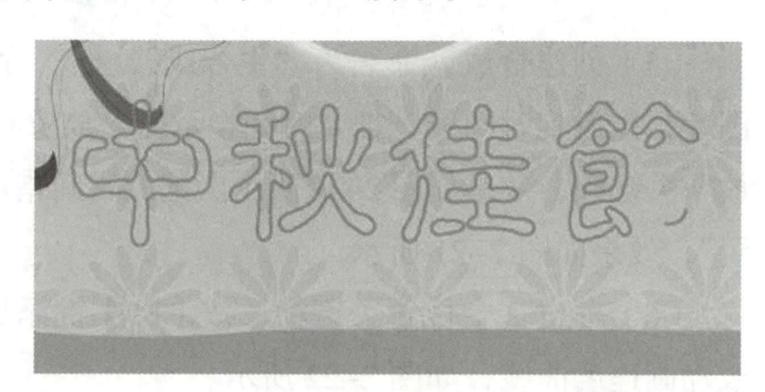
图 2-26

（4）右击“中秋佳节”轮廓图层，执行“预合成”命令。在“预合成”中绘制矩形，取消描边，填充颜色为 #FF750E，生成“形状图层 1”，如图 2-27 所示。添加“中继器”，设置副本为 100，“中继器”的位置为 0、18。设置“缩放”值为 63，设置“形状图层 1”的旋转属性为 -33。把“时间指示器”放置在第 7 秒处，为“形状图层 1”添加位置关键帧，效果如图 2-28 所示。把“时间指示器”放置在第 20 秒处，修改位置如图 2-29 所示。

图 2-27

图 2-28

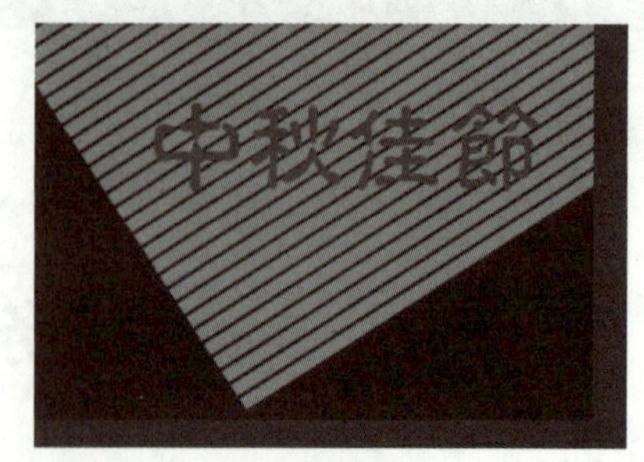

图 2-29

（5）把“中秋佳节”轮廓图层置于上层，选择“形状图层 1”的“轨道遮罩”为“Alpha 遮罩‘中秋佳节’轮廓”，动态效果如图 2-30 所示，在“主合成”中的效果如图 2-31 所示。

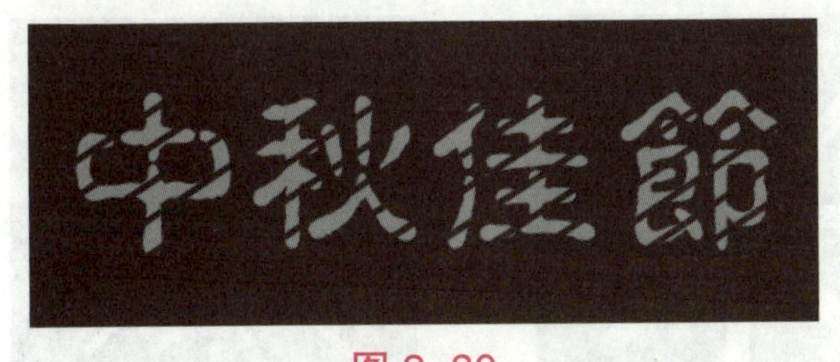

图 2-30

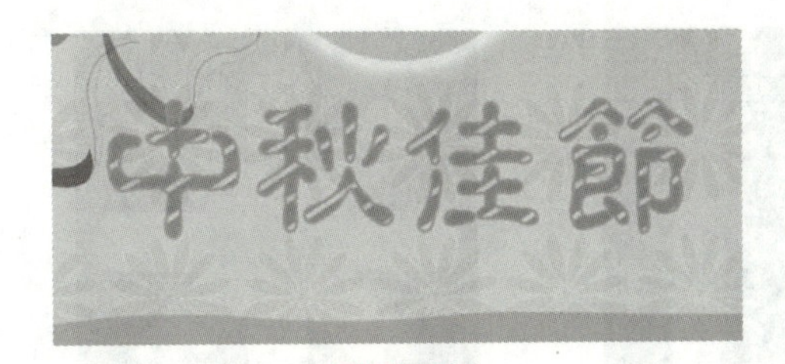

图 2-31

任务 4　制作诗词文字、装饰动画

（1）单击“主合成”，选择“横排文字工具”选项，输入文字“海上生明月 天涯共此时”，设置字体为“微软雅黑”，调整大小，放置在左侧，效果如图 2-32 所示。选择文字层右击，执行“创建→从文字创建形状”命令，生成“海上生明月”轮廓层。添加“摆动变换”，设置“摆动变换 1 变换”的“位置”为 0、4，“旋转”为 0、4。在时间线设置本轮廓层的“入点”为第 9 秒。

（2）导入“祥纹”素材，拖放到时间线，设置“入点”为第 8 秒。调整位置与大小，效果如图 2-33 所示。把“时间指示器”放置在第 8 秒处，为“祥纹”添加旋转关键帧，设置值为 0，然后把“时间指示器”放置在第 30 秒处，设置值为 1。

图 2-32

图 2-33

（3）制作礼花。新建一个合成，命名为“礼花”，选择圆角矩形工具，绘制如图 2-34 所示的圆角矩形。展开形状图层的“内容”选项，选择“矩形 1”，单击“添加”按钮，添加“中继器”。设置“副本”为 8，设置“变换：中继器 1”的位置参数为 0、0，设置旋转参数为 45，效果如图 2-35 所示。

（4）把“变换：中继器 1”的“锚点”值设置为 0、110，效果如图 2-36 所示。把时间指示器定位在第 0 帧处，为“矩形路径 1”添加一个“位置”关键帧，把时间指示器定位在第 1 秒处，修改位置参数，效果如图 2-37 所示。在第 3 帧、第 21 帧位置分别为“矩形路径 1”添加一个“大小”关键帧，然后在第 1 帧、第 24 帧位置分别设置“大小”值为 0。

图 2-34

图 2-35

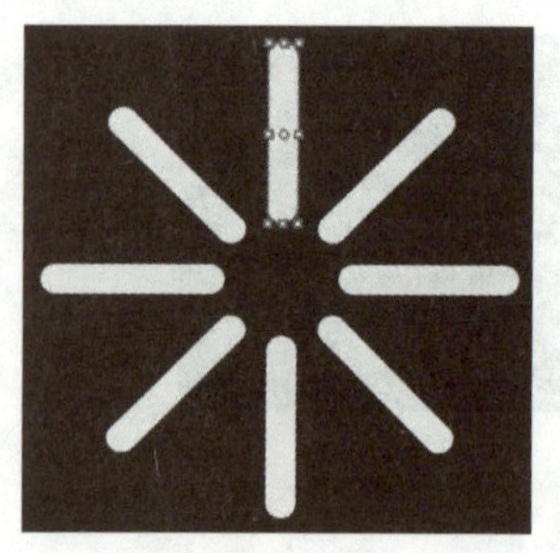
图 2-36

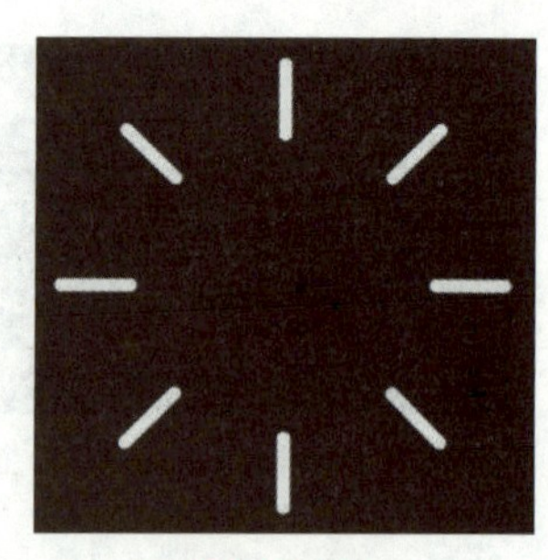
图 2-37

（5）选择“形状图层 1”，按【Ctrl+D】组合键复制 9 次，同时选择 10 个图层，执行“关键帧辅助→序列图层”命令，设置如图 2-38 所示。单击“确定”按钮，图层排列效果如图 2-39 所示。

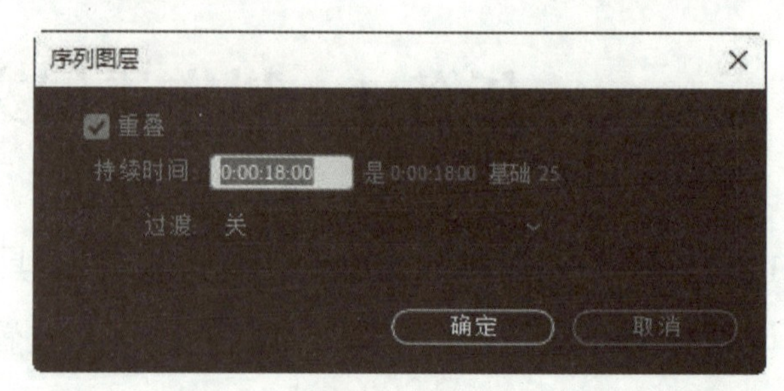

图 2-38

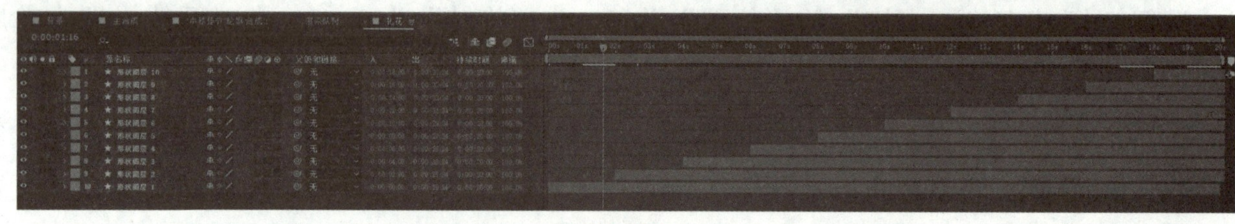
图 2-39

（6）单击“主合成”，然后把“礼花”合成拖放到主合成的时间线最上层，修改位置、大小参数。右击“礼花”层，添加“渐变叠加”图层样式，设置渐变颜色为“彩色渐变”。

（7）预览后保存项目，并渲染输出，最终效果如图 2-1 所示。

知识链接

一、MG 动画简介

近年来随着短视频的崛起，越来越多的广告、短视频都采用了扁平化风格的 MG 动画形式进行展现。

MG 动画英文全称为 Motion Graphics，中文意思为动态图形或者图形动画。动态图形指的是“随时间流动而改变形态的图形”，简单来说就是会动的图形设计，是影像艺术的一种。

动态图形有点像是平面设计与动画片之间的一种产物，其在视觉表现上使用的是基于平面设计的规则，在技术上使用的是动画制作手段。

传统的平面设计主要是针对平面媒介的静态视觉表现，而动态图形则是在平面设计的基础上去制作一段以动态影像为基础的视觉符号。动态图形和动画片的不同之处就好像平面设计与漫画书的区别，虽然都是在平面媒介上予以展现，但一个是设计视觉的表现形式，另一个则是叙事性地运用图像来为内容服务。

二、图层

图层是构成合成的元素，一个合成可以由多个图层构成。

AE 中的图层类似于 Premiere Pro 中的轨道，主要差异是每个 AE 图层只能包含一个素材项目，而一个 Premiere Pro 轨道可以包含多个剪辑。

在“时间轴”面板中，可以更改图层的任何属性，比如，更改图层的持续时间、开始时间和图层在图层堆叠顺序中的位置等。

1. 图层类型

（1）文本层。用于创建文本的标准方式。在文本图层中可以调整文字的大小和对齐方式、文字的间距、字距、颜色以及字体。此外，在文本图层中还可以添加 AE 的特效预设。

（2）纯色层。纯色图层以纯色素材项目为其源。纯色图层和纯色素材项目通常都称作纯色，可以在其上添加效果，也可以制作遮罩效果或者与其他图层使用混合样式。

（3）摄像机层。在摄像机层可以模仿真实摄像机的视角移动，即在 3D 模式下沿 X、Y、Z 轴移动，可以生成只用于三维合成的 3D 和运动效果。

（4）灯光层。灯光层用来为 3D 图层添加照明、阴影效果，也只用于三维的合成。灯光图层主要有 4 个类型：

• 点光源。直接光源，只在一个点（一个位置）处发射灯光，就像是一个灯泡，灯光层作用于 360 度。

• 聚光灯。聚光灯也可以叫筒灯，它的光有方向性，可以通过调节光源的范围来增大光线的影响范围。

• 环境光。环境光是一个通用光源，其没有衰减，亮度可以作用于整个场景。

• 平行光。平行光有点像聚光灯和环境光的混合，能投射到整个构图（如环境光），但是只能向一个方向投射（如聚光灯）。平行光的发射形式与太阳光类似。

（5）空对象图层。空对象图层是具有可见图层的所有属性的不可见图层，因此，它可以是合成中任何图层的父级。可以像对待任何其他图层一样调整空对象图层并为其制作动画，还可以使用与用于纯色图层相同的命令来修改空对象图层的设置（“图层→纯色设置”命令）。

（6）形状图层。形状图层包含称为形状的矢量图形对象。默认情况下，形状包括路径、描边和填充。可以通过使用形状工具或钢笔工具在“合成”面板中进行绘制来创建形状图层。很多 MG 动画，如短片画面填充炫酷的效果都需要用到形状图层。

（7）调整图层。应用于调整图层上的效果会全部应用于在它下面的所有图层，所以其一般用来统一添加特效。应用于某个调整图层的任何效果都会影响位于该图层下的所有图层，位于所有图层底部的调整图层没有可视结果。

调整图层的行为与其他图层一样，例如，可以将关键帧或表达式与调整图层属性结合使用。

2. 3D 图层概述

当把一个图层转换为 3D 图层后，该图层会增加如下附加属性：“位置（z）”“锚点（z）”“缩放（z）”“方向”“X 旋转”“Y 旋转”“Z 旋转”以及“材质选项”属性。“材质选项”属性指定图层与光照和阴影交互的方式。此外，能与阴影、光照和摄像机进行交互的，只有 3D 图层。

文本图层中的各个字符可以是 3D 子图层，每个子图层都配有各自的 3D 属性。选中“启用逐字符 3D 化”文本图层，其行为类似于每个字符包含 3D 图层的预合成。所有摄像机和灯光图层都有 3D 属性。

默认情况下，图层深度（z 轴位置）为 0。在 AE 中，坐标系统的源点在左上角；x（宽度）自左至右增加，y（高度）自上至下增加，z（深度）自近至远增加。

3. 创建图层

（1）通过素材创建图层。当同时选择多个素材创建图层时，图层会按照在“项目”面板中选择它所包含的素材时的顺序显示在“时间轴”面板中的图层顺序中。

在“项目”面板中选择一个或多个素材项目或文件夹，可通过执行以下操作之一来达成：

• 将所选的素材项目拖放到“合成”面板中。按【Shift】键拖动，可以将图层对齐到合成的中心或边缘。

• 将所选的素材项目拖放到“时间轴”面板中。将素材项目拖放到图层轮廓中时，会出现一个高亮条，用于指示当释放鼠标按钮时图层的外观。如果将素材项目拖放到时间图表区域上方，释放鼠标按钮时，会显示时间标记指示图层入点的位置。在拖动时按住【Shift】键可将入点对齐到当前时间指示器。

• 将所选素材项目拖放到“项目”面板中的合成或图标中。在选定图层上方创建新图层，使其位于合成中心。如果未选择任何图层，则新图层会创于图层的最上方。

（2）使用修剪的素材创建图层。在“项目”面板中双击某个素材可以在“素材”面板中打开。

将“素材”面板中的当前时间指示器移动到要用作图层入点的帧，然后单击“素材”面板底部的“设置入点”按钮。

在“素材”面板中将当前时间指示器移动到希望用作图层的出点的帧，并单击位于“素材”面板底部的“设置出点”按钮。

单击位于“素材”面板底部的“叠加编辑”或“波纹插入编辑”按钮，用该修剪素材创建图层。

• 叠加编辑

在图层堆叠顺序的顶部创建图层，入点设置为“时间轴”面板中的当前时间。

• 波纹插入编辑

可以在图层堆叠顺序的顶部创建图层，入点设置为“时间轴”面板中的当前时间，但需拆分所有其他图层。新创建拆分图层的时间点将后移，使其入点与插入图层的出点位于同一个时间点。

4. 图层属性

每个图层均具有属性，可以通过修改属性为其添加动画设置，可以为具有“秒表”的任何属性制作动画。每个图层都有一个基本属性组——“变换”组，包括“位置”“旋转”和“不透明度”等属性。在将某些功能添加到图层中时（如通过添加蒙版或效果，或通过将图层转换为 3D 图层），该图层会增加其他的相关属性。

• 在“时间轴”面板中单击图层名称或属性组名称左侧的三角形，来展开或折叠属性组。

• 可以将图层属性的当前值复制到另一个图层。

• 如果选择了多个图层，当更改一个图层的属性时，将会同时更改所有所选图层的该属性。

• 将图层锚点设置为内容的中心，可通过以下方式之一：

➢ 执行“图层→变换→在图层内容中居中放置锚点”命令；

➢ 按【Ctrl+Alt+Home】组合键；

➢ 按【Ctrl】键并双击“向后平移”（锚点）工具。

5. 管理图层

图层的许多特性由其图层开关决定，这些开关排列在“时间轴”面板中的各列中。默认情况下，“A/V 功能”列显示在图层名称左侧，而“开关”和“模式”（“转换控制”）列显示在右侧，如图 2–40 所示。

图 2–40

要在“时间轴”面板中显示或隐藏列，可单击“时间轴”面板左下角的“图层开关”、“转换控制”或“入点 / 出点 / 持续时间 / 伸缩”按钮。

一些图层开关设置的结果取决于合成开关的设置，它们位于“时间轴”面板中图层轮廓的右上角。

• 视频，启用或禁用图层视觉效果。

• 音频，启用或禁用图层声音。

• 独奏，在预览和渲染中包括当前图层，忽略没有设置此开关的图层。

• 锁定，锁定图层内容，从而防止所有更改。

• 消隐，在选择“隐藏隐蔽图层”合成开关后，将隐藏当前图层。

• 折叠变换 / 连续栅格化，如果图层是预合成，则折叠变换；如果图层是形状图层、文本图层或以矢量图形文件作为源素材的图层，则连续栅格化。

• 质量和采样，在图层渲染品质的“最佳”和“草稿”选项之间切换，包括渲染到屏幕以进行预览。

• 效果，通过选择效果来使用效果渲染图层。此开关不影响图层上各种效果的设置。

• 帧混合，可以将帧混合设置为三种状态之一：“帧混合”“像素运动”或“关闭”。如果没有选择“启用帧混合”合成开关，则忽略图层的帧混合设置。

• 运动模糊，为图层启用或禁用运动模糊。如果没有选择“启用运动模糊”合成开关，则忽略图层的运动模糊设置。

• 调整图层，将图层标识为调整图层。

• 3D 图层，将图层标识为 3D 图层。

三、使用图层混合模式

图层的混合模式用于控制每个图层如何与它下面的图层进行混合或交互。AE 中的图层混合模式与 Adobe Photoshop 中的混合模式相同。

无法通过使用关键帧来直接为混合模式制作动画。如果需要在某一特定时间点更改混合模式，可以在该时间点拆分图层，并将新混合模式应用于图层的延续部分。

• 源颜色，是应用混合模式的图层或画笔的颜色。

• 基础颜色，是“时间轴”面板中图层堆积顺序中源图层或画笔下面的合成图层的颜色。

• 结果颜色，是混合操作的输出合成的颜色。

根据混合模式结果之间的相似性，混合模式菜单分为以下 7 个类别，通过菜单中的分隔线来分隔。

1.“正常”类别

“正常”类别包括正常、溶解、动态抖动溶解。除非不透明度小于源图层的 100%，否则像素的结果颜色不受基础像素的颜色影响。“溶解”混合模式使源图层的一些像素变得透明。

2.“减少”类别

“减少”类别包括变暗、相乘、颜色加深、经典颜色加深、线性加深、深色。这些混合模式往往会使颜色变暗，其中一些混合颜色的方式与在绘画中混合彩色颜料的方式大致相同。

3.“添加”类别

“添加”类别包括相加、变亮、滤色、颜色减淡、经典颜色减淡、线性减淡、浅色。这些混合模式往往会使颜色变亮，其中一些混合颜色的方式与混合投影光的方式大致相同。

4.“复杂”类别

“复杂”类别包括叠加、柔光、强光、线性光、亮光、点光、实色混合。这些混合模式对源和基础颜色执行不同的操作，具体取决于颜色之一是否比 50% 灰色浅。

5.“差异”类别

“差异”类别包括差值、经典差值、排除、相减、相除。这些混合模式基于源颜色和基础颜色值之间的差异创建颜色。

6. HSL 类别

HSL 类别包括色相、饱和度、颜色、明度。这些混合模式将颜色的 HSL 表示形式的一个或多个组件（色相、饱和度和发光度）从基础颜色传递到结果颜色。

7.“遮罩”类别

“遮罩”包括模板 Alpha、模板亮度、轮廓 Alpha、轮廓亮度。这些混合模式实质上是将源图层转换为所有基础图层的遮罩。

四、图层样式

Photoshop 提供了各种图层样式（如阴影、发光和斜面）来更改图层的外观。在导入 Photoshop 图层时，AE 可以保留这些图层样式。可以通过设置关键帧属性在 AE 中应用图层样式，并为其属性制作动画。

用户可以在 AE 中应用和编辑图层样式。

1. 投影

添加落在图层后面的阴影，如图 2-41 所示。

2. 内阴影

添加落在图层内容中的阴影，从而使图层具有凹陷外观，如图 2-42 所示。

图 2-41

图 2-42

3. 外发光

添加从图层内容向外发出的光线，如图 2-43 所示。

4. 内发光

添加从图层内容向里发出的光线，如图 2-44 所示。

图 2-43

图 2-44

5. 斜面和浮雕

添加高光和阴影的各种组合，如图 2-45 所示。

注意：例如，如果要对斜面的高光和阴影应用不同的混合模式，需使用“斜面和浮雕”图层样式而非“斜面 Alpha”效果。

6. 光泽

应用创建光滑光泽的内部阴影，如图 2-46 所示。

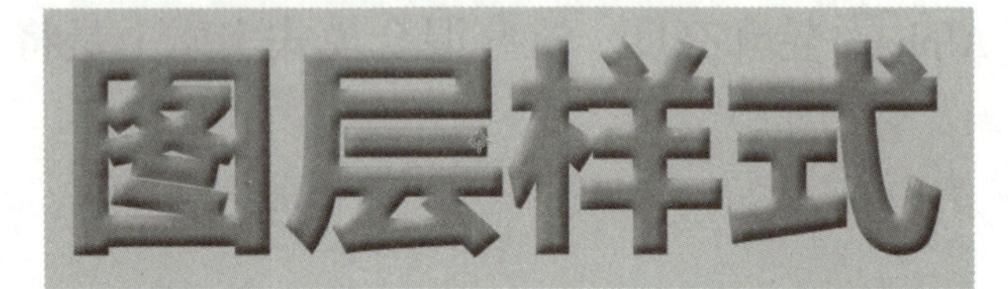

图 2-45

图 2-46

7. 颜色叠加

使用颜色填充图层的内容，如图 2-47 所示。

8. 渐变叠加

使用渐变填充图层的内容，如图 2-48 所示。

图 2-47

图 2-48

9. 描边

描画图层内容的轮廓，如图 2-49 所示。

图 2-49

项目拓展

通过路径工具，制作如图 2–50 所示的霓虹文字动态效果。

图 2–50

（1）新建合成，命名为“霓虹文字”。用“横排文字工具”输入文字“AEP”。

（2）右击文字层，执行“创建→从文字创建形状”命令。打开“内容”属性，单击“添加”按钮，添加“圆角”和“位移路径”效果。以下设置“位移路径”的参数：设置“副本”参数为 10。把时间指示器定位到第 0 帧处，添加“数量”关键帧，设置参数为 –12，效果如图 2–51 所示。把时间指示器定位到第 2 秒处，设置“数量”参数为 3，效果如图 2–52 所示。把时间指示器定位到第 3 秒处，设置“数量”参数为 –12。

图 2–51

图 2–52

（3）预览，保存项目，渲染输出。最终作品效果，如图 2–50 所示。

知识链接

一、创建形状

可以使用钢笔工具在“合成”面板中进行绘制来创建形状图层。

注意：如果在选中非形状图层的图像图层的情况下使用形状工具或钢笔工具在“合成”面板中进行绘制，则将创建一个蒙版。

（1）执行“图层→创建→从矢量图层创建形状”命令，可以将矢量插画素材转换为形状。

（2）使用形状工具拖动来创建形状。

（3）执行“图层→创建→从文字创建形状”命令从文本层创建形状。

二、通过路径操作编辑形状

拖动路径顶点、顶点方向线（或切线）末端的手柄，或直接拖动路径段，可以修改路径的形状；也可以通过应用路径操作（如“摆动路径”和“收缩和膨胀”）来修改形状路径。

路径操作与效果类似。路径操作应用于同一组中位于它们上方的所有路径；与所有形状属性一样，用户可以通过在“时间轴”面板中拖动、剪切、复制和粘贴，对路径操作进行重新排序。

1. 合并路径

可以将多个路径合并为一个复合路径。

“合并路径”操作将同一组中位于它上方的所有路径用作输入，输出是包含输入路径的单条路径。

“合并路径”操作有下列选项，每个选项均执行不同的计算以确定输出路径：

• 合并。将所有输入路径合并为单个复合路径。执行“从文字创建形状”命令，默认使用此选项从文本字符创建由多个路径组成的形状（像字母 e），如图 2-53 所示。

• 相加。创建环绕输入路径区域的并集路径，如图 2-54 所示。

图 2-53

图 2-54

• 相减。创建仅环绕由最上面的路径定义的区域的路径，减去由下面的路径定义的区域，如图 2-55 所示。

• 相交。创建仅环绕由所有输入路径的交集定义的区域的路径，如图 2-56 所示。

• 排除交集。创建路径，该路径是由所有输入路径定义的区域的并集减去所有输入路径之间的交集定义的区域，如图 2-57 所示。

图 2-55

图 2-56

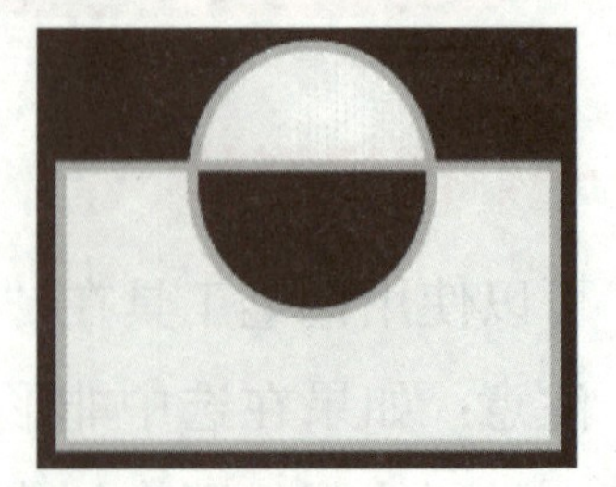

图 2-57

2. 位移路径

通过使路径与原始路径发生位移来扩展或收缩形状。对于闭合路径，正“数量”值将扩展形状，如图 2-58 所示；负“数量”值将收缩形状，如图 2-59 所示。

3. 收缩和膨胀

在向内弯曲路径段的同时将路径的顶点向外拉（收缩），如图 2-60 所示；或者在向外弯曲路径段的同时将路径的顶点向内拉（膨胀），如图 2-61 所示。

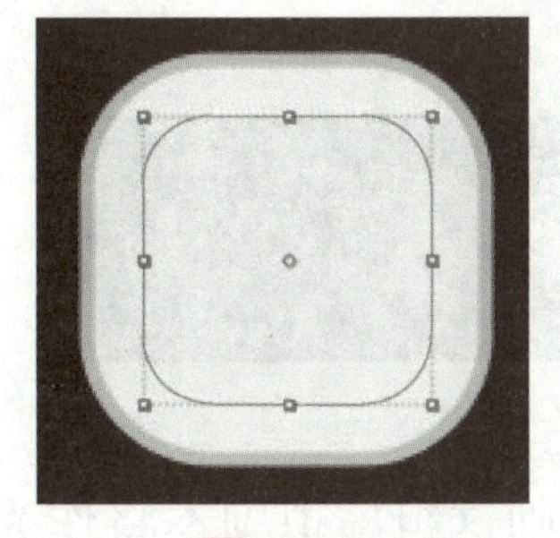
图 2-58

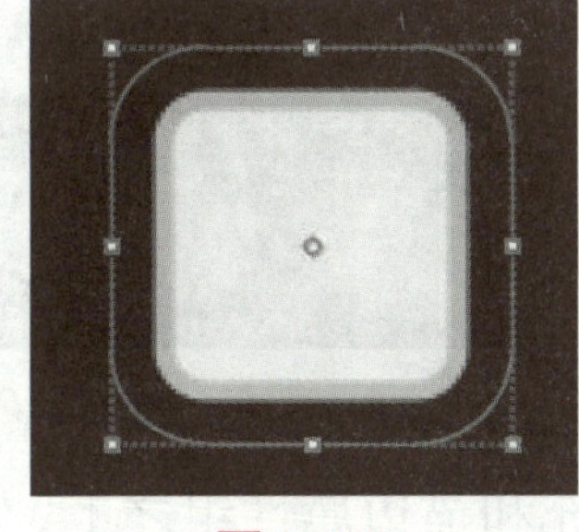
图 2-59

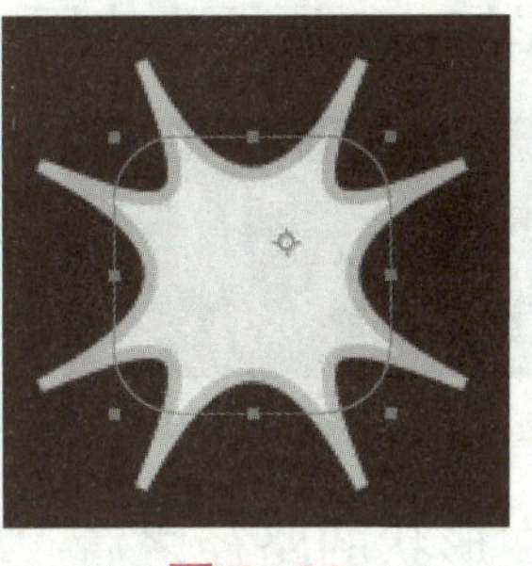
图 2-60

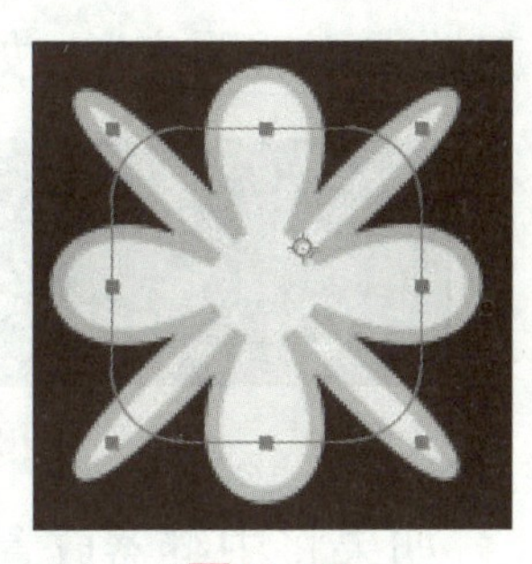
图 2-61

4. 中继器

创建形状的多个副本，将指定的变换应用于每个副本。

“中继器”路径操作可以创建同一组中位于它上面的所有路径、描边和填充的虚拟副本。虚拟副本不作为单独的条目出现在“时间轴”面板中，而是呈现在“合成”面板中。每个副本分别根据它在副本集中的顺序以及该中继器实例的变换属性组的属性值进行变换。

可以在同一个组内重复应用“重复器”的多个实例。使用多个中继器实例可以轻松创建单个形状的虚拟副本网格：只需设置一个中继器实例的“位置”属性来修改水平值，并设置另一个实例的“位置”属性来修改垂直值即可。如图 2-62 所示为原始形状，如图 2-63 所示为设置“中继器 1”的水平值创建的效果，如图 2-64 所示为设置“中继器 2”的垂直值创建的效果。

图 2-62

图 2-63

图 2-64

“偏移”属性值用于使变换偏移特定的副本数。例如，如图 2-65 所示，“副本”值是 5，“偏移”值是 0，则变换值为“缩放 120%”。如图 2-66 所示，“偏移”值是 1；如图 2-67 所示，“偏移”值是 3，其他参数同图 2-65。

图 2-65

图 2-66

图 2-67

“合成”选项确定副本是在它前面的副本上面（前面）还是下面（后面）渲染。

使用“起始点不透明度”值设置原始形状的不透明度，而使用“结束点不透明度”值设置最后一个副本的不透明度，副本之间的不透明度值将予以插补。如图 2-68 所示，为使用“起始点不透明度”；如图 2-69 所示为使用“结束点不透明度”。

图 2-68

图 2-69

如果将中继器放置在形状的路径之后、填充和描边属性组之上，则这组虚拟副本将作为复合路径予以填充或描边，如图 2-70 所示。如果将中继器放在填充和描边下面，则每个副本将单独填充和描边，如图 2-71 所示。对于渐变填充和描边，差异最为明显。

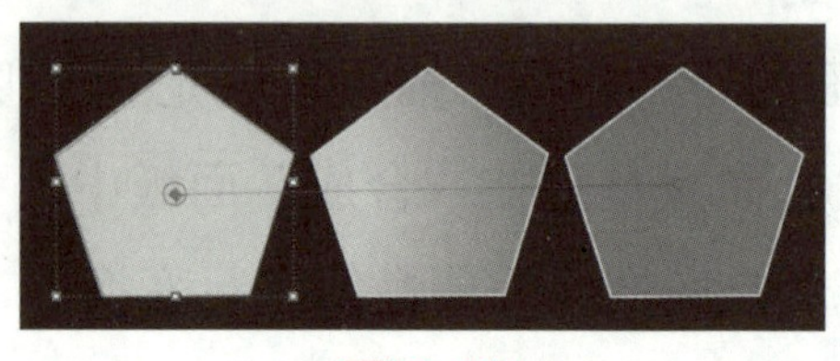
图 2-70

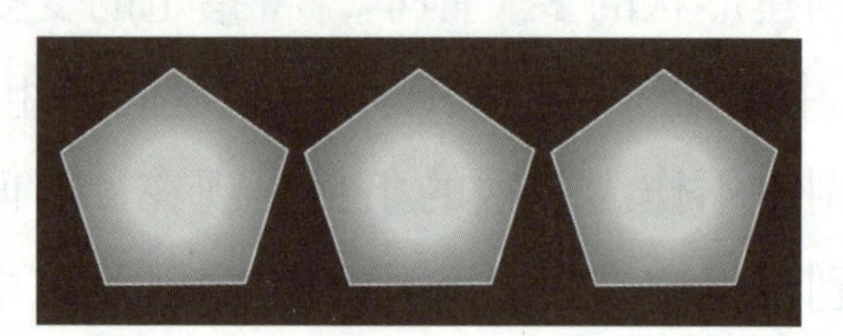
图 2-71

5. 圆角

为路径添加圆角。半径值越大，圆度越大。如图 2-72 所示半径为 10，图 2-73 所示半径为 30。

6. 修剪路径

动画显示“开始”“结束”和“偏移”属性以修剪路径，从而创建类似于使用绘画描边的“写入”效果和“写入”设置实现的结果。如果“修剪路径”操作位于组中多个路径的下面，则可以选择同时修剪这些路径，如图 2-74 所示；或者将这些路径看作复合路径并单独修剪，如图 2-75 所示。

图 2-72

图 2-73

图 2-74

图 2-75

7. 扭转

旋转路径，中心的旋转幅度比边缘的旋转幅度大。输入正值将顺时针扭转，输入负值将逆时针扭转，如图 2-76 所示。

8. 摆动路径

通过将路径转换为一系列大小不等的锯齿状尖峰和凹谷，随机分布（摆动）路径。扭曲是自动进行动画显示的，这意味着它随时间推移而更改，无须设置任何关键帧或添加表达式，效果如图 2-77 所示。

图 2-76

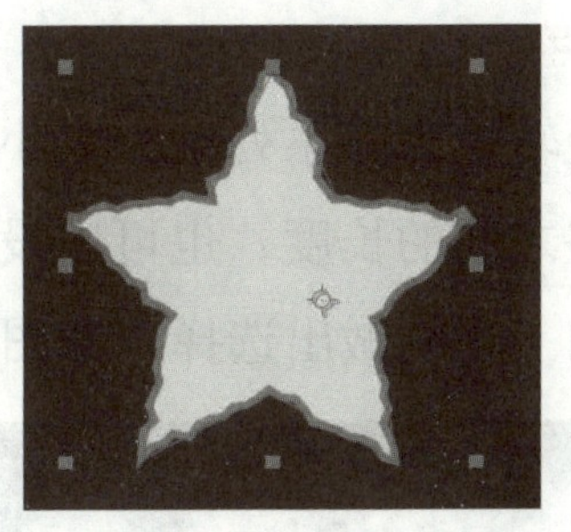
图 2-77

“关联”属性指定顶点的运动与其邻点的运动之间的相似程度；值越小，锯齿效果越明显，因为顶点的位置对其邻点位置的依赖程度更小。“关联”属性与摆动选择器的“关联”类似，只是“摆动路径”指定相邻顶点而不是相邻字符之间的关联。使用绝对大小或相对大小设置路径段的最大长度。设置锯齿边缘的密度（细节），并在圆滑边缘（平滑）和尖锐边缘（边角）之间做出选择。

9. 摆动变换

随机分布（摆动）路径的位置、锚点、缩放和旋转变换的任意组合。表示每一个变换所需的摆动幅度，方法是在“摆动变换”属性组中包含的“变换”属性组中设置一个值。摆动变换是自动进行动画显示的，这意味着它们随时间推移而更改，无须设置任何关键帧或添加表达式。“摆动变换”操作在中继器操作之后尤为有用，因为它允许单独随机分布每个重复的形状的变换。摆动变换效果如图 2-78、图 2-79 所示。

图 2-78

图 2-79

此路径操作的几个属性的行为与文本动画的摆动选择器的同名属性相同。“关联”属性指定一组重复形状内某个重复的形状与其相邻的摆动变换之间的相似程度。仅当“中继器”操作先于“摆动变换”操作发生时，关联才有意义。当“关联”为 100% 时，所有重复的项以相同方式变换；当关联为 0 时，所有重复的项将分别变换。

注意：当随机化重复的形状时，如果“摆动变换”路径操作位于“重复器”路径操作之前（之上），则所有重复的形状都将以相同的方式摆动（随机化）。如果“中继器”路径操作先于（高于）“摆动变换”路径操作，则每个重复的形状都将独立摆动（随机分布）。

在“中继器”操作之后添加“摆动变换”路径操作，可以随机分布（摆动）中继器实例内重复副本的位置、缩放、锚点或旋转。如果“摆动变换”路径操作先于（高于）“中继器”

路径操作，则所有重复形状将以相同方式摆动（随机分布）。如果“中继器”路径操作先于（高于）“摆动变换”路径操作，则每个重复的形状都将独立摆动（随机分布）。

10. Z 字形

将路径转换为一系列统一大小的锯齿状尖峰和凹谷。可以使用绝对大小或相对大小设置尖峰与凹谷之间的长度，也可以设置每个路径段的脊状数量，并在波形边缘（平滑）或锯齿边缘（边角）之间做出选择，如图 2-80、图 2-81 所示。

图 2-80

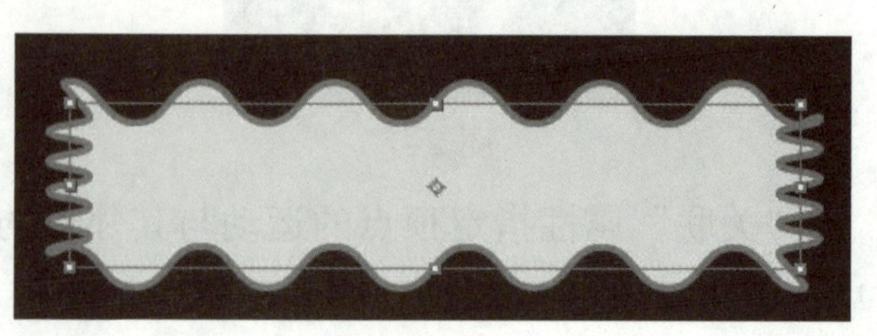
图 2-81

巩固训练

一、填空题

1. MG 动画是__________________的简称。

2. 每个 AE 图层只能包含_____________素材项目，而一个 Premiere Pro 轨道可以包含__________个剪辑。

3. __________图层上的效果会全部应用于在它下面的所有图层，所以一般是用来统一添加特效的。

4. __________是应用混合模式的图层或画笔的颜色；__________是“时间轴”面板中图层堆积顺序中源图层或画笔下面的合成图层的颜色。

5. __________类混合模式往往会使颜色变亮，其中一些混合颜色的方式与混合投影光的方式大致相同。

6. __________路径操作可以创建同一组中位于它上面的所有路径、描边和填充的虚拟副本。

7. 使用__________可以创建类似于使用绘画描边的“写入”效果和“写入”设置实现的结果。

8. __________可以将路径转换为一系列统一大小的锯齿状尖峰和凹谷。

二、上机实训

1. 使用“中继器”创意制作动态背景效果。

2. 使用“剪切路径”描边作为轨道遮罩，制作手写字的动态效果。

3. 创意制作一段以“节水”为主题的 MG 动画片头。

国潮形象短片

——文字动画和蒙版

项目描述

根据提供的素材，制作一段 15 秒左右的国潮形象片头。本案例通过制作“国潮形象”短片，介绍了 AE 文本图层的创建、文字动画的设置及遮罩的应用，最终效果如图 3–1 所示。

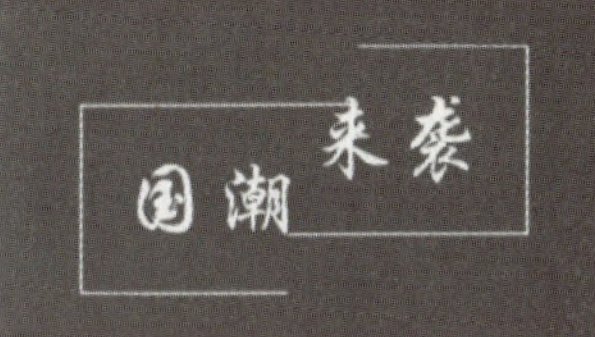

图 3–1

学习目标

知识目标

1. 掌握预置文字动画的添加方法，能对预置文字动画的参数进行修改。
2. 掌握利用 AE 中文本图层的“动画制作工具”系统建立和编辑文字动画的方法。
3. 掌握蒙版的绘制方法和蒙版路径动画的制作方法。

能力目标

1. 能够利用“预置效果”制作文本动画。
2. 能够利用“动画制作工具”进行动画的制作。
3. 能够利用“蒙版工具”绘制蒙版和制作蒙版动画。

情感目标

通过优秀作品展示，培养学生学习后期的兴趣，激发学生主动思维的学习能力。

任务 1　文本动画

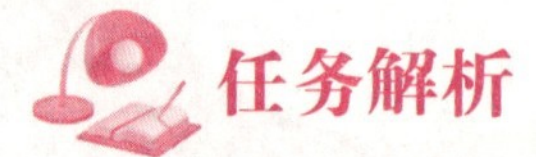

任务解析

在本任务中，需要完成以下操作：

- 通过输入文字，制作文本图层动画。
- 通过“预置动画效果”，完成文字进入效果。
- 通过“动画制作工具”完成旗袍宣传语的文字动画效果。

任务制作

（1）新建名称为“合成 1”的合成，选择 HDV/HDTV 720 25，设置合成持续时间为 15 秒，如图 3-2 所示。

（2）双击项目面板空白处，导入对应的文件夹。

（3）按【Ctrl+Y】组合键或执行“图层→新建→纯色”命令新建一个纯色层，颜色为深红色。选择该层将时间指针移动到 0 帧，启动“缩放”属性关键帧；设置“缩放”数值为 0，将时间指针移动到 1 秒处，设置“缩放”数值为 100%。

（4）使用文本工具输入，在合成窗口中单击，出现文字输入光标，输入文本“国潮形象”，在字符面板中设置字体为“华文行楷”，字号为 100，颜色为白色，垂直缩放为 123%，如图 3-3 所示。

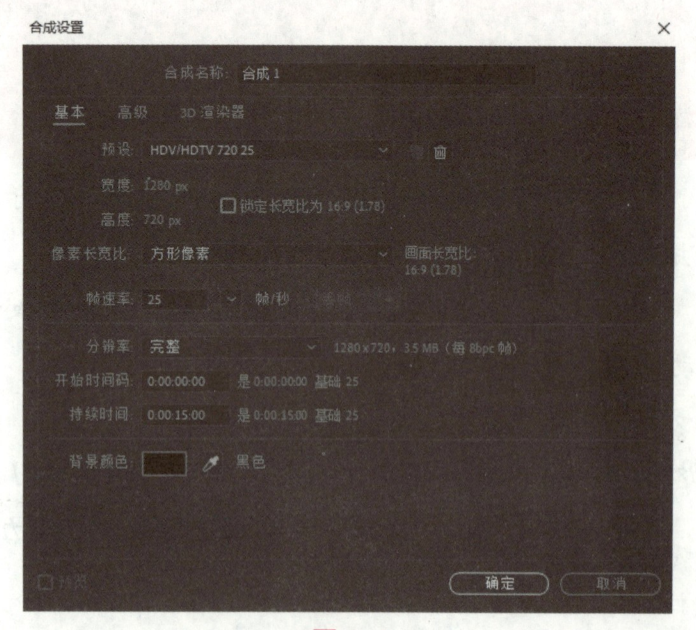

图 3-2

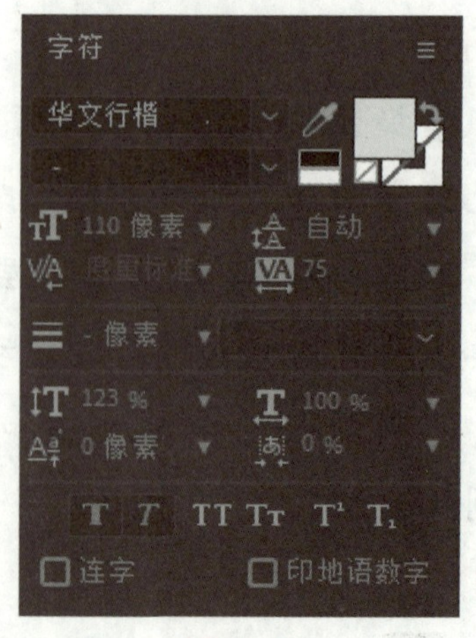

图 3-3

选中该文本图层，将时间指针移动到第 13 帧处，按【Alt+［】组合键设置入点，并设置“缩放”为 153%，将时间指针移动到 1 秒处，设置“缩放”数值为 100%。在 1 秒处，按【Alt+］】组合键设置该文本图层的出点，如图 3–4 所示。

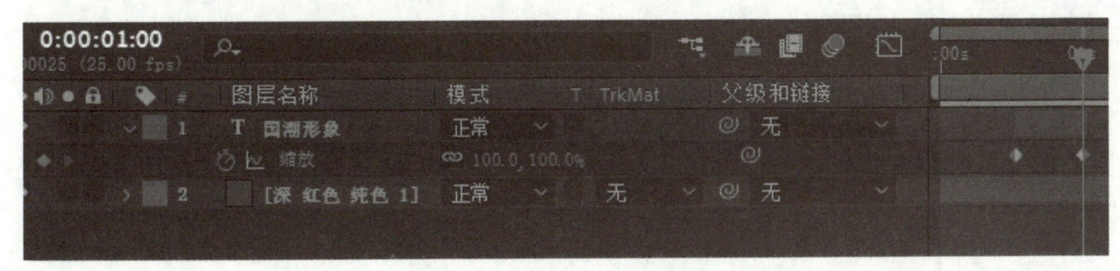

图 3–4

（5）按【PgDn】键下移一帧，使用文本工具，输入“国潮”，设置字体为“华文行楷”，字号为 110，颜色为白色，垂直缩放为 123%，字符间距为 923，并设置居中对齐。

选中该文本图层，此时时间指针在 1 秒 1 帧处，按【Alt+［】组合键设置入点。展开图层的文本属性，单击“动画”右侧的按钮，在下拉列表中选择“字符间距”选项。此时时间指针在 1 秒 1 帧处，启动“字符间距大小”关键帧，将指针移动到 1 秒 10 帧处，设置“字符间距大小”为 –95。制作文字从两边到中间缩进的效果，如图 3–5 所示。

在 1 秒 10 帧，设置“缩放”数值为 100%；在 1 秒 11 帧，设置“缩放”数值为 133%。

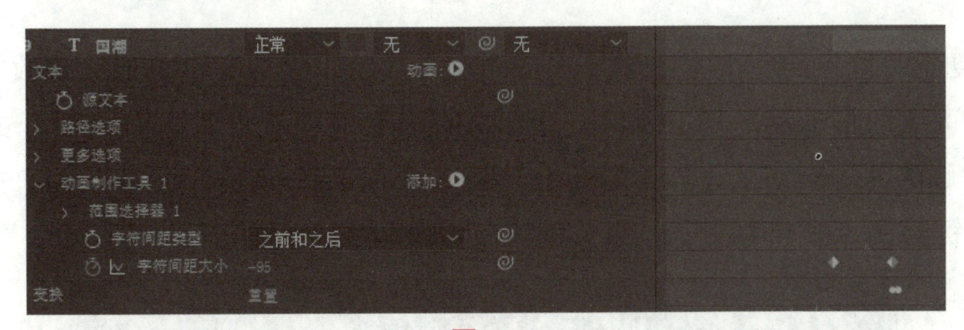

图 3–5

（6）按【Ctrl+D】组合键复制该图层 8 次，移动各层到合成面板的合适位置。将指针移动到 1 秒 10 帧处，选中复制的 8 个图层，按【Alt+［】组合键设置入点，如图 3–6 所示。选中“国潮”文字的 9 个图层，按【Ctrl+Shift+C】组合键进行预合成，合成名称为“国潮”，将时间指针移动到 2 秒外，按组合键【Alt+］】组合键设置该文本图层的出点。

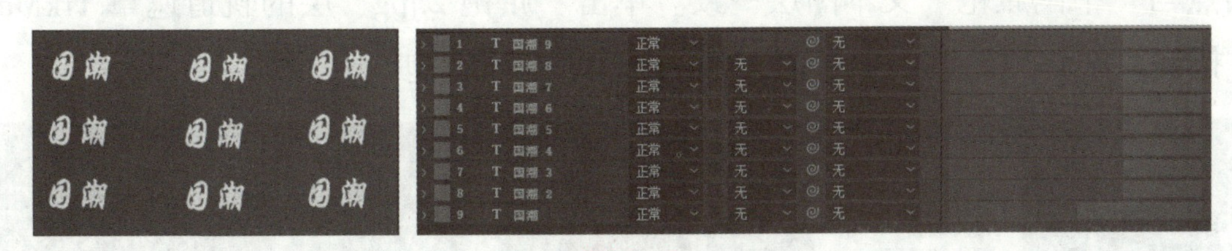

图 3–6

（7）将时间指针移动到 2 秒 1 帧处，使用文本工具输入“民族的”，设置字体为“华文行楷”，字号为 140，颜色为白色，垂直缩放为 123%。字符间距为 75，按【Alt+［】组合键设置入点。

（8）选中该文本图层，在效果和预设面板中展开“动画预设”选项，双击“Text→Animate in→打字机”预置动画，制作打字机动画效果。按【U】键，调整起始关键帧在2秒1帧处，在2秒10帧处结束关键帧，如图3-7所示。将时间指针移动到2秒20帧处，按【Alt+]】组合键设置该文本图层的出点。

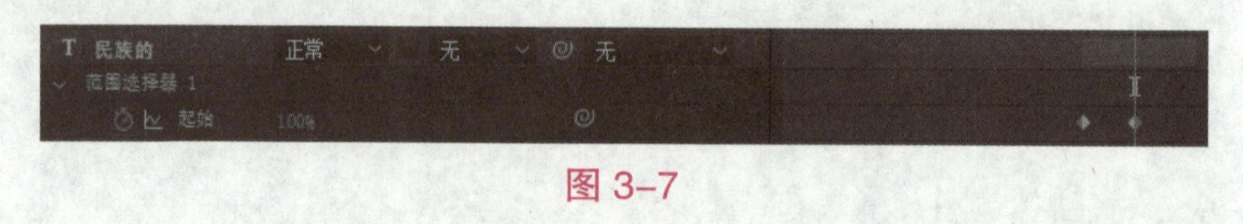

图3-7

（9）双击文本图层，在合成窗口中将文字“民族的”修改为“世界的”，将时间指针移动到2秒21帧处，按【Alt+[】组合键设置入点，展开文本图层，按【Delete】键删除“动画1”，双击“Text→动画入→Animate in→单词淡化上升”预置动画，按【U】键，调整起始关键帧在2秒21帧处，结束关键帧在3秒5帧处，如图3-8所示。

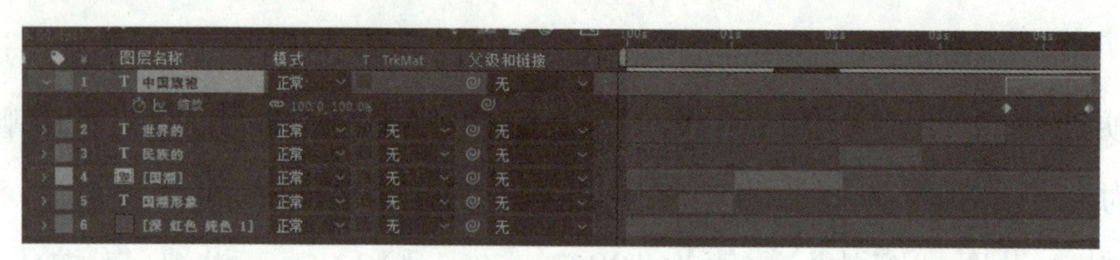

图3-8

（10）复制“世界的”文本图层并双击，在合成窗口中将“世界的”修改为“中国旗袍”，将时间指针移动到3秒16帧处，按【Alt+[】组合键设置入点，展开文本图层按【Delete】键删除“动画1”，双击“Text→动画入→Scale→放大”预置动画，按【U】键，调整起始关键帧在3秒15帧处，结束关键帧在4秒11帧处，如图3-9所示。

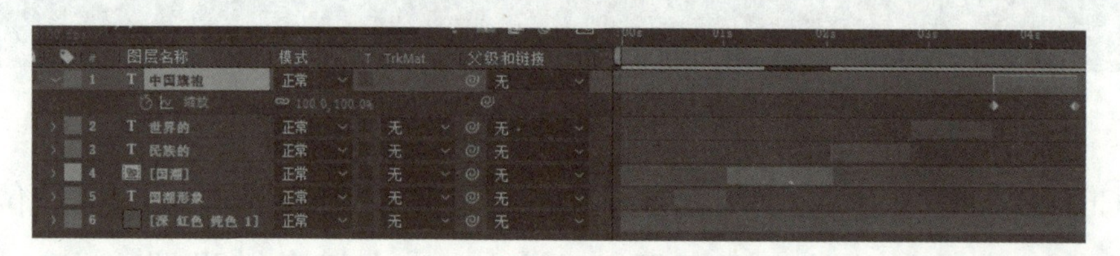

图3-9

（11）将导入的“旗袍2.jpg”素材拖放到“中国旗袍”文本图层的下方，并设置该图层入点和出点与“中国旗袍”文本图层一致。单击“旗袍2.jpg”层的轨道遮罩TrkMat控制栏的“无”按钮，在弹出的菜单中指定Alpha遮罩“中国旗袍”，如图3-10所示。

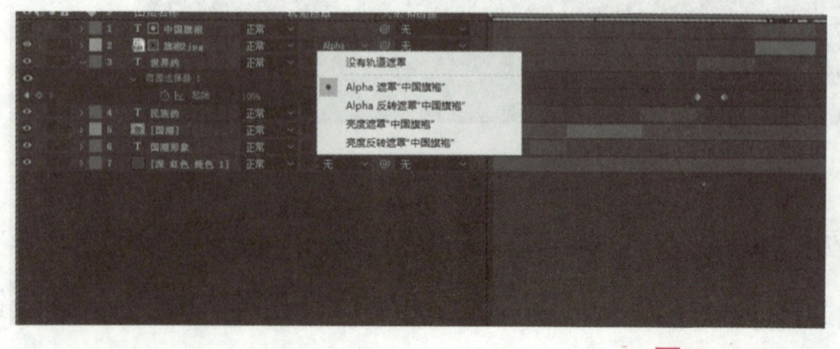

图3-10

（12）将导入的“旗袍 1.jpg”素材拖放到“中国旗袍”文本图层的上方，将时间指针移动到 4 秒 11 帧处，并按【Alt+［】组合键设置入点。使用工具栏中的椭圆工具在该图层上绘制蒙版，展开图层的蒙版属性，设置其“蒙版羽化”值为 61，效果如图 3-11 所示。

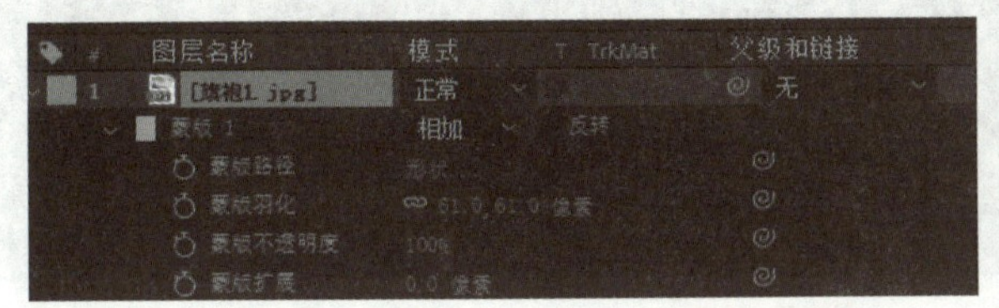

图 3-11

（13）选中“旗袍 1.jpg”图层，在 4 秒 11 帧处启动“位置”关键帧，设置“位置”数值为（272，-566），将时间指针移动到 4 秒 20 帧处，设置“位置”数值为（272，333），如图 3-12 所示。

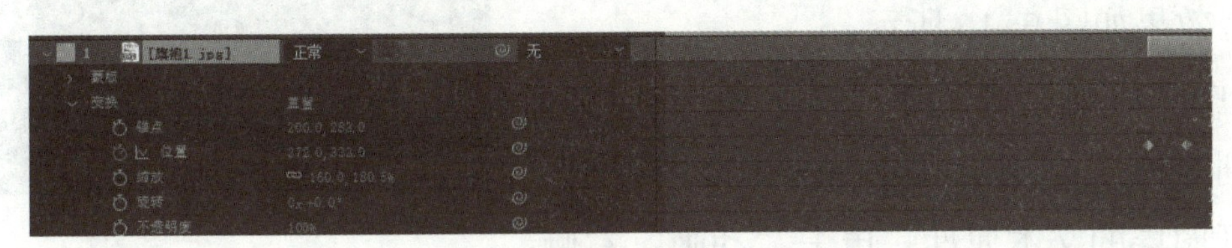

图 3-12

（14）使用文本工具，输入“传承民族工艺”，设置字体为“华文行楷”，字号为 84，颜色为白色，垂直缩放为 123%。字体倾斜，并设置居中对齐。设置“位置”数值为（880，392），效果如图 3-13 所示。

（15）选中“传承民族工艺”文本图层，将时间指针移动到 4 秒 11 帧处，按【Alt+［】组合键设置入点。展开图层的文本属性，单击“动画”右侧的按钮，在下拉列表中选择“位置”选项，设置 Y 轴数值为 436，如图 3-14 所示。

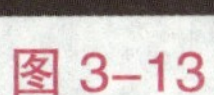

图 3-13

图 3-14

（16）展开文本图层，展开“动画制作工具 1”→“范围选择器 1”选项，可以看到有“起始”“结束”“高级”“偏移”等参数。此时“起始”默认值为 0，“结束”默认值为 100%，默认选取的范围为整段文字。当改变“位置”数值时，整段文字都在移动，这是因为只有在选取范围内的文字才具有“位置”动画属性，选取范围外的文字不起作用，仍然保持未添加“位置”动画前的属性。

（17）启动“范围选择器 1”的“起始”关键帧，在 4 秒 11 帧处设置“起始”数值为 0，将时间指针移动到 5 秒 9 帧处设置“起始”数值为 100%，如图 3-15 所示，测试文字动画。

图 3-15

（18）使用文本工具，输入“旗袍经典演绎”，设置字体为“华文行楷”，字号为 84，“旗袍”文字颜色为黄色，字号为 110。设置“位置”数值为（880，392），效果如图 3-16 所示。

图 3-16

（19）选中“旗袍经典演绎”文本图层，将时间指针移动到 5 秒 12 帧处，按【Alt+［】组合键设置入点。展开图层的文本属性，单击“动画”右侧的按钮，在下拉列表中选择“缩放”选项，设置“缩放”数值为 226%。单击“动画制作工具 1”右侧的“添加”按钮，在弹出的列表中选择“属性→不透明度”选项，设置“不透明度”属性值为 0；继续单击“动画制作工具 1”右侧的“添加”按钮，在弹出的列表中选择“属性→填充颜色→色相”选项。在 5 秒 12 帧处，设置“结束”数值为 29%。启动设置“填充色相”关键帧，设置“填充色相”数值为 0X+0.0。启动“偏移”关键帧动画，设置“偏移”的数值为 -50%，时间指针移动到 5 秒 20 帧，设置“填充色相”数值为 1X+0.0。制作“旗袍”变色的效果，将时间指针移动到 6 秒 8 帧，设置“偏移”的数值为 100%，展开“高级”选项，设置“形状”为上倾斜。文字变色放大再缩回的效果制作完成，如图 3-17 所示。

图 3-17

（20）将时间指针移动到 0 帧处，按键盘上的空格键预览，观看动画效果是否满意，并保存项目文件。

任务 2　蒙版动画

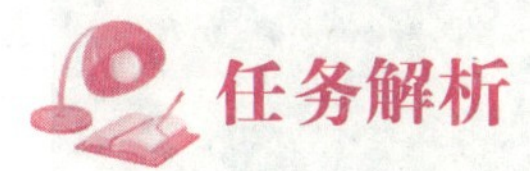

任务解析

在本任务中，需要完成以下操作：

- 通过“蒙版”，制作控制图片轮播的显示区域。
- 通过“蒙版路径”动画，完成画面的擦除效果。
- 通过“蒙版路径”动画，完成文字在运动中固定区域消失的效果。
- 通过“蒙版”，控制文字和形状图层的显示区域，制作“文字和形状分成两部分同时进入画面”的效果。

任务制作

（1）单击项目面板上的“新建合成”按钮，新建名称为“合成 2”的合成，选择 HDV/HDTV 720 25，持续时间为 15 秒，背景色为黑色，如图 3–18 所示。

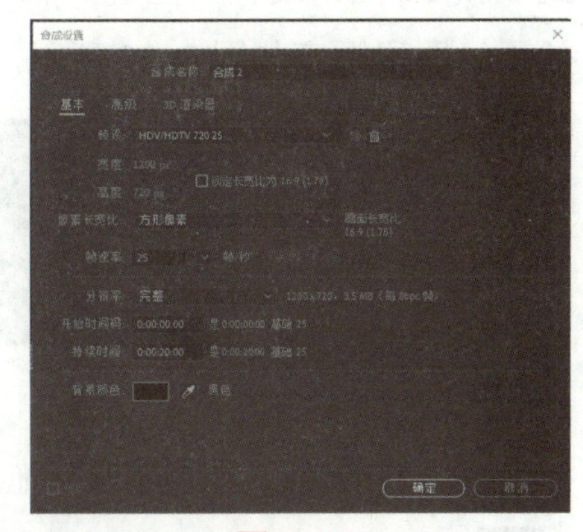

图 3–18

（2）按【Ctrl+Y】组合键新建一个纯色层，颜色为 RGB（134，10，10），用同样的方法再新建一个纯色层，颜色为 RGB（1，28，54）。图层在时间线面板的排列如图 3–19 所示。

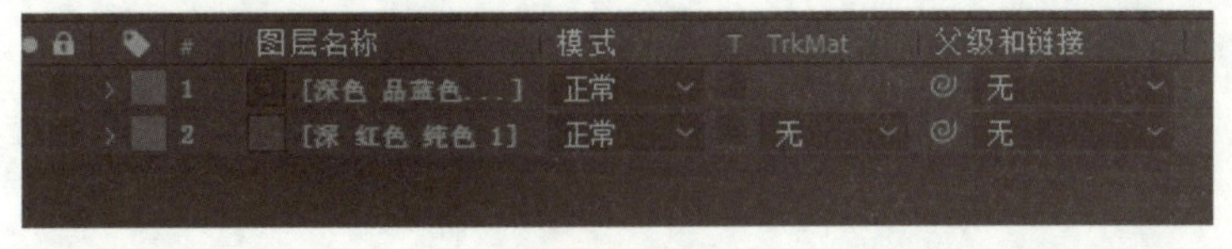

图 3–19

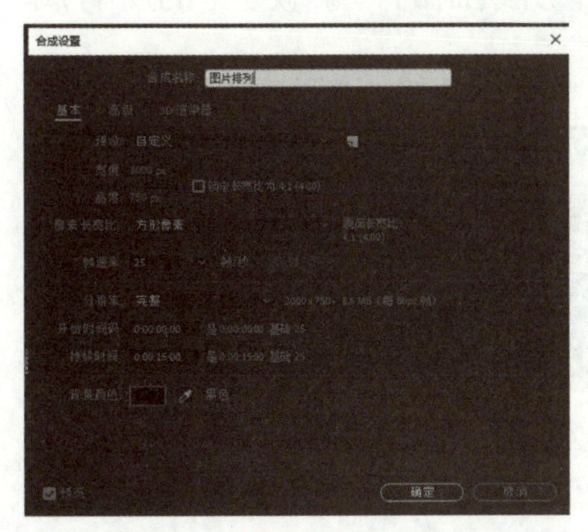

图 3–20

（3）单击项目面板上的“新建合成”按钮，新建名称为“图片排列”的合成，设置合成尺寸为 3000px × 750px，持续时间为 17 秒，背景色为黑色，如图 3–20 所示。

（4）将素材“1.png”至“5.png”拖放到时间线上，按【P】键展开“位置”属性，按【Shift+S】组合键再展开“缩放”属性，设置“1.png”的“位置”数值为（–1290，86），“缩放”数值为 45%；设置“2.png”的“位置”数值为（–1308，60），“缩放”数值为 35%；设置“3.png”的

“位置”数值为（-618，240），“缩放”数值为 55%；设置“4.png”的“位置”数值为（666，145），“缩放”数值为 45%；设置“5.png”的“位置”数值为（24，135），“缩放”数值为 45%，如图 3-21 所示。

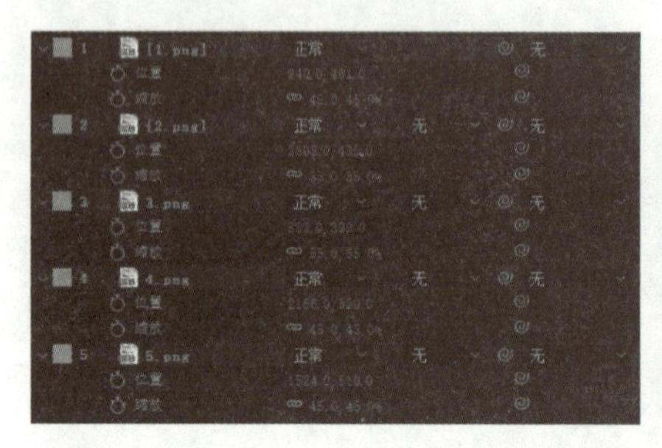

图 3-21

（5）执行“图层→新建→空对象”命令，建立一个空对象图层。将“1.png”“2.png”“3.png”“4.png”“5.png”图层与空对象建立父子关系，空对象为父层。选中空对象图层，启动“位置”关键帧，在 0 帧处，设置“位置”属性数值为（4561，375）；将时间指针移动到 1 秒 10 帧，设置“位置”属性数值为（1500，375），制作图片从屏幕外运动到屏幕内的效果，图层顺序如图 3-22 所示。

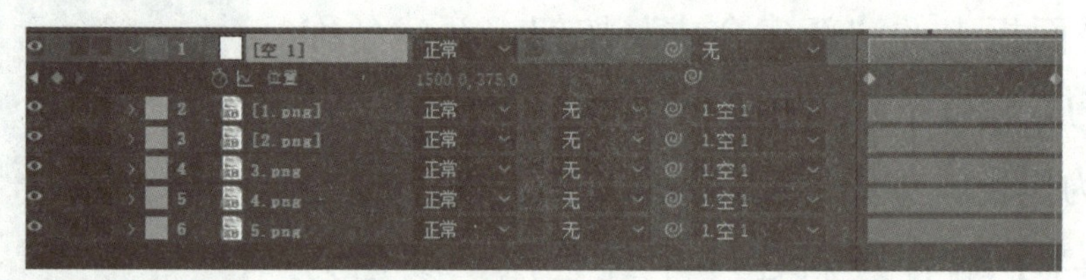

图 3-22

（6）将合成“图片排列”拖放到时间线上，选中深蓝色纯色层，选择工具栏上的矩形工具▢，在合成面板中沿图层外围绘制矩形蒙版路径，如图 3-23 所示。

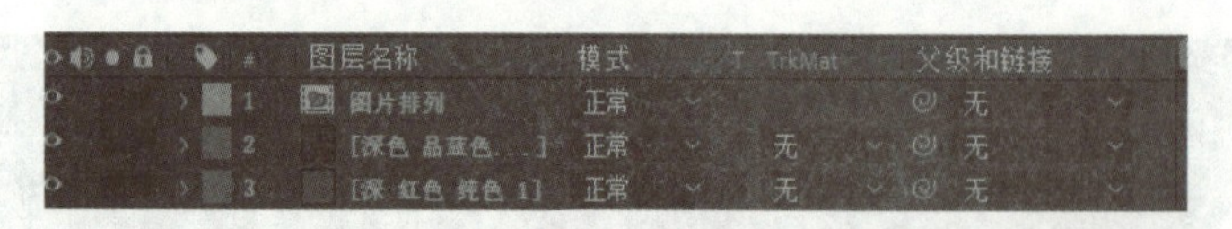

图 3-23

（7）展开图层 2 属性，在新增加的“蒙版”属性中包含了所绘制的“蒙版 1”的所有属性，如图 3-24 所示。

（8）在 0 帧，启动“蒙版路径”关键帧，选择时间线上的“蒙版 1”，在合成面板上双击蒙版路径，路径的周围会出现控制柄。移动控制柄到蒙版路径左侧的竖边上，当光标变成左右箭头时，向右拖动该竖边到合成窗口的右侧，如图 3-25 所示，此时不显示图层 2。将时间指针移动到 18 帧处，用同样的方法向左拖动蒙版路径左侧的竖边至合成左侧。此时图层 2 完全显示，如图 3-26 所示。

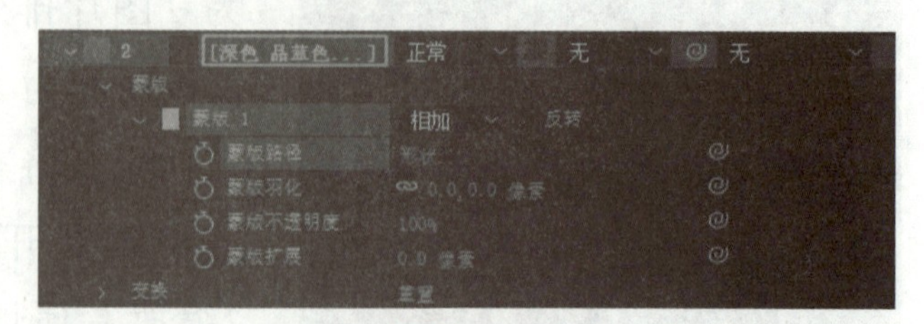

图 3-24

图 3-25

图 3-26

（9）将时间指针移动到 1 秒 11 帧处，按【Ctrl+Y】组合键新建纯色层，颜色为 RGB（255，224，193），选择工具栏上的矩形工具▇，在纯色层上绘制蒙版，由蒙版控制显示区域，并按【Alt+［】组合键设置图层入点，如图 3-27 所示。

（10）使用文本工具输入文字“东方雅韵”，设置字体为“华文行楷”，字号为 100，无填充颜色，描边颜色为红色，位置为（597，463），按【Alt+［】组合键设置图层入点，效果如图 3-28 所示。

图 3-27

图 3-28

（11）同时选中纯色层和文字图层，执行“图层→预合成”命令，预合成图层名称为“东方雅韵”，选择将所有属性移动到新合成中，单击“确定”按钮，如图 3-29 所示。

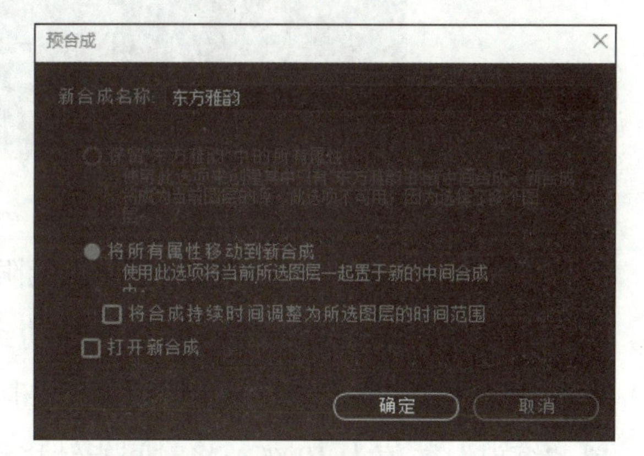

图 3-29

（12）在时间线上选择“东方雅韵”图层，使用矩形工具绘制蒙版，在图层的入点启动“蒙版路径”关键帧，蒙版在图层左边，图层不显示。将时间指针移动到 2 秒 2 帧处，在合成面板中双击蒙版路径，路径周围出现控制柄。移动控制柄到蒙版路径右侧的竖边上，当光标变成左右箭头时，向右拖动该竖边至图层完全显示，完成图层从左到右逐渐显示的画面，效果如图 3-30 所示。将时间指针移动到 3 秒 12 帧处，添加蒙版路径关键帧；将时间指针移动到 3 秒 21 帧处，复制 0 帧的关键帧，完成“东方雅韵”图层从右往左消失的动画。关键帧设置如图 3-31 所示。

图 3-30

图 3-31

（13）选中“图片排列”使用矩形工具绘制蒙版，展开图层“蒙版”属性，将时间指针移动到 3 秒 21 帧，启动“蒙版路径”关键帧，将时间指针移动到 3 秒 21 帧，在合成面板双击蒙版路径，则路径的周围出现控制柄。鼠标移动到蒙版路径右侧的竖边上，当光标变成左右箭头时，向左拖曳该竖边至图层完全不显示。也完成了“图片排列”图层从右往左消失的动画。关键帧设置如图 3-32 所示。

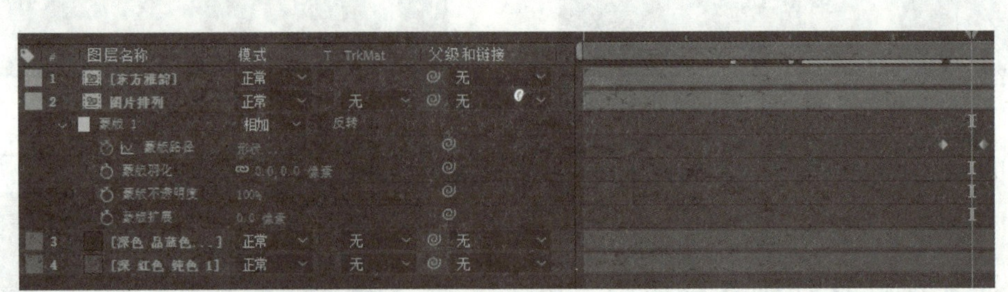

图 3-32

（14）使用文本工具输入“旗艺无限”，设置字体为“华文行楷”，字号为 100，字体颜色为白色，居中对齐，将时间指针移动到 4 秒 3 帧处，启动“缩放”属性关键帧，设置“缩放”数值为 268%，按【Alt+［】组合键设置图层入点。将时间指针移动到 4 秒 20 帧处，设置“缩放”数值为 100%；将时间指针移动到 4 秒 20 帧处，选中“深蓝色”纯色层，启动“缩放”关键帧，设置“缩放”数值为 100%；将时间指针移动到 4 秒 20 帧处，取消约束比例，设置“缩放”数值为（100%，12%），效果及参数设置如图 3-33 所示。

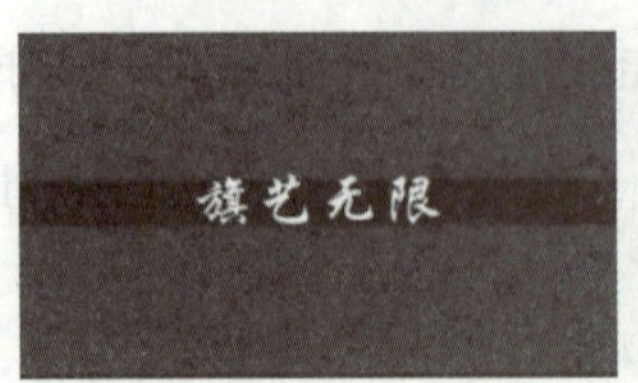

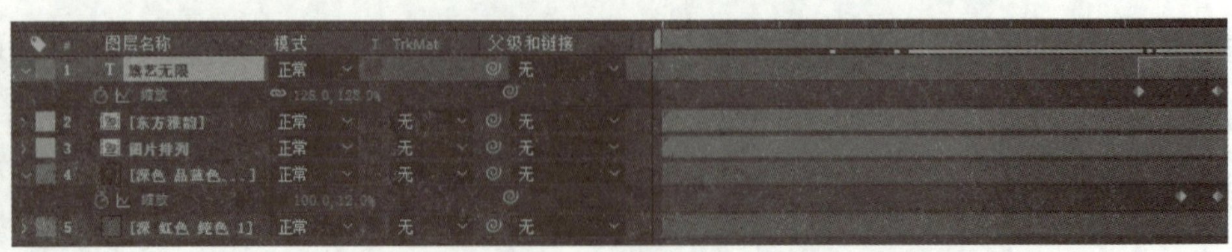

图 3-33

（15）将时间指针移动到 5 秒 11 帧处，选中“旗艺无限”文本图层，启动“位置”属性关键帧，设置“位置”属性数值为（640，390）。将时间指针移动到 5 秒 20 帧处，设置“位置”属性数值为（640，507）。制作文字从屏幕中央往屏幕下滑动的效果，如图 3–34 所示。

图 3–34

（16）右击该文本图层，在弹出的快捷菜单中选择“预合成”选项，预合成名称为“旗艺无限”，选择将所有属性移动到新合成中。将时间指针移动到 5 秒 11 帧处，执行“编辑→分割图层”命令，效果如图 3–35 所示。

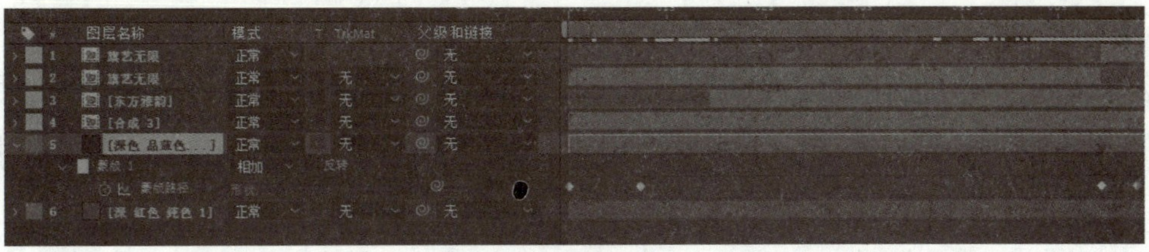

图 3–35

（17）选中“旗艺无限”合成图层，使用矩形工具在图层合成面板的图层显示区域绘制蒙版，制作“旗艺无限”合成图层从屏幕中央往下滑动并逐渐消失的效果。选中“深蓝色”纯色层，在 5 秒 11 帧处展开图层“蒙版”属性，为蒙版路径添加关键帧；将时间指针移动到 5 秒 20 帧处，在合成面板中双击蒙版路径，则路径的周围出现控制柄。移动控制柄到蒙版路径顶部的横边上，当光标变成上下箭头时，向下拖动该竖边至图层完全不显示，完成“深蓝色”纯色层从屏幕中央往下逐渐消失的效果，如图 3–36 所示。

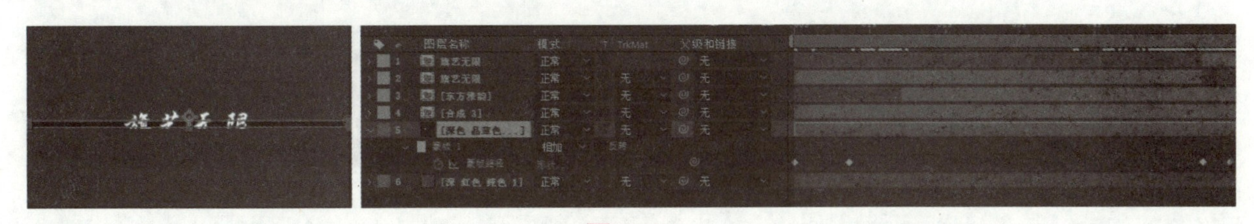

图 3–36

（18）使用矩形遮罩工具在合成面板绘制形状图层，设置描边“颜色”为白色，描边“宽度”为 6 像素，填充颜色无，选中形状图层，使用文本图层输入文字“国潮来袭”，设置字体为“华文行楷”，字号为 180，字体颜色为白色。分别对形状图层和文字图层使用对齐面板的“水平对齐”和“居中对齐”功能进行设置，效果如图 3–37 所示。

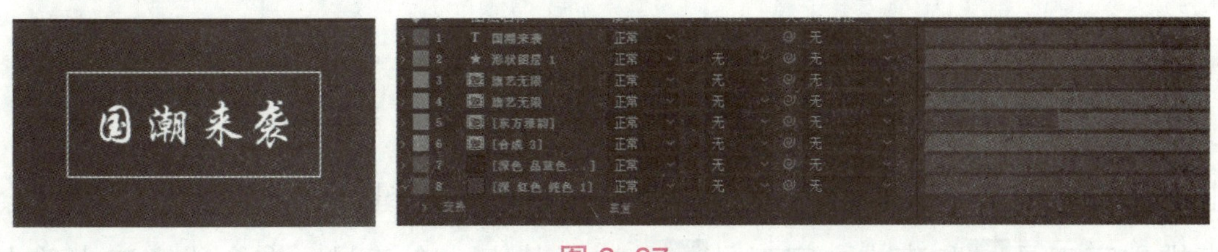

图 3–37

（19）框选形状图层和文字图层，右击图层，在弹出的快捷菜单中选择“预合成”选项，预合成名称为“国潮来袭”，选中该图层，使用钢笔工具绘制蒙版路径，效果如图3-38所示。复制“国潮来袭”合成图层，展开图层蒙版属性，选择“反转”属性。

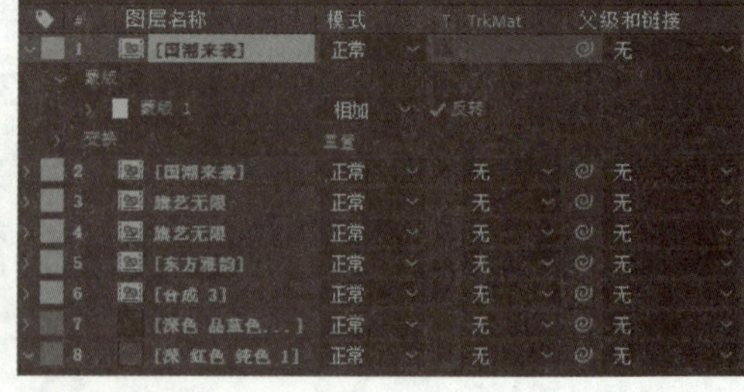

图 3-38

（20）选中下层“国潮来袭”合成图层，将时间指针移动到6秒12帧处，启动“位置”属性关键帧，将时间指针移动到6秒处，设置“位置”属性数值为（640,1235），按【Alt+[】组合键设置图层入点。

（21）选中上层“国潮来袭”合成图层，将时间指针移动到6秒12帧处，启动“位置”属性关键帧，将时间指针移动到6秒处，设置“位置”属性数值为（640，-254）。按【Alt+［】组合键设置图层入点。时间线面板如图3-39所示。

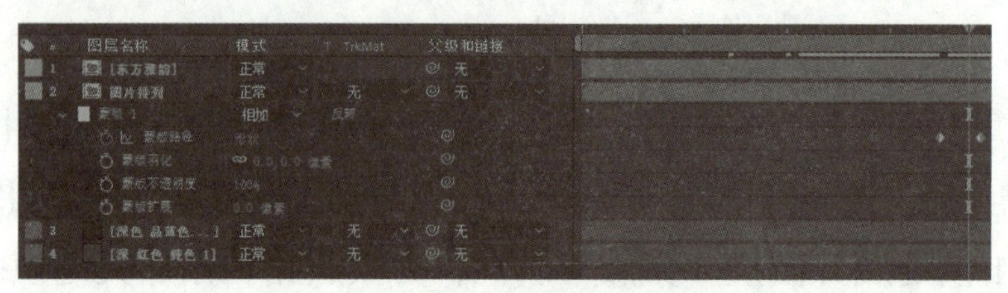

图 3-39

（22）新建合成，命名为总合成，持续时间为15秒，将“合成1”“合成2”“背景音乐.mp3”拖到时间线上，将“合成2”入点定位到7秒6帧处。时间线排列效果如图3-40所示。

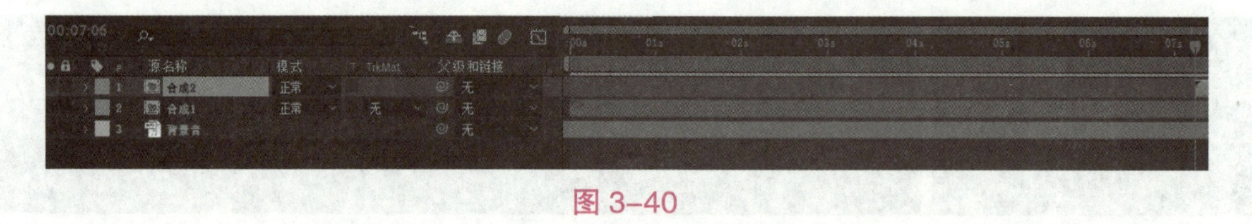

图 3-40

（23）保存项目文件，预览动画效果并渲染输出作品。

知识链接

一、文字创建及文字设置

1. 文字的创建

单击工具栏中的文字工具来创建文字。按住鼠标左键，在文字工具上停一会儿，就会显示横排文字工具和直排文字工具，选择其中一个工具，在合成窗口中单击，即可输入文字。

2. 文字的设置

单击工具栏中的文字工具T来创建文字。在合成窗口中将光标移动到需要改动的文字上，按住鼠标左键并拖动，选中所要修改的内容，以高亮状态显示。可以通过字符面板，对文字的字体、颜色、字号、填充色、描边和字符样式等进行编辑，如图 3–41 所示。

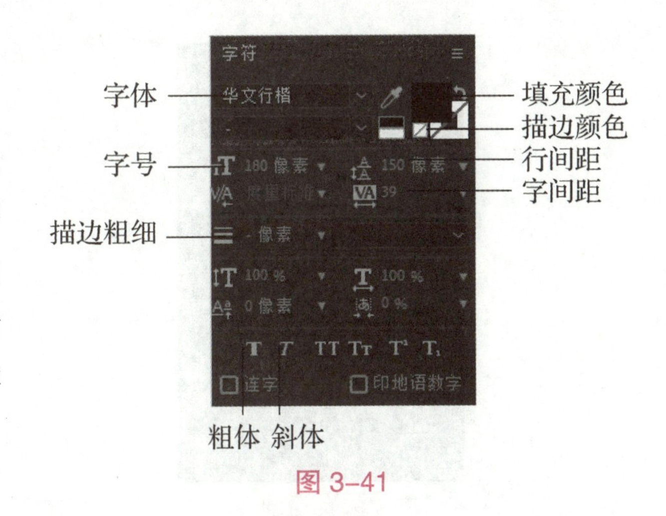

图 3–41

二、预置文字动画

1. 查看预置文字动画

执行“动画→浏览预设”命令，可以在 Adobe Bridge CC 中预览 Presets 的预置动画，所有文字动画都放在 Text 文件夹内。在内容面板中双击，打开文件夹可以看到不同效果的文字特效分别在不同的子文件夹内。可以选择不同的效果进行预览，如图 3–42 所示。

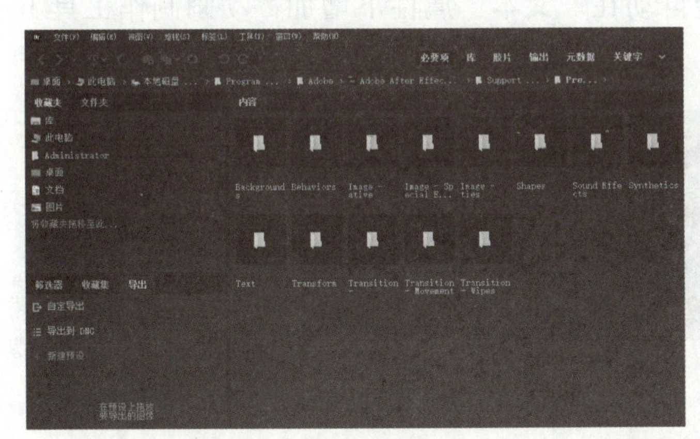
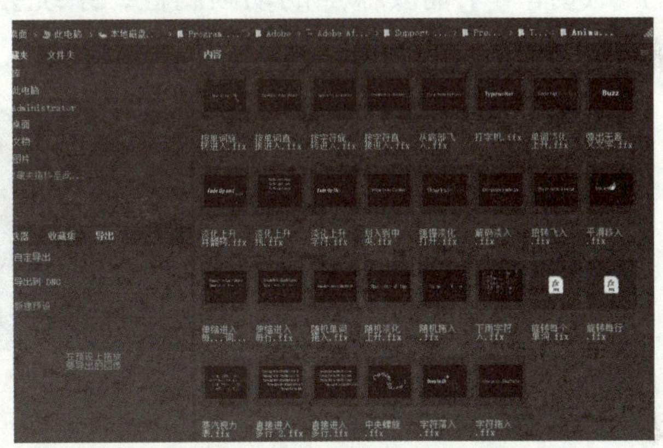
图 3–42

2. 预置文字动画的添加

当看到满意的预置文字动画时，首先在时间线上选中需要添加动画的文字图层，再在 Adobe Bridge CC 窗口中双击预置动画效果，那么预置的文字动画效果就添加到了文字图层上。

添加预置文字动画效果的另一个方法是在时间线上选中需要添加动画的文字图层，在效果和预设面板中展开“动画预设”选项，在 Text 选项中会看到许多有关文字的预置动画效果，选择喜欢的效果双击，即可将效果施加给文字，如图 3–43 所示。

3. 预置文字动画的调整

在时间线上展开文本图层属性，就能看到添加的动画的属性参数。可以修改这些参数改变动画效果，如图 3–44 所示。

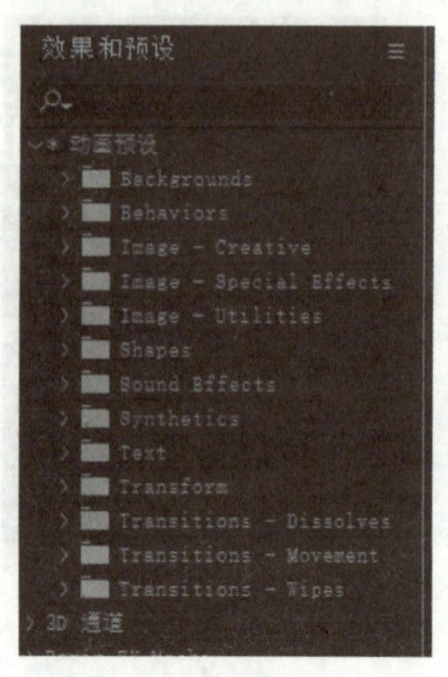

图 3-43

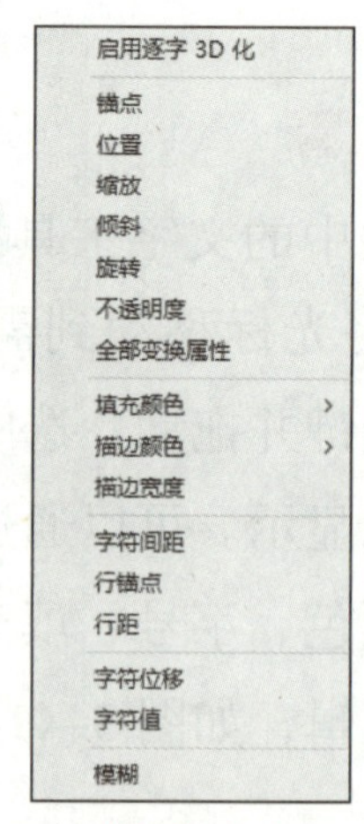

图 3-44

三、文本的“动画制作工具”系统

1. 动画的添加

当单击“动画”右侧的小三角按钮时，会在弹出的菜单中显示一系列需要添加的动画属性。选择一个需要添加的动画属性，系统会自动在“文本”属性下增加“动画制作工具 1”选项，如图 3-45 所示。

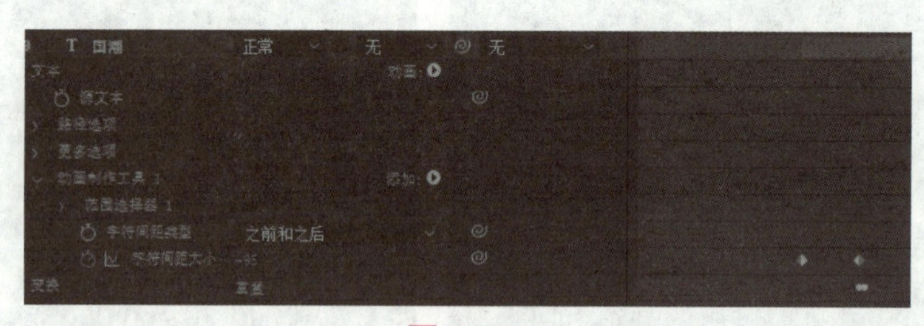

图 3-45

2. 文本的“动画制作工具”系统的构成

“动画制作工具”系统由三部分构成，分别是“范围选择器”，负责指定动画范围；“高级”用于对动画进行高级设置，第三部分就是动画属性，如图 3-46 所示。

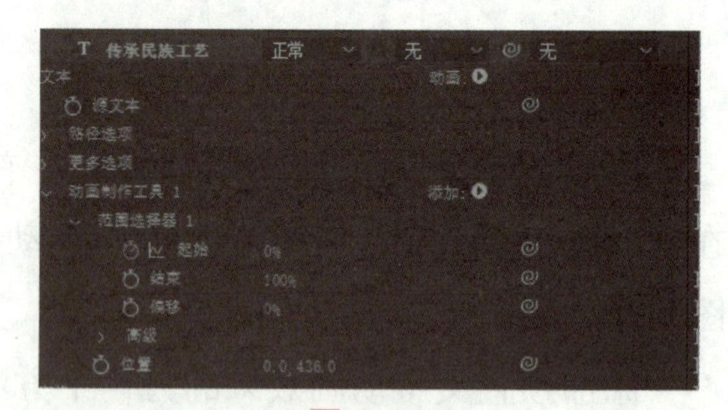

图 3-46

“范围选择器”用于指定动画参数影响的范围。展开“范围选择器”选项，“起始”控制选取范围的开始位置，“结束”控制选取范围的结束位置，以百分比显示选取范围。通过调整“起始”“结束”参数即可改变选取范围。选取范围调整好后，可以通过调整“偏移”参数来控制整个选取范围的位置。通过对这 3 个参数记录关键帧，即可实现文本的局部动画。只有选取范围内的内容才具有动画设置效果，范围以外的区域恢复原状。

“高级”选项用于调整控制动画状态，“单位”下拉列表用于指定使用的单位。在“依据”下拉列表中可以选择动画调整基于何种标准，“模式”下拉列表可以设置动画的算法，

“数量”参数可以设置动画属性对字符的影响程度，“形状”下拉列表用于指定动画的曲线外形，“缓和高”和“缓和低”参数用于控制动画曲线的平滑度，可以产生平滑或者突变的动画效果，如图 3–47 所示。

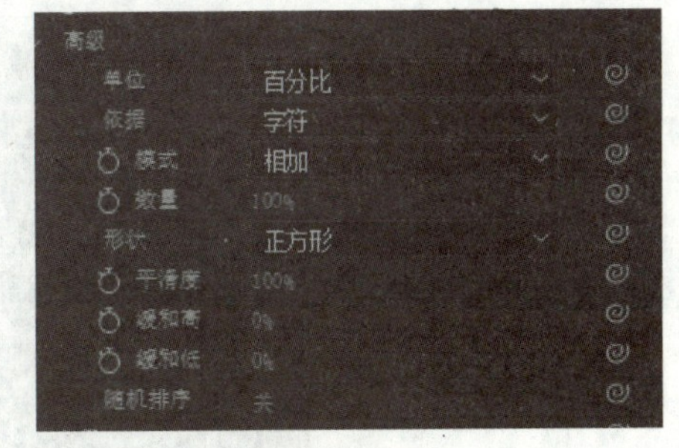

图 3–47

四、蒙版

1. 蒙版工具

由规则性蒙版工具和不规则蒙版工具构成，分别如图 3–48 和图 3–49 所示。

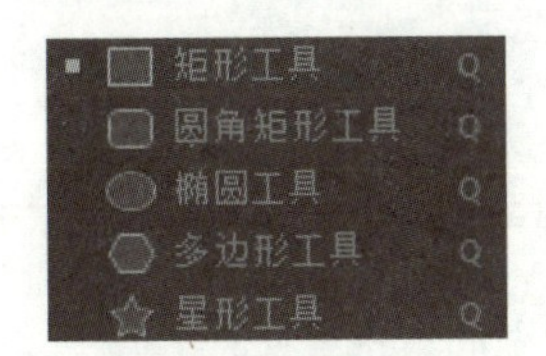

图 3–48

图 3–49

2. 建立蒙版

（1）在时间线上选中素材图层。

（2）选择蒙版工具，在合成窗口按住鼠标左键绘制或者使用钢笔工具单击产生控制点，最终形成闭合的蒙版路径。

3. 蒙版属性

- 蒙版路径：由蒙版路径控制点确定蒙版形状。
- 蒙版羽化：通过设置羽化值改变蒙版边缘的软硬度。
- 蒙版路径：由蒙版路径控制点确定蒙版形状。
- 蒙版不透明度：通过设置数值改变蒙版内图像的不透明度。
- 蒙版扩展：将数值设为正数或负数，可对当前蒙版进行扩展或收缩。
- 反转：是否勾选该复选框将决定蒙版路径以内或以外是否为透明区域。

五、形状图层

当时间线上没有图层被选中，单击任意遮罩工具在合成窗口中进行绘制，得到的将是路形状的形状图层，可通过工具栏中的“填充”选项设置填充色，也可以通过“描边”工具对描边的颜色和粗细进行设置，如图 3–50 所示；时间线上的图层属性如图 3–51 所示。

图 3–50

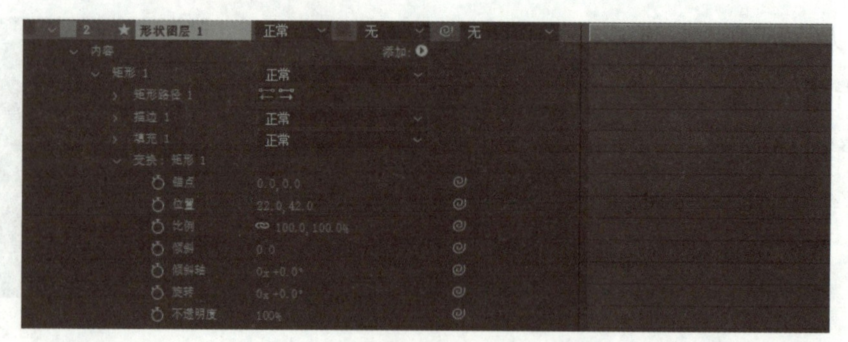

图 3–51

项目拓展

通过路径文字动画的制作，练习文字动画和蒙版的应用。

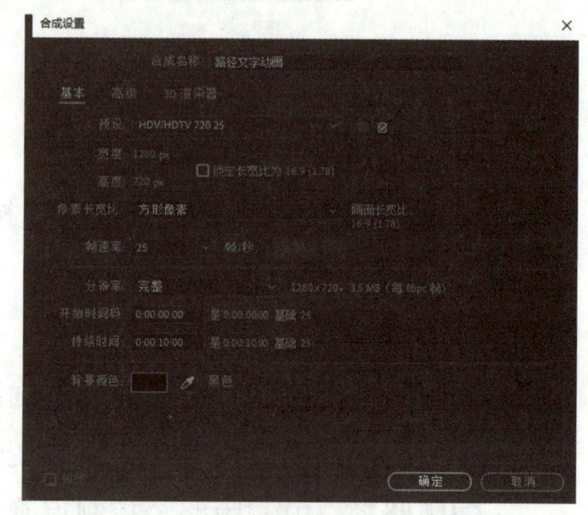

图 3–52

（1）新建名称为“路径文字动画”的合成，选择 HDV/HDTV 720 25 选项，持续时间为 10 秒，如图 3–52 所示。

（2）导入素材“1.jpg”和“扇子 .psd”。

（3）按【Ctrl+Y】组合键新建一个纯色层，颜色为深蓝色，具体数值为 RGB（134，10，10）。用同样的方法再新建一个纯色层，颜色为灰红色，具体数值为 RGB（152，48，58）。

（4）选择灰红色图层，将时间指针移动到 0 帧，启动“缩放”属性关键帧，取消约束比例，设置“缩放”数值为（54%，90%），将时间指针移动到 16 帧，设置“缩放”数值为（37%，61.7%），执行“效果→透视→投影”命令，为图层添加阴影效果，如图 3–53 所示。

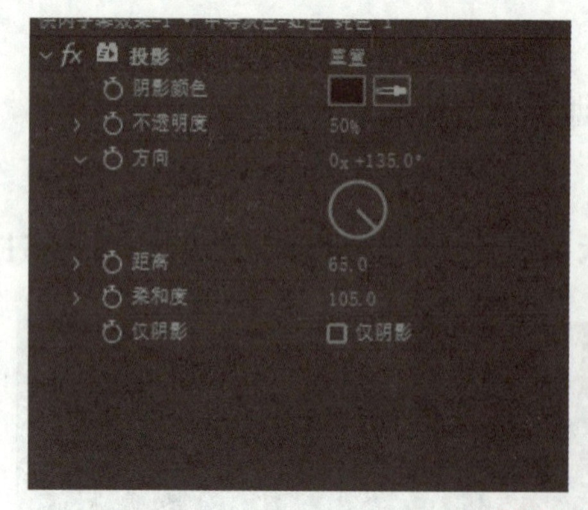

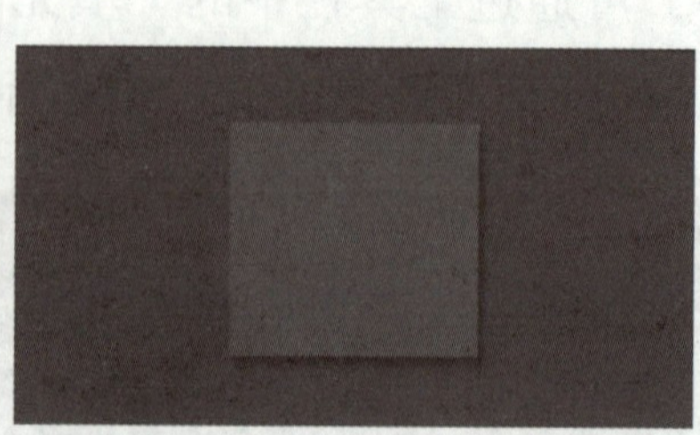

图 3–53

（5）使用文本工具在合成窗口中单击，出现文字输入光标，输入文字“国”，在字符面板中设置字体为“华文行楷”，字号为 300，颜色为白色，居中对齐。按【Ctrl+D】组合键复制该图层 3 次，在合成窗口中双击将文字分别改为“潮”“来”“袭”，文字图层平均分在灰红色纯色层上。时间线具体位置设置如图 3–54 所示。

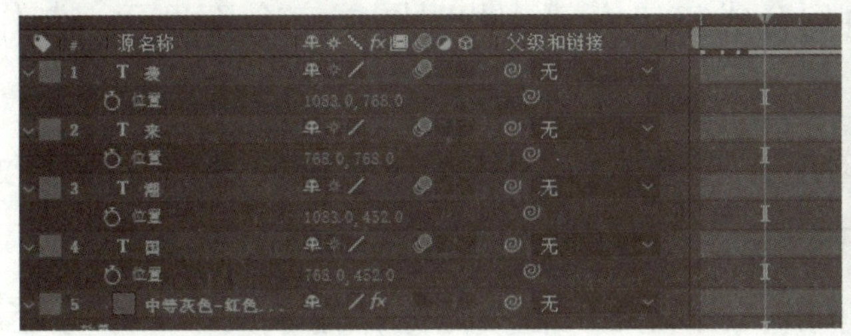
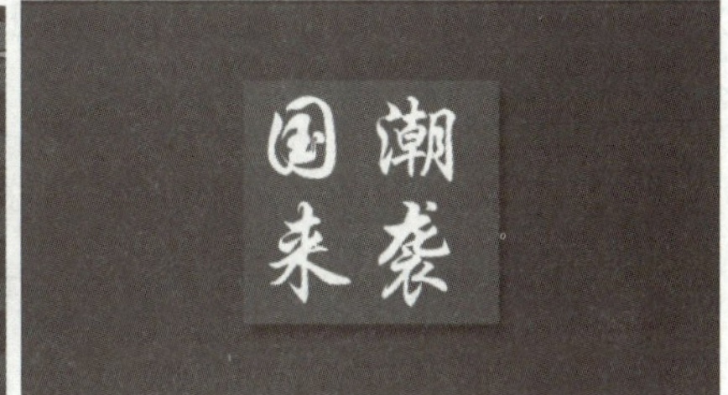

图 3–54

（6）将“国”“潮”“来”“袭”4 个文本图层的入点分别设置在 2 帧、5 帧、8 帧、11 帧，制作文字逐个出现的效果。将时间指针移动 16 帧，将“国”“潮”“来”“袭”4 个文本图层设置为父层，如图 3–55 所示。

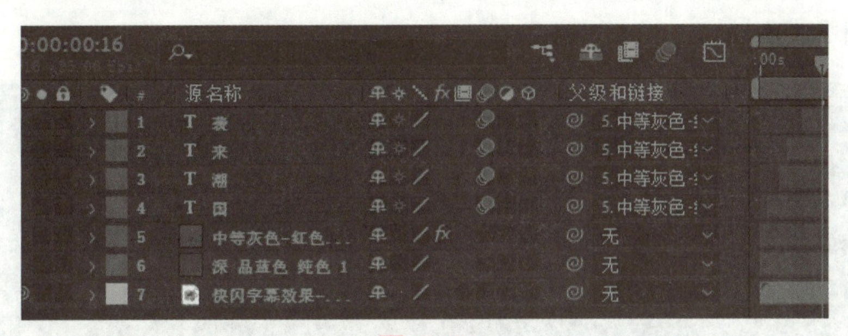

图 3–55

（7）将素材“1.jpg”拖放到时间线上，展开图层属性，设置“缩放”数值为 300%。

（8）使用文本工具在合成窗口中单击，出现文字输入光标，输入文本“国潮”，在字符面板中设置字体为“华文行楷”，字号为 1000，颜色为白色，居中对齐。设置“缩放”数值为 195%，将时间指针移动 1 秒，启动“位置”关键帧，设置“位置”数值为（1694，1000）；将时间指针移动到 2 秒 10 帧，设置“位置”数值为（960，1000）。单击素材“1.jpg”层的轨道遮罩 TrkMat 控制栏的“无”按钮，在弹出的菜单中指定“Alpha 遮罩‘国潮’”，将“国潮来袭”合成图层移动到最上层，在 2 秒 10 帧时启动“缩放”关键帧，设置“缩放”数值为 120%，将时间指针移动到 1 秒，设置“缩放”数值为 100%，如图 3–56 所示，效果如图 3–57 所示。

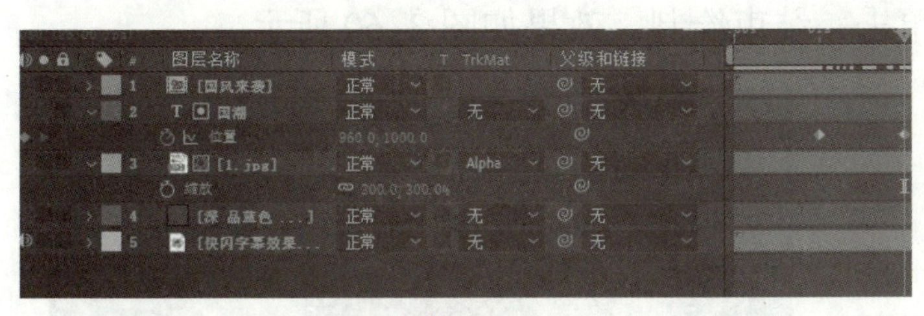
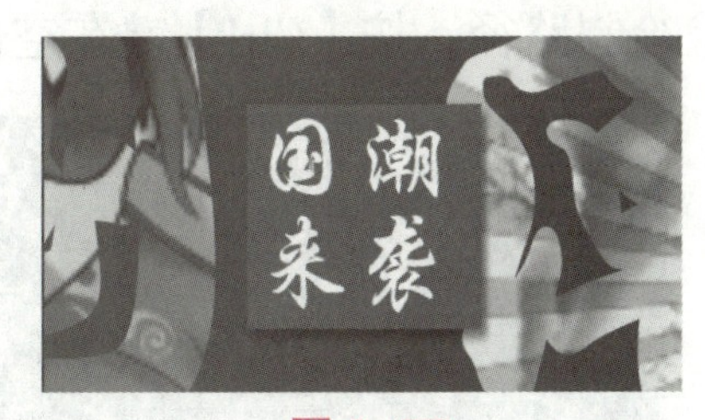

图 3–56　图 3–57

（9）按【Ctrl+Y】组合键新建一个纯色层，颜色为橙色，具体数值为 RGB（205，159，108），将时间指针移动到 3 秒 1 帧处，选中该图层，使用矩形工具绘制蒙版路径，启动“蒙版路径”关键帧。将时间指针移动到 2 秒 14 帧处，将时间指针移动到 2 秒 14 帧处，在合成面板上双击蒙版路径，则路径的周围出现控制柄。移动控制柄到蒙版路径顶部的横边上，当光标变成上下箭头时，向下拖动该竖边到合成窗口底部，此时图层完全不显示。制作图层从下往上擦除的效果。

（10）按【Ctrl+D】组合键复制该图层，通过执行“图层→纯色设置”命令修改图层颜色为灰红色，具体数值为 RGB（102，33，39）。将图层的入点移动到 2 秒 19 帧处。

（11）使用文本工具在合成窗口中单击，出现文字输入光标，输入文本“东方腔调”，在字符面板中设置字体为“华文行楷”，字号为 300，颜色为白色，居中对齐。选中该文本图层，在效果和预设面板中展开“动画预设”选项，双击“Text → Blurs →多雾”的预置动画，制作模糊入点的动画效果。按【U】键，调整起始关键帧在 3 秒处，结束关键帧在 3 秒 12 帧处，效果如图 3–72 所示。将时间指针移动到 3 秒 12 帧处，按【Alt+]】组合键设置该文本图层的出点，如图 3–58 所示。

图 3–58

（12）将导入的素材“扇子”合成，拖放到时间线上，将图层的入点定位到 4 秒 8 帧处。设置“位置”数值为（1028，–188），设置“缩放”数值为 117%。选择“效果→透视→径向擦除”选项，将“擦除中心”定位到“扇子”的底端，设置其属性值为（2238，2296.5），为图层制作扇子展开效果。在 4 秒 8 帧处，启动“过渡完成”关键帧，将数值设为 100%，将时间指针移动到 4 秒 18 帧处，设置“过渡完成”为 24%。其他属性设置如图 3–59 所示。

（13）使用文本工具在合成窗口中单击，出现文字输入光标，输入文本“发扬中华传统文化”，字号为 93，颜色为白色，描边颜色为橙色。选中该文本图层，使用钢笔工具沿扇子形状绘制路径，按【Ctrl】键在空白处单击，结束绘制，效果如图 3–60 所示。

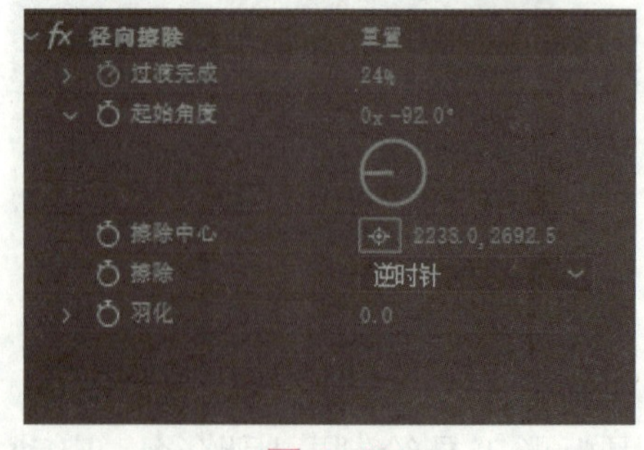

图 3–59

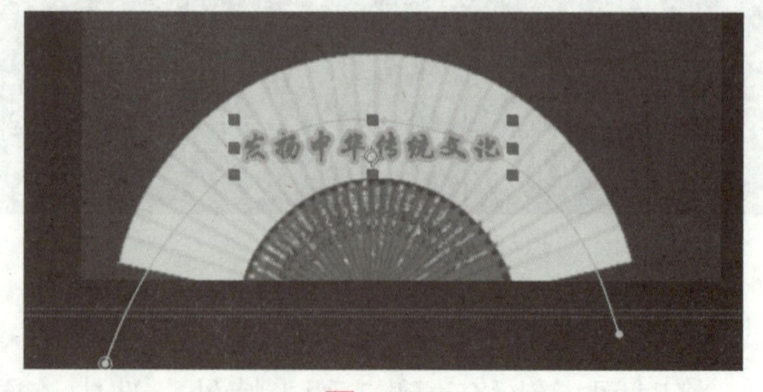

图 3–60

（14）为文字和路径建立关联。展开“发扬中华传统文化”文本图层，展开文本选项，在“路径选项”下拉列表中选择刚绘制的“蒙版 1”为文本路径。

（15）为路径文字创建动画。展开文字属性，调整“路径选项”首字边距的数值，使得文字移动到合成窗口左底部，将时间指针移动到 4 秒 18 帧处。启动“首字边距”关键帧，将时间指针移动到 6 秒 10 帧处，调整“首字边距”数值，让文字沿路径移动到扇面中间，如图 3–61 所示。

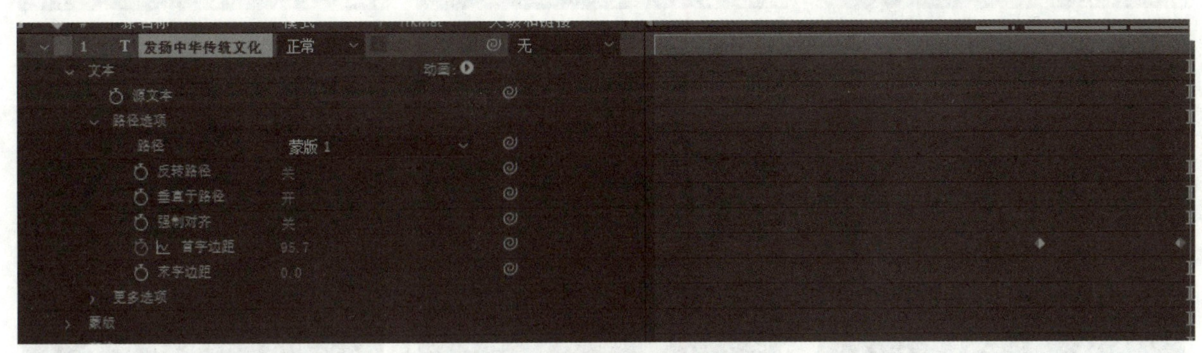

图 3–61

（16）按【Ctrl+D】组合键复制“橙色”图层，图层的入点设置到 7 秒 3 帧处，再复制该图层一次，通过执行“图层→纯色设置”命令修改图层颜色为灰红色。

（17）将时间指针移动到 0 帧处，按空格键预览，观看动画效果是否满意，并保存项目文件。

巩固训练

一、填空题

1. AE 中的文本工具由__________和__________构成。

2. AE 中的字符面板可以设置文本属性由__________、__________、__________、__________、__________和__________等构成。

3. 在 AE 添加预置文字动画的效果可以通过__________和__________效果及预设面板两种方式。

4. AE 中的动画制作工具由__________、__________、属性三部分构成。

5. AE 中的范围选择器由__________、__________、偏移三部分构成。

6. AE 中规则的蒙版工具有__________、__________、__________、__________、__________。

7. AE 中不规则的蒙版工具有__________、__________、__________、__________、__________。

8. AE 中的蒙版属性有__________、__________、__________、__________、__________。

9. 路径文字动画制作需要在文本和路径建立关联的选项是__________。

二、上机实训

1. 使用预置文字动画效果制作诗配画的效果，如图 3-62 所示。

图 3-62

2. 制作路径文字动画效果，如图 3-63 所示。

图 3-63

3. 制作文字动画效果，如图 3-64 所示。

图 3-64

4. 制作手机滑屏效果，如图 3-65 所示。

图 3-65

5. 利用蒙版制作科技扫描效果，如图 3-66 所示。

图 3-66

项目 4

建党百年宣传片制作
——AE 的三维合成

项目描述

根据提供的素材，制作一段 30 秒左右的建党百年宣传片。本案例通过制作“建党百年宣传片”，介绍了 AE 三维图层属性的设置、摄像机动画的制作，最终效果如图 4–1 所示。

图 4–1

学习目标

知识目标

1. 掌握 AE 中三维图层属性的设置。
2. 掌握 AE 摄像机的添加和使用摄像机工具控制摄像机运动的操作方法。
3. 掌握 AE 灯光的添加及参数设置。

能力目标

1. 能够通过三维图层属性的设置进行关键帧动画的制作。
2. 能够利用摄像机关键帧建立摄像机动画。
3. 能够利用“灯光设置”烘托画面。

情感目标

通过优秀建党宣传片作品展示，培养学生学习后期制作的兴趣，激发学生学习的信心。

任务 1 三维图层的合成

任务解析

在本任务中，需要完成以下操作：

- 通过三维图层属性的设置，制作翻页相册。
- 通过对“空对象”的使用，完成三维图层整体运动的效果。
- 通过对三维图层属性的设置，完成标题文字的制作。

任务制作

（1）新建名称为“翻页相册”的合成，在“预设”选项组选择 HDV/HDTV 720 25 选项，设置合成持续时间为 20 秒，如图 4–2 所示。

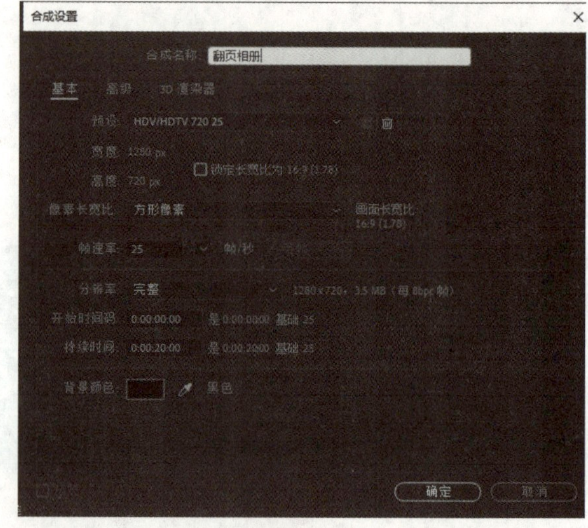

图 4–2

（2）新建合成，名称为图片 1，自定义 900px × 600px，设置合成持续时间为 20 秒。

（3）双击项目面板空白处，导入本案例所有素材。

（4）按【Ctrl+Y】组合键或执行“图层→新建→纯色”命令新建一个纯色层，颜色为白色，作为即将制作的翻页相册的相框。使用矩形遮罩工具绘制图片所在区域，展开图层，勾选“蒙版属性”的“反转”复选框。将素材 t1.jpg 放到时间线上，调整其“缩放”数值为 81%，如图 4–3 所示。

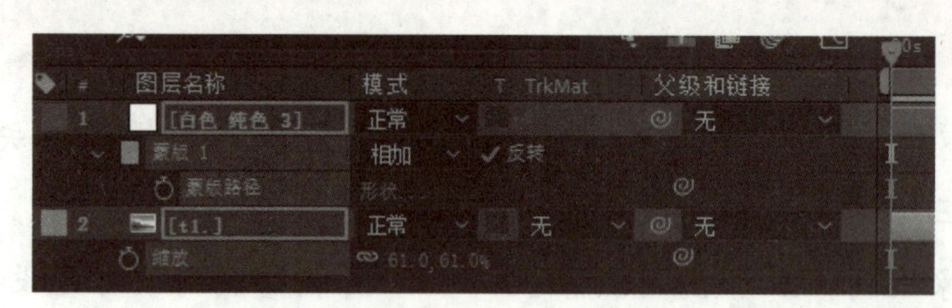

图 4–3

（5）用同样的方法创建合成“图片 2”、合成“图片 3”、合成“图片 4”、合成“图片 5”、合成“图片 6”，为 6 张图片全部添加白色相框。

（6）将合成“图片 1”至“图片 6”拖放到时间线上，图层排列从上到下，选中这 6 个图层，单击三维开关按钮将图层转换为三维图层，效果如图 4–4 所示。

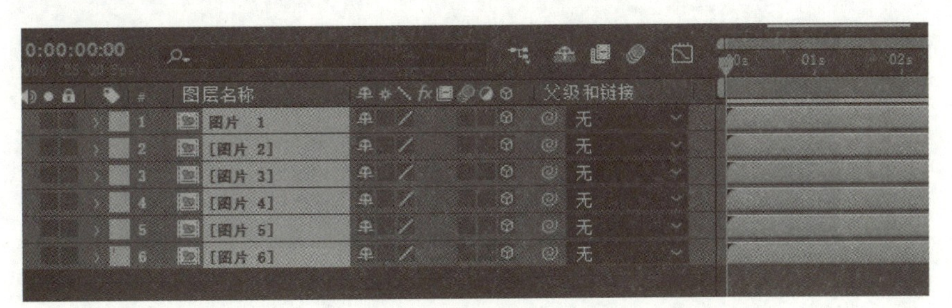

图 4-4

（7）选中“图片 1”，当图层转换为三维图层后，会出现一个位移、推拉、旋转的坐标，如图 4-5 所示。此时，单击工具栏上的旋转按钮，在视图中旋转图片，效果如图 4-6 所示。此外，也可以尝试以光标点为中心进行旋转、平移、推拉等操作。若想回到最初的状态，执行“视图→重置默认摄像机”命令即可。

图 4-5

图 4-6

（8）制作水平翻页相册效果，确定图片沿 Y 轴旋转，选中 6 个图层，按【A】键显示“锚点”属性，修改“锚点”的 X 轴数值为 0，再按【Shift+P】组合键调整“位置”X 轴数值为 190，如图 4-7 所示，效果如图 4-8 所示。

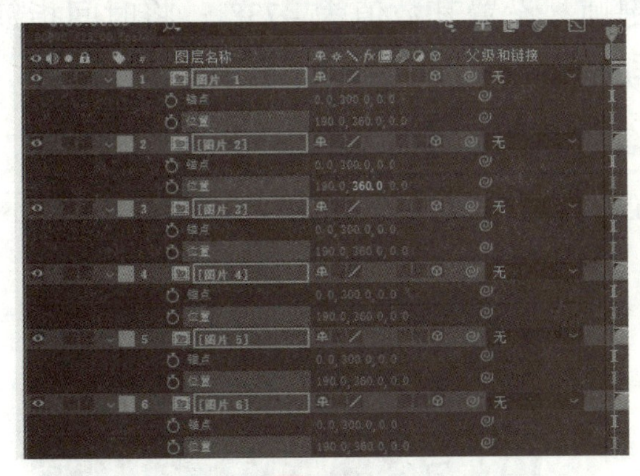

图 4-7

图 4-8

（9）制作图片 1 的翻页动画。选择“图片 1”图层，按【R】键展开“旋转”属性，将时间指针移到 1 秒处，启动“Y 轴旋转”关键帧，将时间指针移动到 2 秒处，设置“旋转”属性数值为“0x+168°”，如图 4-9 所示，用同样的方法分别制作其他图片的关键帧动画，每张图片度数保证比上一张小，才能保证翻过来不覆盖。其他图片设置如图 4-10 所示。

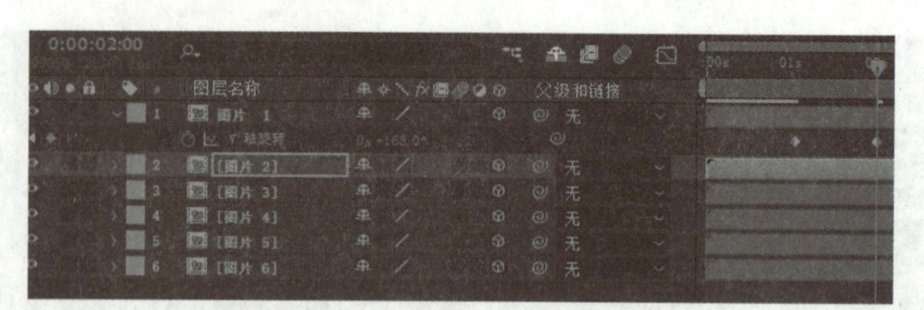

图 4-9

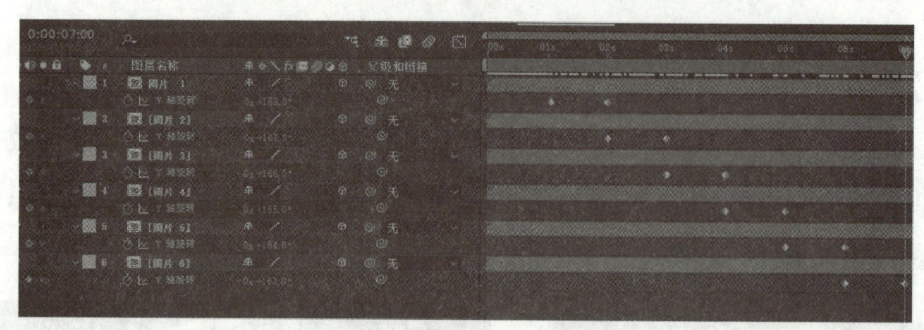

图 4-10

（10）为图层“图片 1”和“图片 6”调整相框的颜色。执行“效果→生成→填充”命令，将填充颜色设为橙色，添加到白色纯色层上，参数设置如图 4-11 所示。

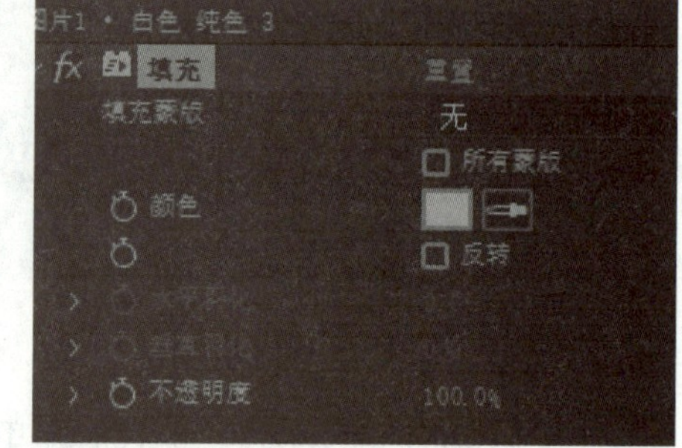

图 4-11

（11）执行“图层→新建→空对象”命令，建立一个空对象图层，将该图层转为三维图层，将“图片 1”“图片 2”“图片 3”“图片 4”“图片 5”“图片 6”与空对象之间建立父子关系，空对象为父层。

（12）按空格键预览检查效果是否满意。

（13）选中空对象，展开图层属性，设置其“位置”数值为（431.3，1042.5，-1774），将时间指针移动到 0 帧处，开启“Z 轴旋转”关键帧，设置其数值为 -73°；将时间指针移动到 1 秒处，设置其数值为 0。时间线如图 4-12 所示。

（14）设置标题文字的三维图层动画。新建名称为“百年征程砥砺奋进”的合成，在“预设”选项组选择 HDV/HDTV 720 25 选项，设置合成持续时间为 20 秒，如图 4-13 所示。

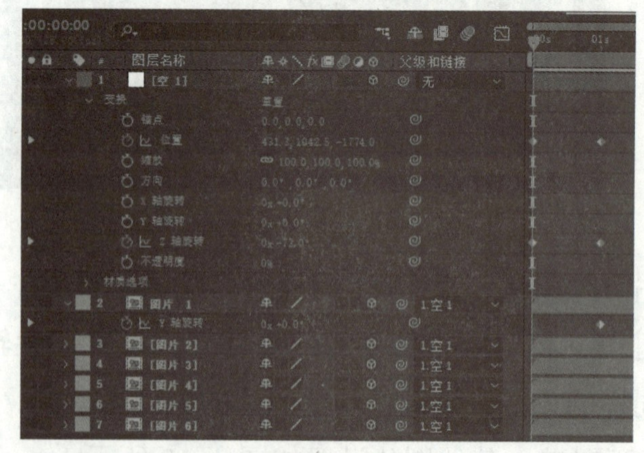

图 4-12

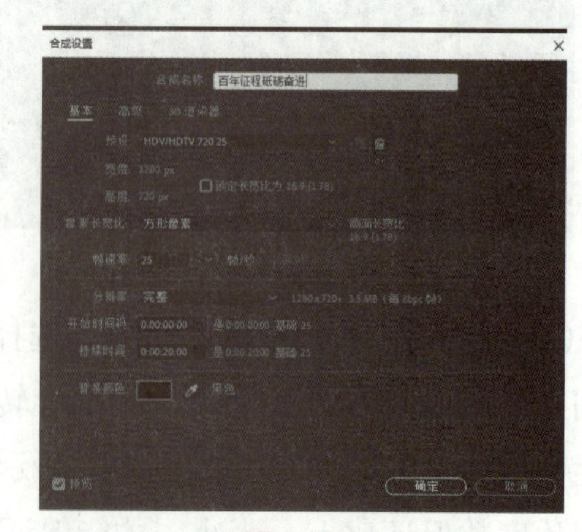

图 4-13

（15）使用文本工具输入图层“百”，设置字体为“华文行楷”，字体颜色为白色，字号为 115；用同样的方法输入图层“年”“征”“程”“砥”“砺”“奋”“进”。设置的文本排列如图 4–14 所示。

图 4–14

（16）选择所有文字图层，单击三维开关按钮将图层转换为三维图层。启动“位置”关键帧，设置文字效果从左往右逐渐从屏幕外运动到当前位置。各图层在 0 帧设置的“位置”数值如图 4–15 所示。结束关键帧如图 4–16 所示，其中“百”字在 3 秒结束，之后逐个向右延迟一帧结束。

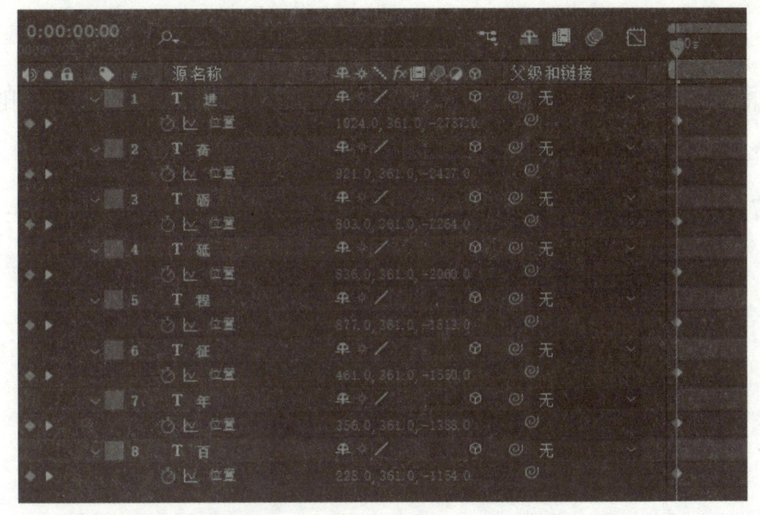

图 4–15

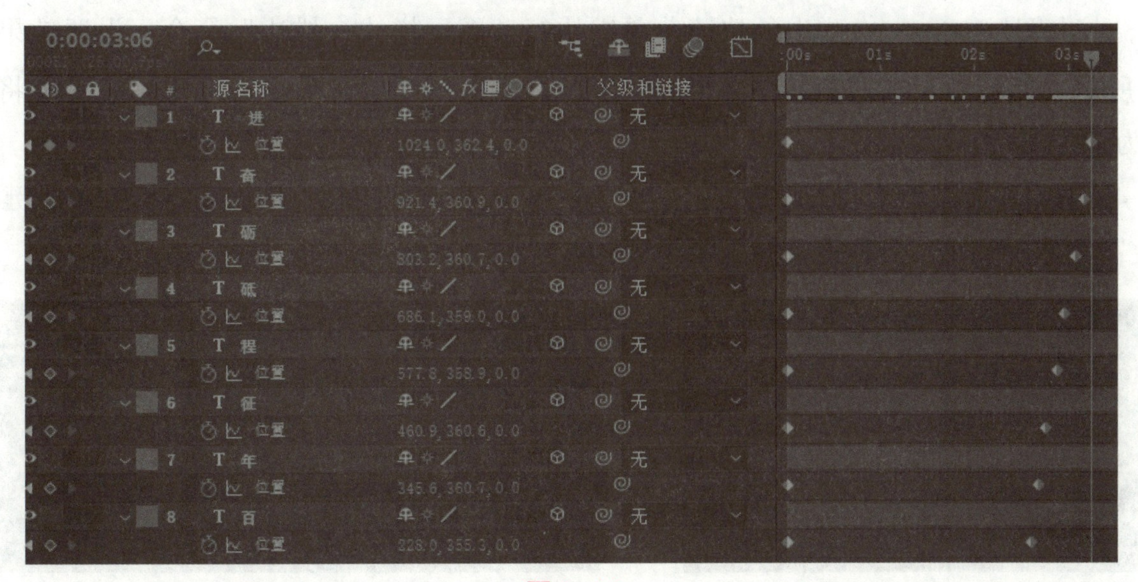

图 4–16

（17）将时间指针移动到 0 帧处，按键盘上的空格键预览，观看动画效果是否满意，并保存项目文件。

任务 2 摄像机动画

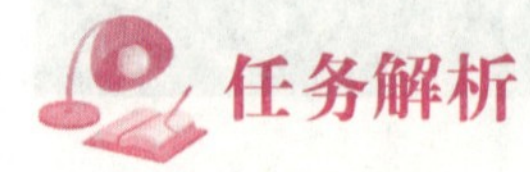

任务解析

在本任务中，需要完成以下操作：

- 通过“摄像机动画”，完成宣传片的平移镜头的制作。
- 通过“摄像机动画”，完成宣传片的旋转推拉镜头的制作。

任务制作

（1）单击项目面板“新建合成”按钮，新建名称为“图片展示 1”的合成，选择 HDV/HDTV 720 25，持续时间为 20 秒，背景色为黑色。

（2）将素材“7.jpg”“8.jpg”“9.jpg”拖放到时间线上，其排列如图 4–17 所示。

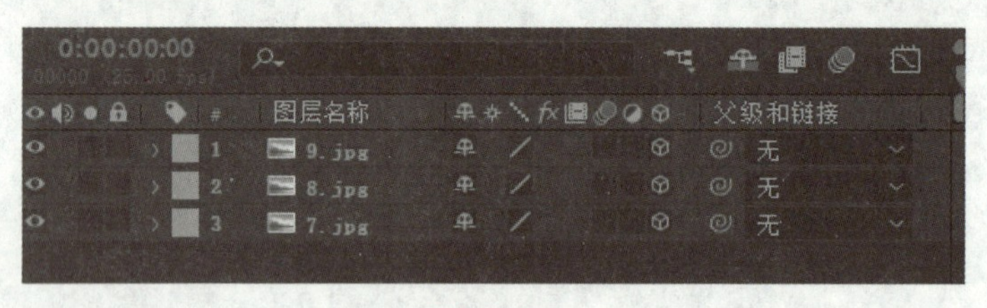

图 4–17

（3）按【Ctrl+Alt+F】组合键，将所有素材缩放为当前窗口大小，为图片添加白色外边框。右击图层 9.jpg，在弹出的快捷菜单中执行“图层样式→描边”命令，设置效果如图 4–18 所示。复制图层样式到其他 2 个图层中，选中所有图层，单击三维开关按钮将图层转换为三维图层。

（4）按【P】键调整素材“7.jpg”“8.jpg”“9.jpg”的位置，按【Shift+S】组合键调整“缩放”数值的大小，参数设置如图 4–19 所示。

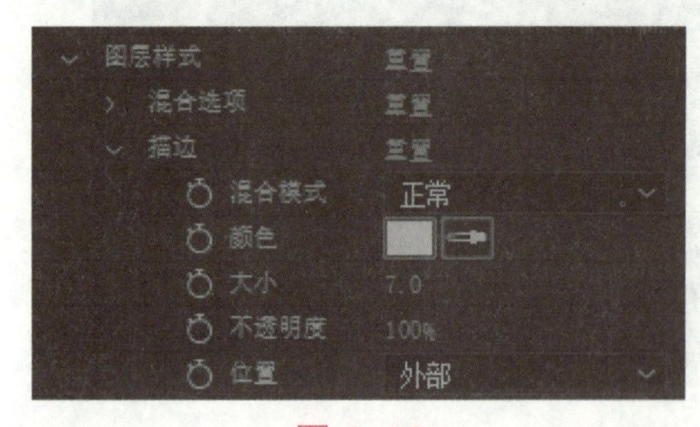

图 4–18

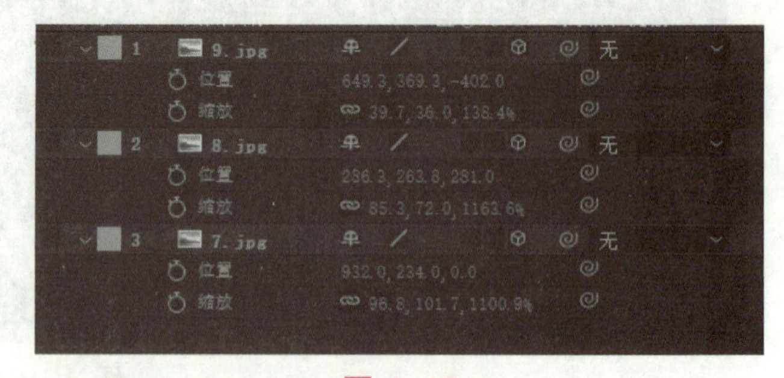

图 4–19

（5）执行“图层→新建→摄像机”命令，建立一个摄像机图层，使用平移摄像机 POI 工具，调整摄像机位置。

（6）展开摄像机图层属性，将时间指针移动到 0 帧处，启动摄像机目标点和位置关键帧。展开摄像机选项，设置景深为“开”，启动景深功能，调整焦距数值、光圈和模糊层次数值，如图 4–20 所示，使第一张图像清晰。

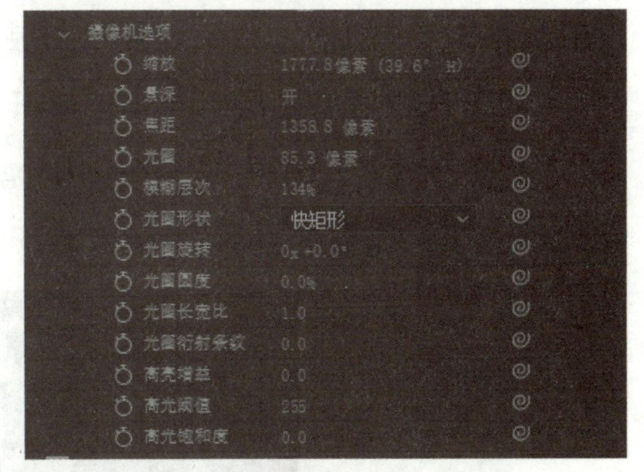

图 4–20

（7）在 0 帧处，使用平移摄像机 POI 工具调整摄像机位置，使图片在合成窗口右侧，如图 4–21 所示，关键帧设置如图 4–22 所示。

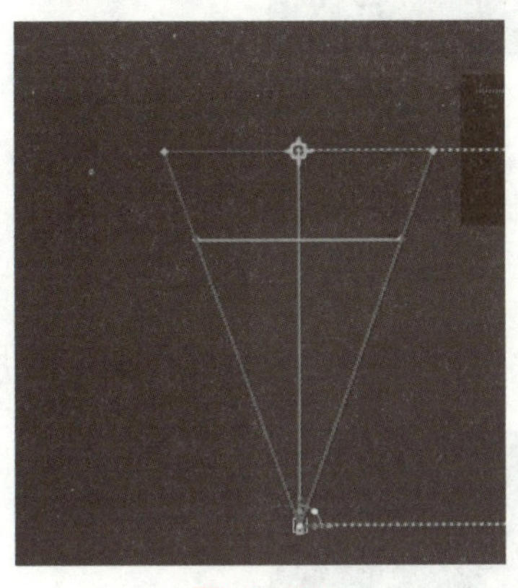
图 4–21

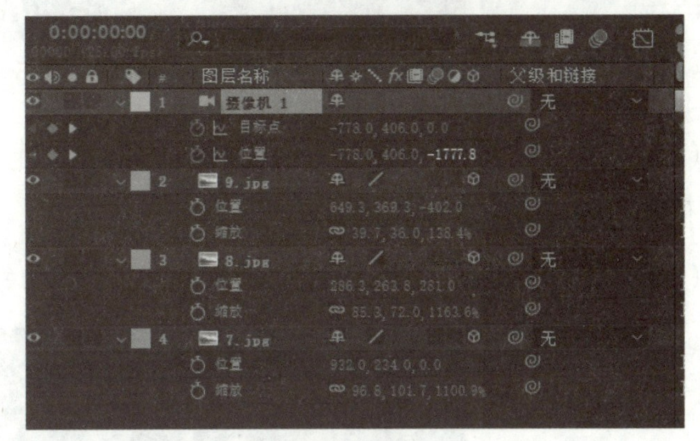

图 4–22

（8）在 1 秒 14 帧处使用平移摄像机 POI 工具调整摄像机位置，使图片在合成窗口中间，设置摄像机位置关键帧数值为（640，360，–1777）；在 2 秒 20 帧处，设置摄像机位置关键帧数值为（724，358，–1777）；在 3 秒 18 帧处，摄像机位置关键帧设置数值为（2066，288，–1777）。制作画面平移的效果，如图 4–23 所示。

（9）复制合成“图片展示 1”，用同样的方法制作合成“图片展示 2”，使用的图片素材是“21.jpg”“22.jpg”“23.jpg”，效果如图 4–24 所示。

图 4–23

图 4–24

（10）单击项目面板“新建合成”按钮，新建名称为“图片展示 3”的合成，选择 HDV/HDTV 720 25，持续时间为 20 秒，背景色为黑色。

（11）将素材“10.jpg”“11.jpg”拖放到时间线上。按【Ctrl+Alt+F】组合键将所有素材缩为当前窗口大小，为图片添加白色外边框。右击“10.jpg”图层，在弹出的快捷菜单中执行

“图层样式”中的描边命令。复制图层样式到其他 1 个图层中。

（12）选中所有图层，单击三维开关按钮，将图层转换为三维图层。

（13）按【P】键调整素材“10.jpg”“11.jpg”的位置，按【Shift+S】组合键调整“缩放”数值的大小，参数设置如图 4–25 所示。

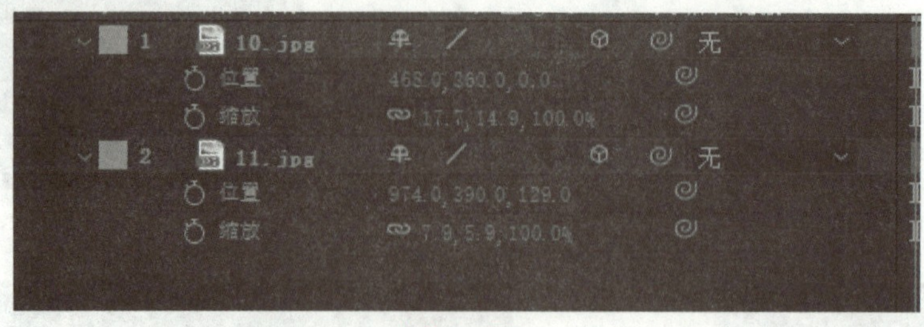

图 4–25

（14）执行“图层→新建→摄像机”命令，建立一个摄像机图层，使用摄像机工具来调整摄像机位置。

（15）展开摄像机图层属性，将时间指针移动到 0 帧处，摄像机关键帧如图 4–26 所示。

图 4–26

（16）在 14 帧处，调整摄像机位置。使用摄像机工具使图片旋转推拉进入合成窗口内。摄像机关键帧如图 4–27 所示，效果如图 4–28 所示。

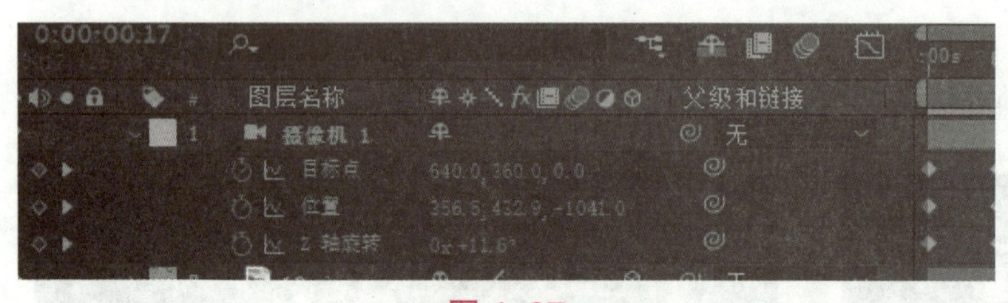

图 4–27

图 4–28

（17）在 1 秒 20 帧处使用摄像机工具来调整摄像机位置。使图片在合成窗口中间，摄像机关键帧设置如图 4–29 所示。

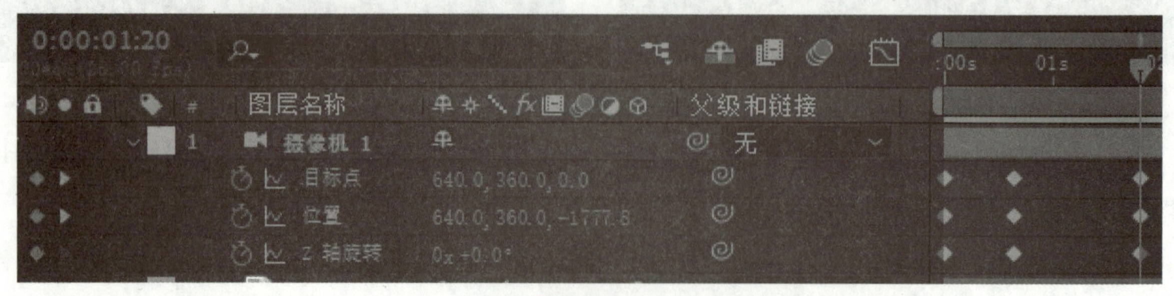

图 4–29

（18）在 5 秒 1 帧处使用摄像机工具来调整摄像机位置。使图片在合成窗口内缓慢推远，摄像机关键帧设置如图 4–30 所示。

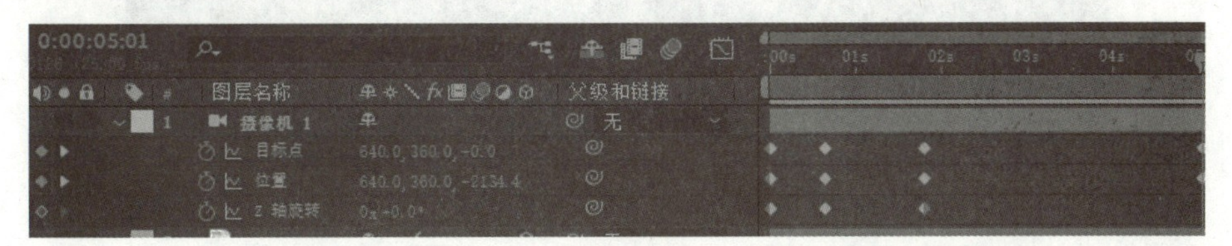

图 4–30

（19）在 5 秒 14 帧处使用摄像机工具来调整摄像机位置。快速推远，进行摄像机关键帧设置，并启动图片“10.jpg”“11.jpg”的“不透明度”关键帧，如图 4–31 所示。

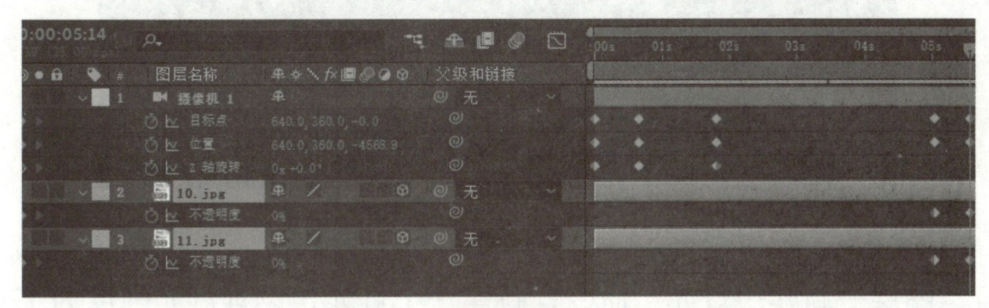

图 4–31

任务 3　灯光设置

任务解析

在本任务中，需要完成以下操作：

本任务将利用“三维灯光”实现灯光文字投影的效果。

任务制作

（1）单击项目面板上的“新建合成”按钮，新建名称为“三维灯光”的合成，选择 HDV/HDTV 720 25，持续时间为 10 秒，背景色为黑色，如图 4–32 所示。

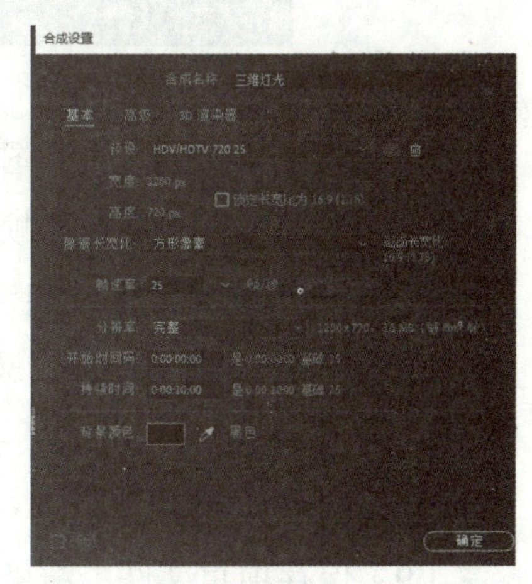

图 4–32

（2）按【Ctrl+Y】组合键或执行“图层→新建→纯色”命令，新建一个纯色层，颜色为蓝色。

（3）使用文本工具输入文字“三维灯光”，图层在时间线排列如图 4–33 所示。

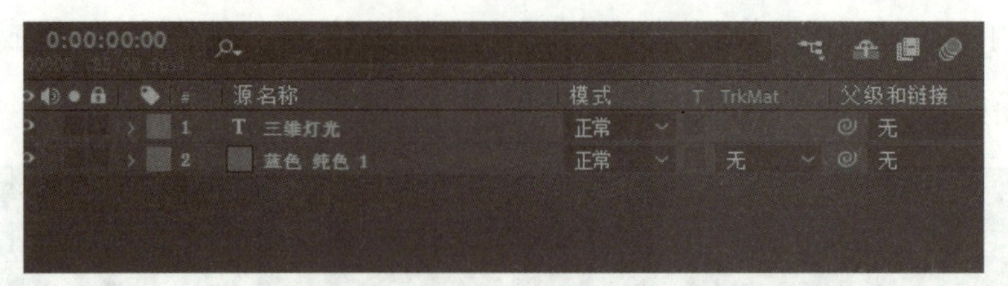

图 4-33

（4）同时选中两个图层，单击图层的三维开关按钮，将图层转换为三维图层。选中两个图层，设置其位置属性，设置纯色层的缩放属性，如图 4-34 所示。

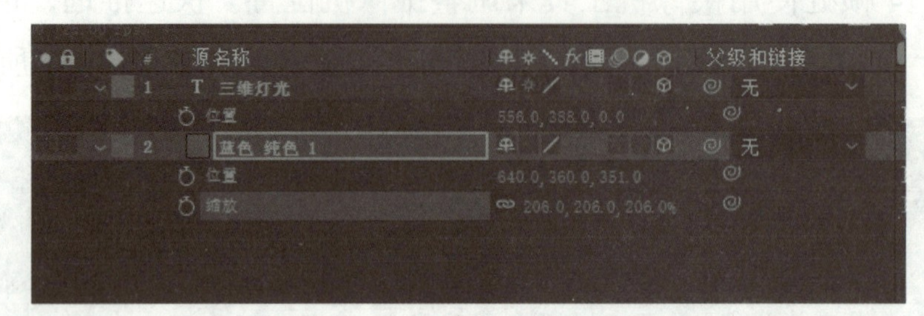

图 4-34

（5）执行“图层→新建→灯光”命令，新建一个灯光，设置灯光强度为 120，勾选“投影”复选框，如图 4-35 所示。

（6）设置灯光的投射阴影效果，展开“三维灯光”文字图层的材质选项，开启投影效果，如图 4-36 所示。

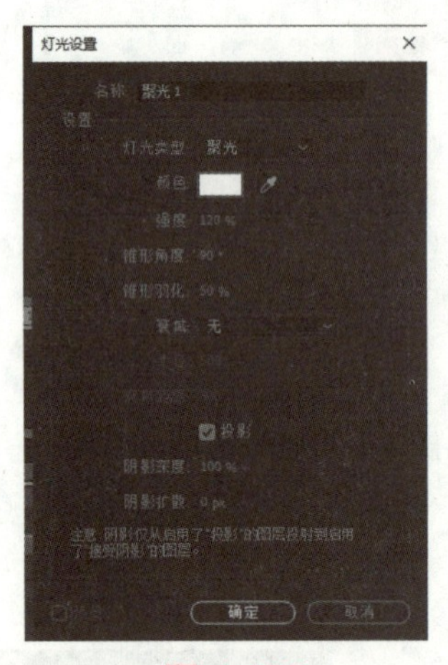

图 4-35

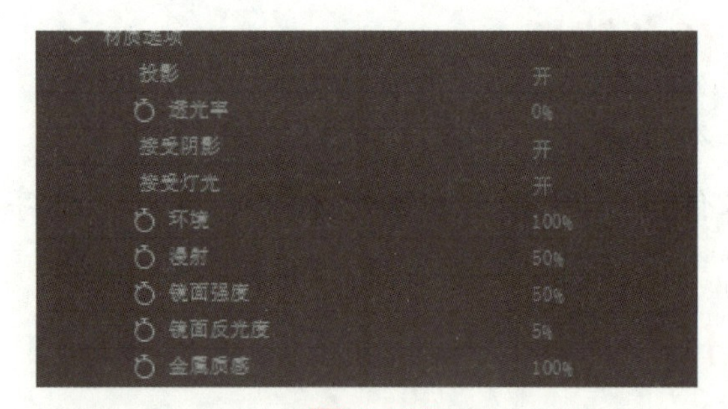

图 4-36

（7）选择纯色层，展开图层的材质选项，打开接受投影，效果如图 4-37 所示。

（8）对灯光添加关键帧动画，在 0 帧处，按【P】键展开其位置属性，启动“位置”关键帧，设置“位置”数值为（1231，305，-444）；在 5 秒处设置其数值为（509，-102，-1000），设置灯光阴影移动效果。

（9）保存项目文件，渲染输出。

图 4-37

任务 4 分镜合成

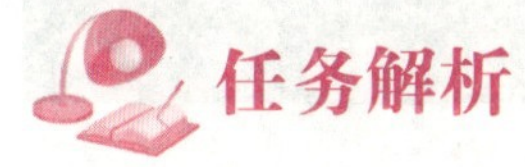

任务解析

在本任务中，需要完成以下操作：

完成标题文字、翻页相册、图片展示 1、图片展示 2 的总合成。

任务制作

（1）单击项目面板上的“新建合成”按钮，新建名称为“总合成”的合成，在“预设”选项组选择 HDV/HDTV 720 25 选项，持续时间为 30 秒，背景色为黑色，如图 4–38 所示。

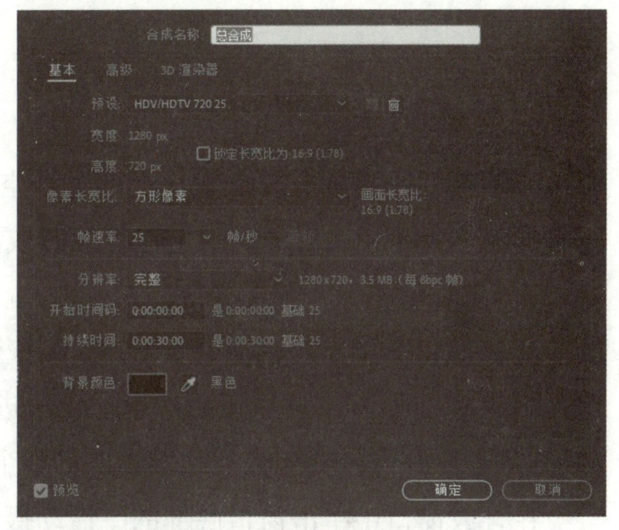

图 4–38

（2）将素材“背景 .jpg”“粒子 .mp4”“白云 .mov”拖放到时间线上，设置“背景 .jpg”的“缩放”属性值为 250%，“粒子 .mp4”的图层叠加方式为屏幕。

（3）将合成“标题文字”“翻页相册”“图片展示 1”“图片展示 2”拖放到时间线上，各图层在时间线上的排列顺序如图 4–39 所示。

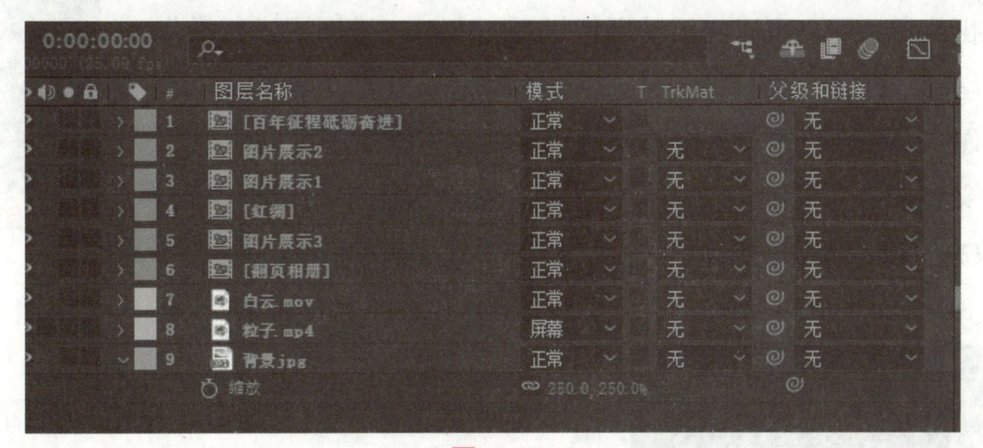

图 4–39

（4）将合成“图片展示 1”的入点设置在 11 秒 21 帧处，将合成“图片展示 2”的入点设置在 15 秒 10 帧处，将合成“图片展示 3”的入点设置在 19 秒 6 帧处，将合成“标题文字”的入点设置在 24 秒 15 帧处。

（5）选择“翻页相册”合成，在 11 秒 2 帧处，启动“不透明度”关键帧，在 12 秒 2 帧处设置其属性值为 0。

（6）选择“标题文字”合成，更改文字颜色为红色。

（7）将素材“背景音 .mp3”拖放到时间线上，时间线上素材的排列顺序如图 4–40 所示。

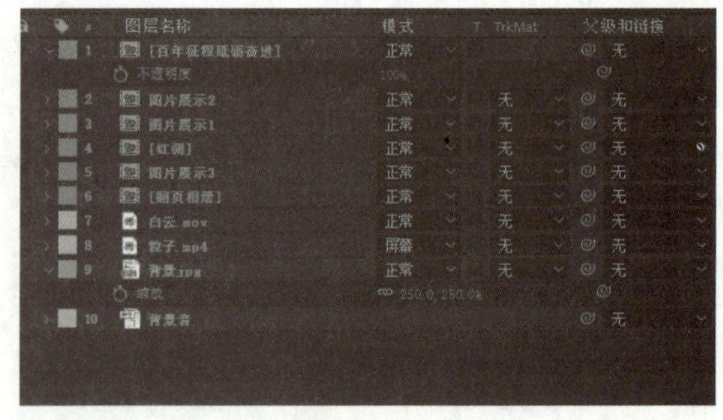

图 4–40

知识链接

一、三维图层

1. 三维图层的概念

三维空间是指拥有长、宽、高的立体空间，现实中的所有物体都是处于三维空间中的。所有的物体都是三维对象，对它进行旋转或者改变观察视角时，所看到的内容将有所不同。

2. 三维视图

当转换为三维图层后，在合成窗口中查看的效果并不会发生改变，这是因为标准的窗口只从正面查看，无法进行更加全面的观察。所以，AE 准备了多种方式，来查看三维图层的各个角度的效果。

在合成窗口中单击窗口底部的“活动摄像机”按钮 活动摄像机 ，可以通过多个视图进行观察，如图 4–41 所示。

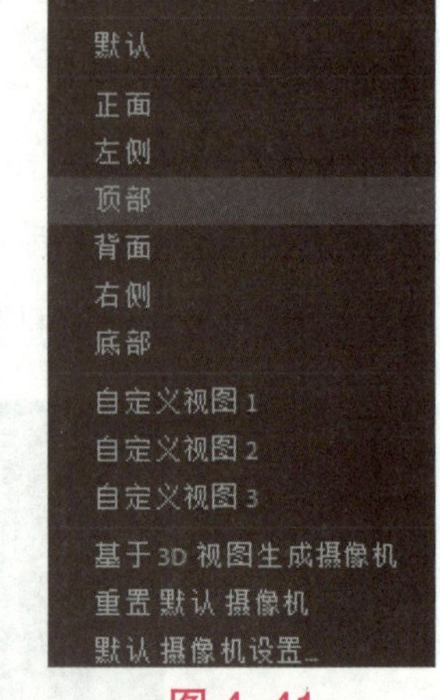

图 4–41

• 活动摄像机：用户可以在活动摄像机视图中对三维图层进行操作，它相当于所有摄像机的总控制台。

• 六视图：六视图可以从 6 个不同的角度观察三维空间中的对象。

• 自定义视图：六视图不使用任何透视，在该视图中用户可以直观地看到对象在三维空间中的位置。

• 基于 3D 视图生成摄像机：记录摄像机工具在视图操作中的状态。

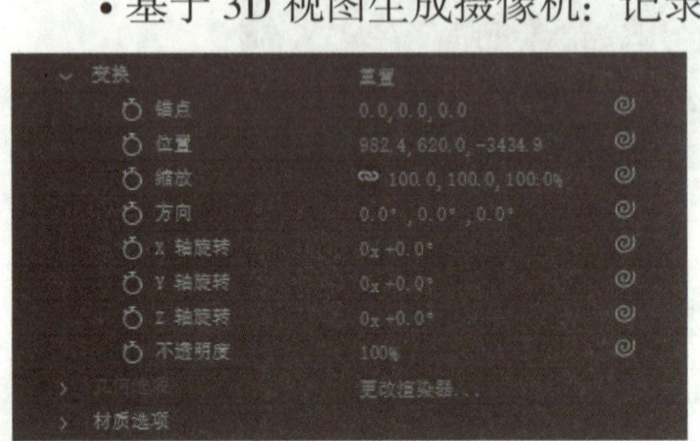

图 4–42

3. 三维图层的属性

时间线上有一列三维图层开关，单击图层的三维开关按钮 将图层转换为三维图层，此时图层的属性也发生了改变，增加了 Z 轴的数据，以及材质选项和几何选项，如图 4–42 所示。其中几何选项可更换渲染器类型，从而决定该层是作为平面还是立体图层使用。

（1）变换：图层的基本属性。

• Z 轴锚点：控制锚点的 Z 轴向位置。

• Z 轴位置：控制 Z 轴的空间位置。

• Z 轴缩放：控制 Z 轴的缩放。

• Z 轴方向：控制 Z 轴的方向（在 360 度范围内变化）。

• Z 轴旋转：控制 Z 轴的旋转（当达到 360 度时，进位为圈数）。

（2）几何选项：选择渲染器类型，如图 4-43 所示。

• 经典 3D：是指传统的 After Effects 渲染器，图层可以作为平面放置在 3D 空间中。

• CINEMA：4D 渲染器支持文本和形状的凸出。

（3）材质选项：决定图层的材质属性，如图 4-44 所示。

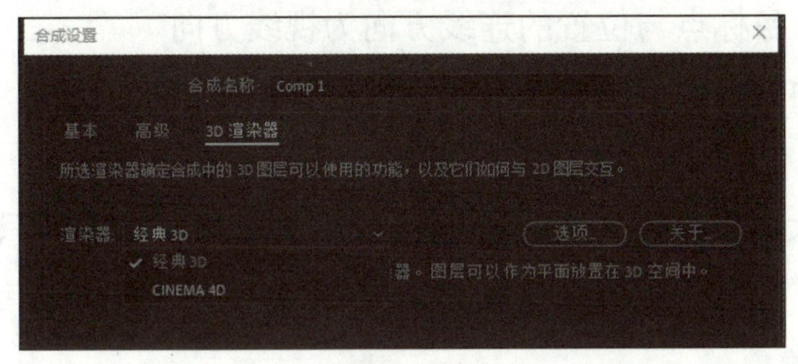

图 4-43

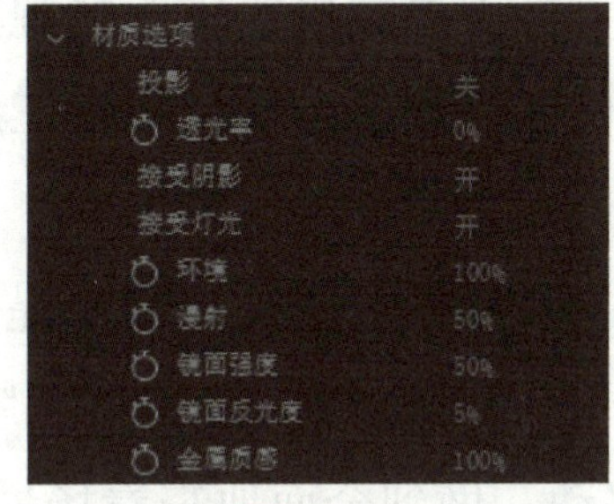

图 4-44

• 投影：设置图层是否产生投影。“关”不产生投影，“开”产生投影，“仅”只产生投影。

• 透光率：当投影属性为“开”和“仅”时有效，用于决定图层的透光强度。“0%”代表不透光，“100%”代表透光最强。

• 接受阴影：设置图层是否接受阴影。“开”表示接受阴影，“仅”表示只接受阴影，“关”表示不接受阴影。

• 接受灯光：设置图层是否接受灯光。“开”表示接受灯光，“关”表示不接受灯光。

• 环境：当灯光为“环境”类型时有效。“0%”表示不受影响。“100%”表示受影响最强。

• 漫射：控制图层接受灯光的强度，参数越高则图层显得越亮。

• 镜面强度：控制图层的灯光反射级别，当灯光照到镜子上时，镜子会产生一个高光点。镜子越光滑，高光点越明显。调整该参数，可以控制图层的镜面反射级别，数值越高，反射级别越高，产生的高光点越明显。

• 镜面反光度：控制高光点的大小。该参数仅当“镜面强度”不为 0 时有效。值越高，则高光越集中，高光点越小。

• 金属质感：控制图层的金属质感强度。

二、摄像机

1. 添加摄像机

执行“图层→新建→摄像机”命令，在弹出的对话框中进行摄像机的参数设置，如

图 4-45 所示。

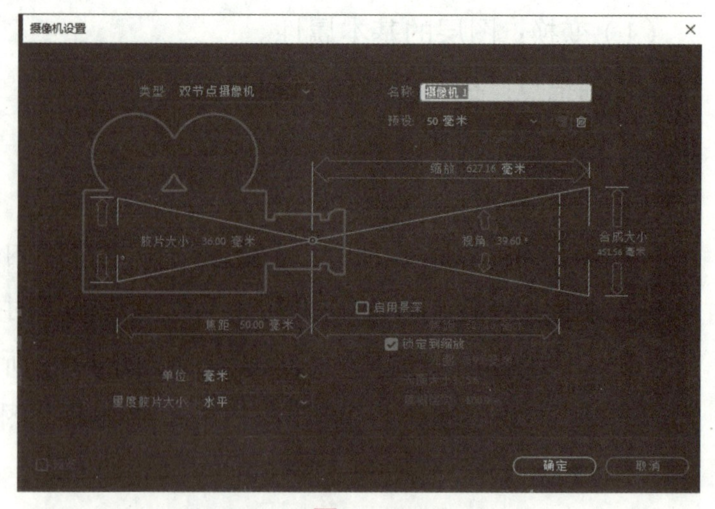

图 4-45

• 类型：摄像机的类型。
• 预设：预置的摄像机镜头规格。
• 缩放：镜头到拍摄物体的距离。
• 视角：视野角度。
• 焦距：摄像机的焦点长度。

2. 摄像机属性

摄像机具有目标点、位置等属性。通过调节这些属性，用户可以设置摄像机的浏览动画。

• 目标点参数确定镜头的观察方向。目标点与位置的连线方向为视线方向。
• 位置参数确定摄像机在三维空间中的方位。调整该参数，可以移动摄像机位置。

3. 摄像机视图控制工具

Aecc 2021 摄像机为用户提供了更大的灵活性，可以控制场景中的对象。与以前只能在屏幕中心周围进行旋转的早期版本不同，2021 版可以选择焦点并围绕场景层进行旋转、平移和移动，做到全面地查看场景中的对象。

可以单击工具栏上的摄像机视图控制工具来调整摄像机的位置，也可以在不同视图中进行操作，但是只有摄像机视图能记录摄像机工具调整的状态，其他视图若想保留摄像机工具调整的状态，则需要通过执行“视图→基于 3D 视图新建摄像机”命令来达成。

• 旋转摄像机工具组：如图 4-46 所示，选择该工具，可以在不同的视图下绕光标、场景和相机信息点进行旋转。

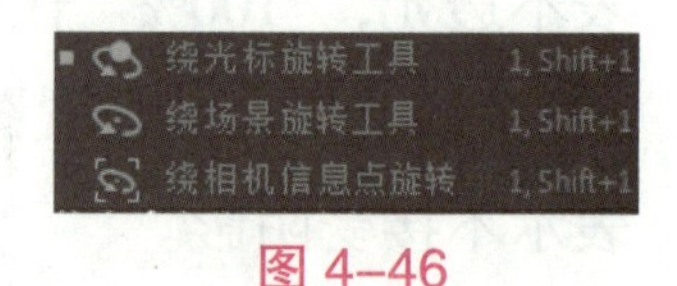

图 4-46

• 平移摄像机工具组：如图 4-47 所示，选择该工具，可以在不同的视图下以光标或摄像机 POI 为目标进行平移。

• 推拉摄像机工具组：如图 4-48 所示，选择该工具，可以在不同的视图下以光标或摄像机 POI 为目标进行镜头推拉。

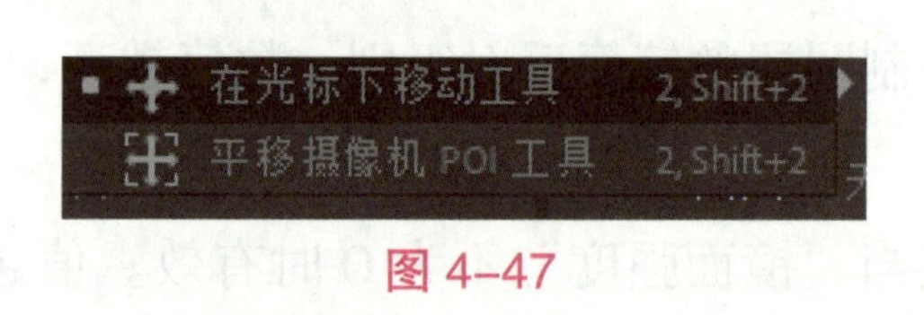

图 4-47

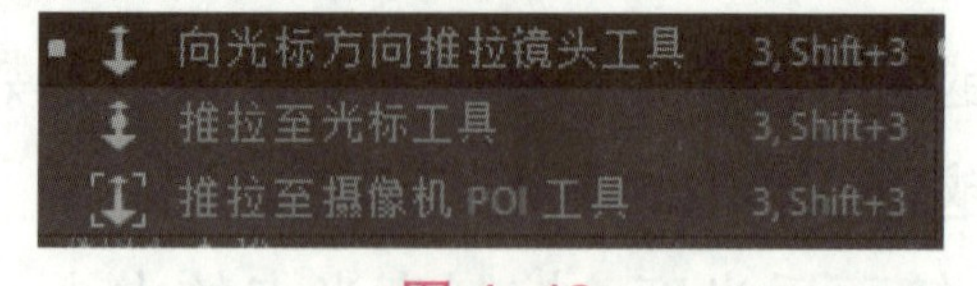

图 4-48

三、三维灯光

1. 建立灯光的方法

执行“图层→新建→灯光”命令，在弹出的对话框中可以设置灯光的类型、颜色、强度、锥形角度、锥形羽化、是否投影等，如图 4-49 所示。

2. 三维环境中常用的几种灯光类型

• 平行：平行光，从一个点发射一束光线照向目标点。

• 聚光：聚光灯，从一个点向前方以圆锥形发射光线。

• 点：点光源，从一个点向四周发射光线。

• 环境：环境光，没有光线发射点。

3. 灯光参数

灯光类型不同，参数也会不同。

• 强度：数值越大，场景越亮；角度越大，光照范围越广。

• 锥形角度：当灯光为聚光灯时，该参数激活。用照射区域设置一个柔和边缘。

• 锥形羽化：该参数仅对聚光灯有效，在聚光灯由受光面向暗面过渡时，其数值越接近 0，其光圈边缘界线越分明，比较僵硬；数值越大，则边缘越柔和。

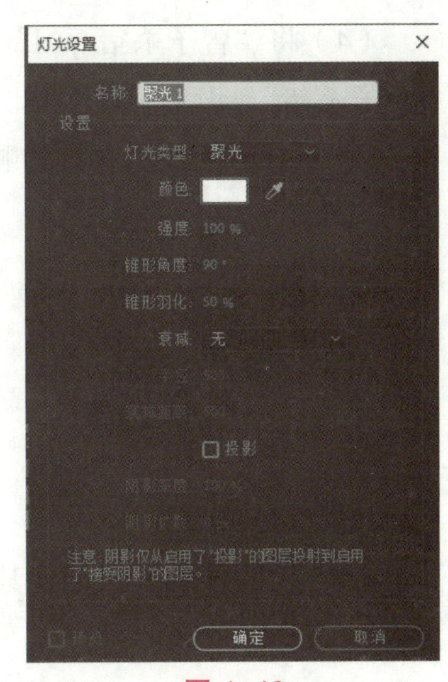

图 4-49

• 颜色：灯光颜色。

• 投影：选择该选项，灯光会在场景中产生投影。需要注意的是，输入投影属性后，还需要在层的材质属性中对其投影参数进行设置。

• 阴影深度：该选项控制投影的颜色深度。当数值较小时，产生颜色较浅的投影；当数值较大时，产生颜色较深的投影。

• 阴影扩散：该选项可以根据层与层之间的距离产生柔和的漫反射投影。较小的值产生的投影边缘较僵硬，较大的值产生的投影边缘较软。数值越高，图层的镜面反射级别越高，产生的高光点越明显。

项目拓展

通过制作家风家训短片，练习摄像机动画的应用。

（1）新建名称为“家风”的合成，在“预设”选项组中选择 HDV/HDTV 720 25 选项，持续时间为 15 秒，背景色为白色，如图 4-50 所示。

（2）双击项目面板空白处，导入本案例所需素材。

（3）新建名称为“曾子杀猪”的合成，在“预设”选项组中选择 HDV/HDTV 720 25 选项。

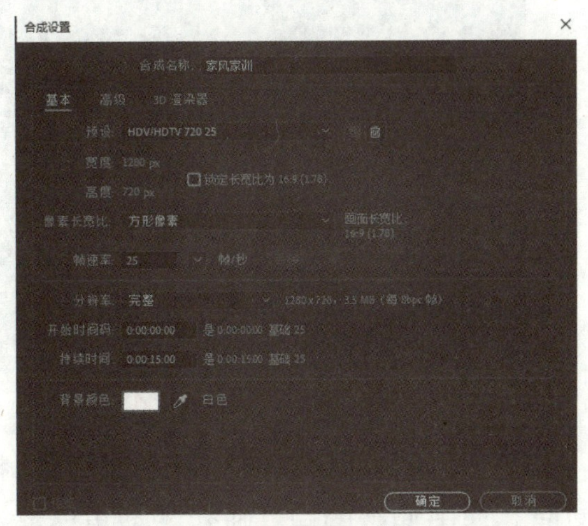

图 4-50

（4）将“曾子杀猪.psd”拖放到时间线上，使用文本工具，在合成窗口单击，输入文字“曾子杀猪”，设置字体为华文行楷，字号为45，填充颜色为黑色，无描边颜色，效果如图4–51所示。时间线图层排列顺序如图4–52所示。

图 4–51

图 4–52

（5）用同样的方法创建其他5个合成“窦燕山教子”“断机教子”“孔融让梨”“孟母三迁”“岳母刺字”。

（6）将“宣纸.jpg”“曾子杀猪”“窦燕山教子”“断机教子”“孔融让梨”“孟母三迁”“岳母刺字”放到时间线上，图层排列顺序如图4–53所示。

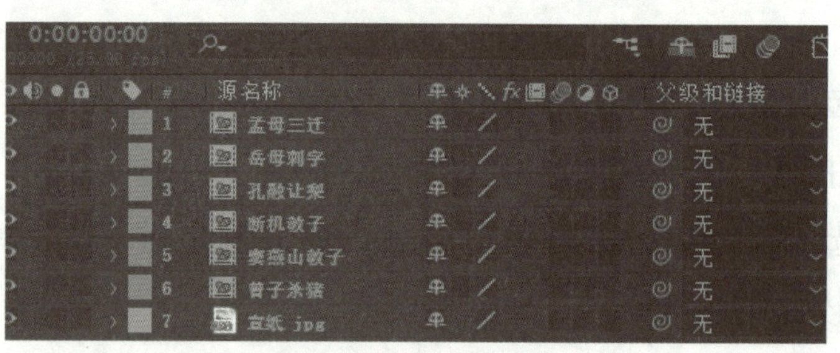

图 4–53

（7）选中“曾子杀猪”“窦燕山教子”“断机教子”“孔融让梨”“岳母刺字”“孟母三迁”图层，单击图层的三维开关按钮，将图层转换为三维图层。

（8）按【P】键调整图层“曾子杀猪”“窦燕山教子”“断机教子”“孔融让梨”“岳母刺字”“孟母三迁”的位置，其数值设置如图4–54所示，效果如图4–55所示。

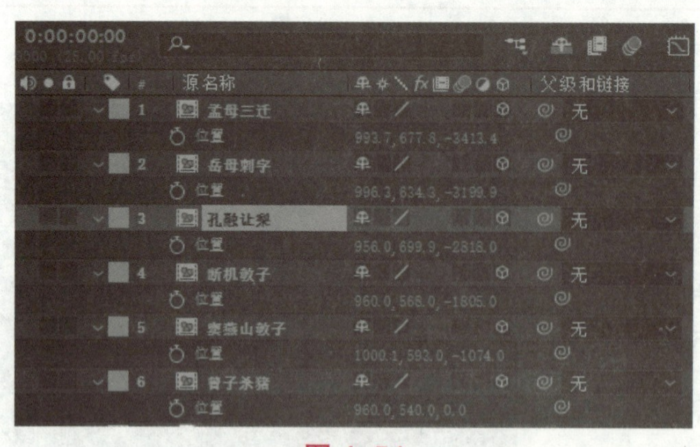

图 4–54

图 4–55

（9）将图片颜色调整为统一色调，执行“图层→新建→调整图层”命令，建立一个调整图层。选中调整图层，执行“效果→颜色校正→三色调”命令，添加调色特效，中间调颜色为 RGB（104，158，166），效果如图 4–56 所示，将图层置顶放在最上层。

（10）执行“图层→新建→摄像机”命令，建立一个摄像机图层，分别单击平移摄像机 POI 工具，推拉至摄像机 POI 工具或者按数字 2、3 进行切换，调整摄像机位置。

（11）展开摄像机图层属性，将时间指针移动到 0 帧处，启动摄像机目标点和位置关键帧。使用摄像机工具调整摄像机位置，制作拉镜效果。摄像机关键帧如图 4–57 所示。

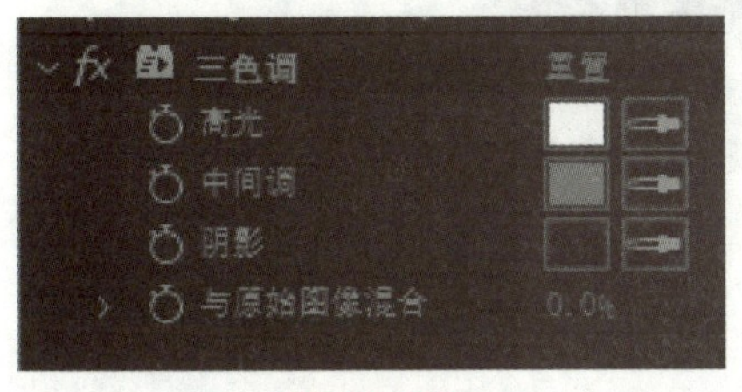

图 4–56

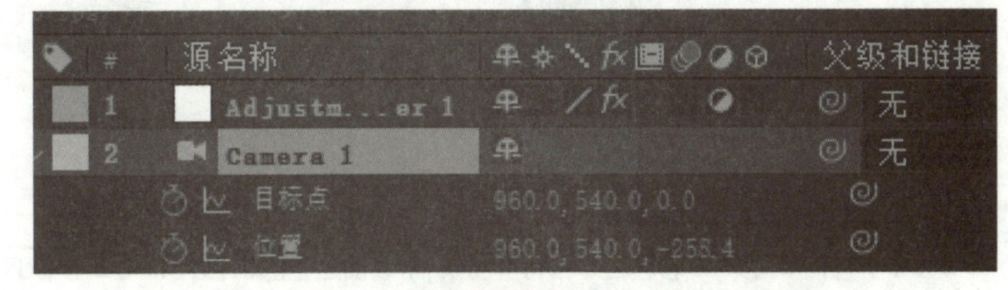

图 4–57

（12）在 1 秒 9 帧处，调整摄像机位置，使得“曾子杀猪”出现在画面最前方，调整后的摄像机关键帧如图 4–58 所示，效果如图 4–59 所示。

图 4–58

图 4–59

（13）分别在 2 秒、2 秒 20 帧、3 秒 15 帧、4 秒调整摄像机位置，使得“窦燕山教子”“断机教子”“孔融让梨”“孟母三迁”分别出现在画面最前方。调整后的摄像机关键帧设置如图 4–60 所示，效果如图 4–61 所示。

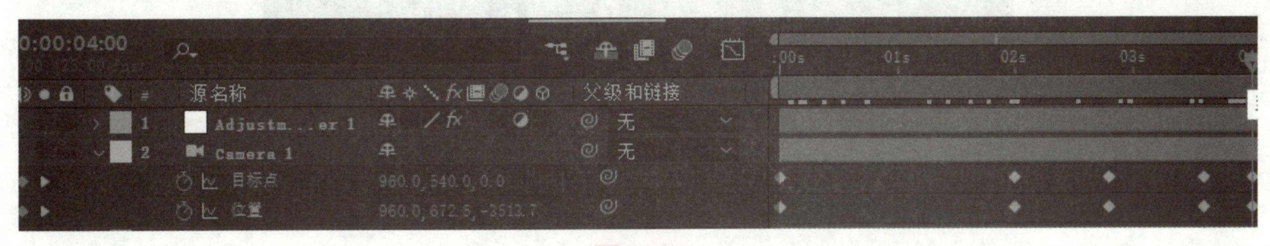

图 4–60

图 4-61

（14）在 4 秒 7 帧处，调整摄像机位置如图 4-62 所示。

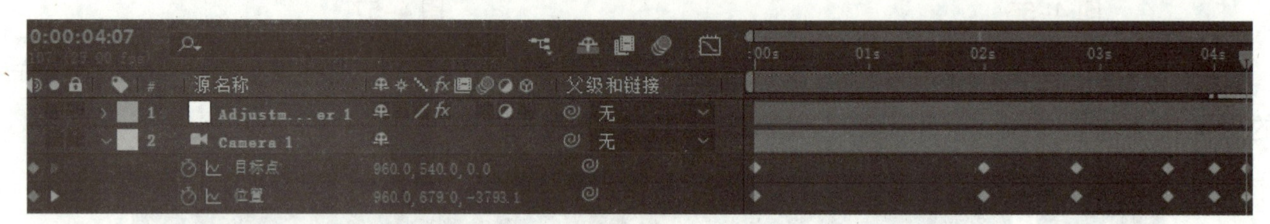

图 4-62

（15）在 7 秒 12 帧处，调整摄像机位置如图 4-63 所示，使得在 6 秒 20 帧处，画面全部进入合成窗口内。

图 4-63

（16）制作“曾子杀猪”“窦燕山教子”“断机教子”“孔融让梨”“孟母三迁”画面在逐渐拉近的过程中慢慢消失的效果。选中所有图层，在 6 秒 20 帧处，按【T】键启动“不透明度”属性关键帧，将时间指针移动到 7 秒 5 帧，设置其属性值为 0。

（17）使用文本工具，在合成窗口输入“家风家训”，单击图层的三维开关按钮，将图层转换为三维图层。将图层的入点移动到 7 秒 5 帧处，按【P】键调整图层“位置”属性，如图 4-64 所示。

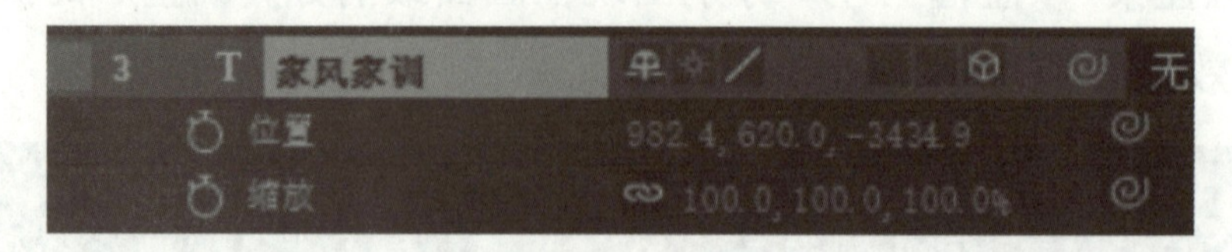

图 4-64

（18）添加背景音乐，按空格键预览测试，保存项目文件，渲染输出。

巩固训练

一、填空题

1. AE 中的摄像机可以在__________中新建摄像机。

2. AE 中的摄像机工具有__________、__________和__________。

3. 使用广角时可将眼前的物体__________，将远处的物体__________。

4. AE 中除摄像机视图外还有__________、__________、__________、__________等视图查看方式。

5. AE 中用__________，可以做出前实后虚的景深效果。

6. AE 为我们提供了__________、__________、__________、__________4 种灯光类型。

7. AE 中可以通过自定义摄像机的焦距设置为超出__________至__________范围的其他值，常用摄像机焦距是__________。

8. 在做摄像机推拉动画时，镜头之所以会翻转过来，是因为__________。

9. AE 中的摄像机基本属性有__________、__________和__________。

10. 摄像机旋转工具组包含的 3 个工具分别是__________、__________和__________。

二、上机实训

1. 利用蒙版、三维图层、摄像机的图片变 3D 的效果素材调整远近、大小关系，如图 4–65 所示。

图 4–65

2. 制作环形照片展示动画，将图片素材转换为三维图层，移动位置使其垂直方向围成一个圆，新建摄像机，对摄像机做旋转动画操作，如图 4–66 所示。

图 4–66

3. 制作环形照片展示动画，将图片素材转换为三维图层，移动位置使其垂直方向围成一个圆，新建摄像机，对摄像机做旋转动画操作，如图 4–67 所示。

图 4–67

智能生活

——AE 的稳定和跟踪

项目描述

根据提供的素材，制作一段 12 秒左右的智慧生活宣传动画。本案例通过制作“智慧生活”宣传动画，向用户介绍 AE 的稳定与跟踪功能的应用，最终效果如图 5-1 所示。

图 5-1

学习目标

知识目标

1. 掌握 AE 中的稳定技术，能根据素材特点处理镜头晃动问题。

2. 掌握 AE 中的跟踪技术，能够根据素材特点选择恰当的跟踪方法。

3. 掌握 AE 中的常用的模糊类、通道类、风格类特效。

能力目标

1. 能够运用稳定技术去除镜头抖动。

2. 能够利用跟踪技术完成跟踪效果。

3. 能够利用 AE 中常用特效功能进行相关效果的设置。

情感目标

通过智慧生活作品展示，培养学生学习后期制作的兴趣，激发学生学习的主动性和对新技术的探索欲。

任务1 稳定和跟踪

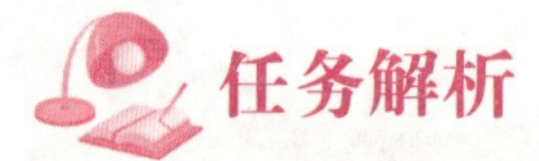

任务解析

在本任务中，需要完成以下操作：

- 通过使用稳定技术，去除拍摄视频画面抖动效果。
- 通过跟踪摄像机的设置，完成摄像机追踪效果。
- 通过透视跟踪的设置，完成图片的透视跟踪播放。

任务制作

（1）双击项目面板空白处，导入素材，将素材“1.mp4”拖入项目窗口的新建合成按钮上，新建一个与视频素材相同大小的合成，名称为“镜头1”，使其自动放置到时间线中。

（2）选中素材“1.Mp4”，执行“窗口→跟踪器”命令，如图5–2所示。在跟踪器面板上单击“变形稳定器”按钮，在效果控件面板出现了“变形稳定器”特效，如图5–3所示。

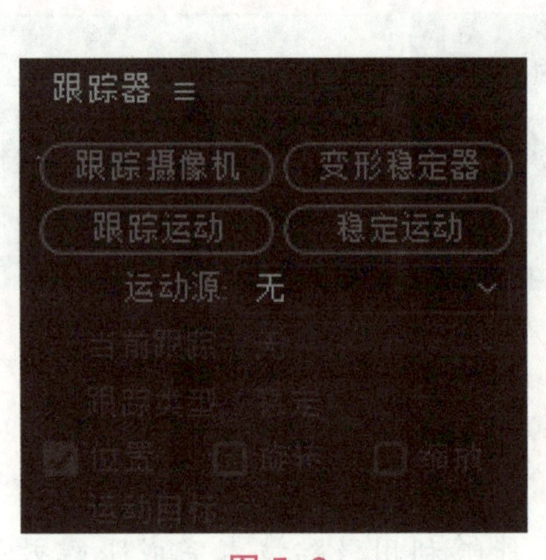

图5–2

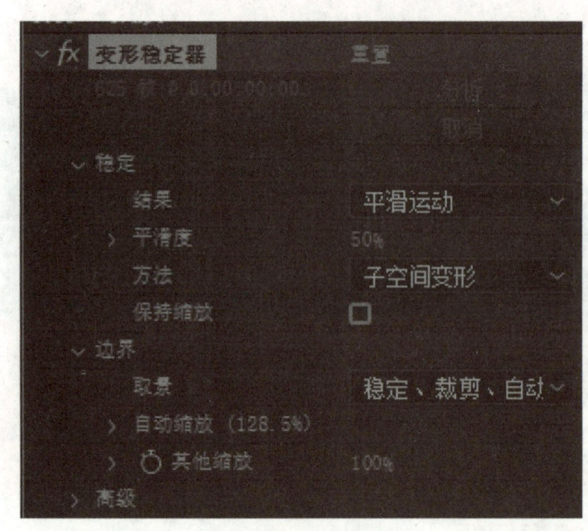

图5–3

（3）添加完变形稳定器之后，系统在后台通过分析进行画面稳定操作，如图5–4所示。在处理完后，会发现画面的抖动现象已经消除。

（4）在时间线面板上选中素材“1.MP4”，执行“图层→预合成”命令，合成图层，名称为合成1。

（5）为“合成1”设置3D摄像机跟踪效果。选中该图层，在跟踪器面板上单击“跟踪摄像机”按钮，在效果控件面板上自动出现“3D摄像机跟踪器”特效，如图5–5所示。

图 5-4

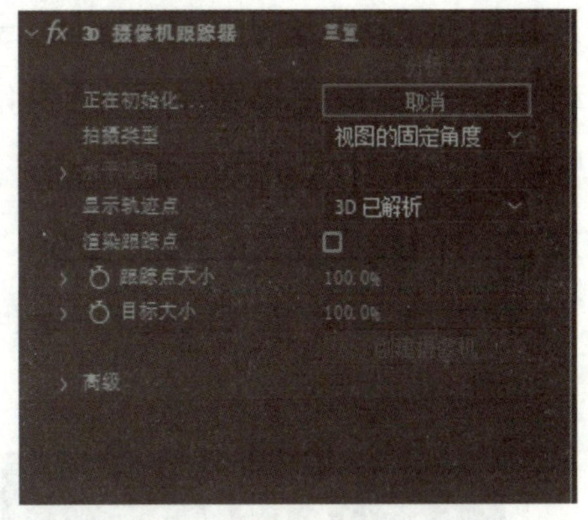

图 5-5

（6）添加完“3D 摄像机跟踪器”之后，系统会自动进行后台分析和解析摄像机，如图 5-6 所示。

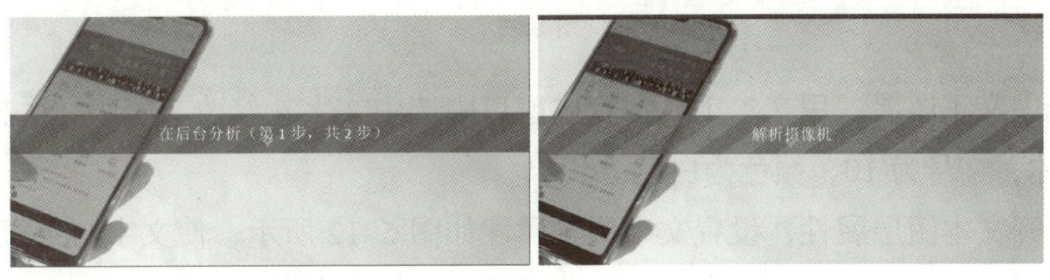

图 5-6

（7）当系统解析完成后，画面会出现许多跟踪点，如图 5-7 所示（若跟踪点太小，可以通过“3D 摄像机跟踪器”的跟踪点的大小来进行调整）。

（8）将时间指针移动到 1 秒处，鼠标在画面跟踪区域附近选择一个稳定的跟踪点（突然出现和消失，以及变色的跟踪点属于不稳定跟踪点），右击该跟踪点，在弹出的快捷菜单中选择“创建文本和摄像机”选项，如图 5-8 所示。这时，在时间线面板上出现了“文本”和“3D 跟踪器摄像机”两个图层，如图 5-9 所示。

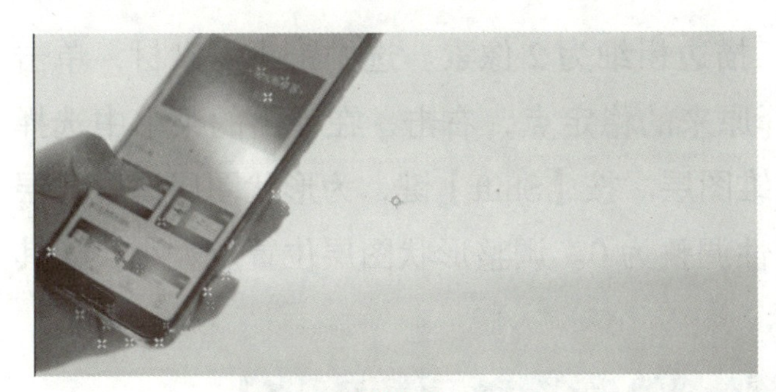

图 5-7

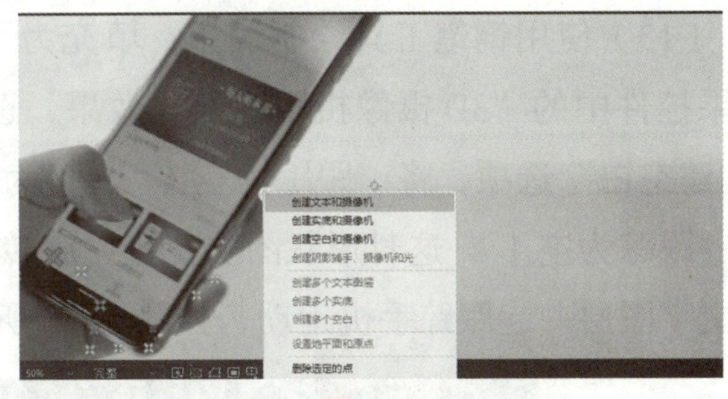

图 5-8

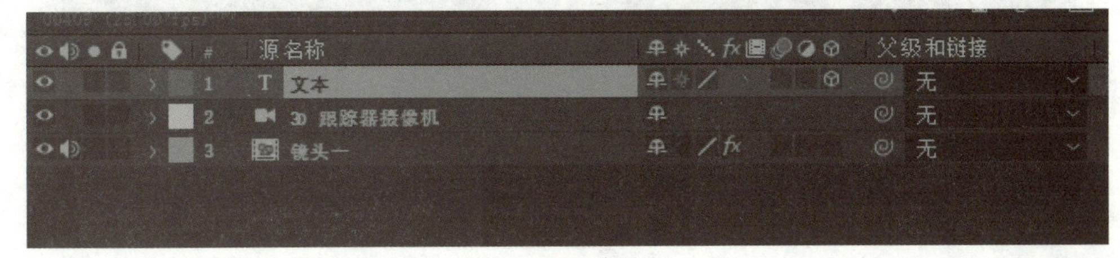

图 5-9

（9）此时画面中出现了可编辑的三维文字图层，拖动指针会发现文字随着画面视角的变化而变化，与镜头一素材运动相匹配，如图 5-10 所示。

（10）在时间线面板上，展开图层“3D 跟踪器摄像机”，会发现其属性“位置”“方向”设置了关键帧，如图 5-11 所示。

图 5-10

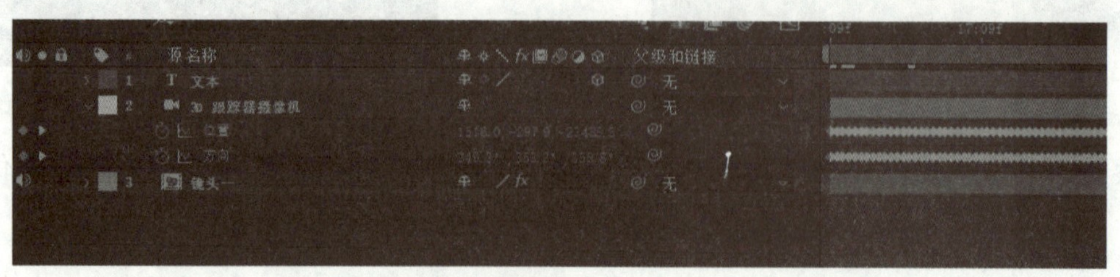

图 5-11

（11）选中文本图层，用文本工具在合成窗口中选中文字，修改文字为“手机娱乐”，设置字体为黑体，字号为 10，颜色为白色。

（12）展开文本图层属性，设置文字旋转属性如图 5-12 所示，使文字与手机的运动方向保持一致。

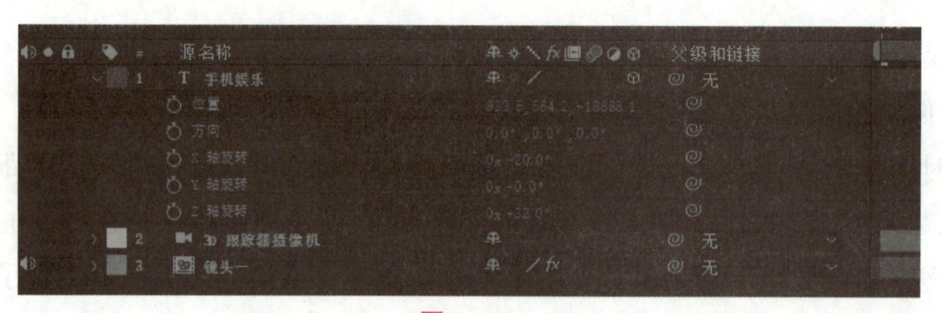

图 5-12

（13）使用钢笔工具绘制线条，填充为无，描边粗细为 2 像素。选中镜头 1 素材，单击效果控件中的“3D 摄像机跟踪器”效果，选择原来的稳定点，右击，在弹出的菜单中选择“创建空白”选项，将“跟踪为空 1”转换为三维图层。按【Shift】键，为形状图层设置父层为“跟踪为空 1”，这时形状图层位置、旋转属性调整为 0。调整形状图层位置及大小，让其和文字图层一起跟踪手机运动，如图 5-13 所示。

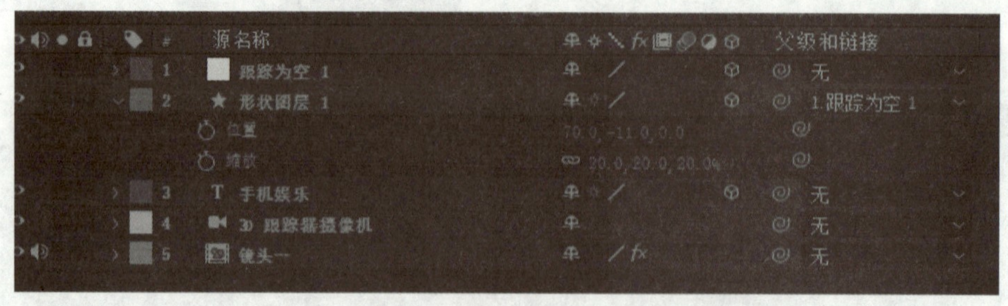

图 5-13

（14）使用文本工具输入文字“手机娱乐”，设置文字为黑体，字体大小为 75，颜色为白色。在文字下方，使用钢笔工具绘制矩形，填充颜色为蓝色，无描边，效果如图 5-14 所示。

（15）同时选中文字和形状图层，右击，在弹出的菜单中选择“预合成”选项，名称为“文字”。

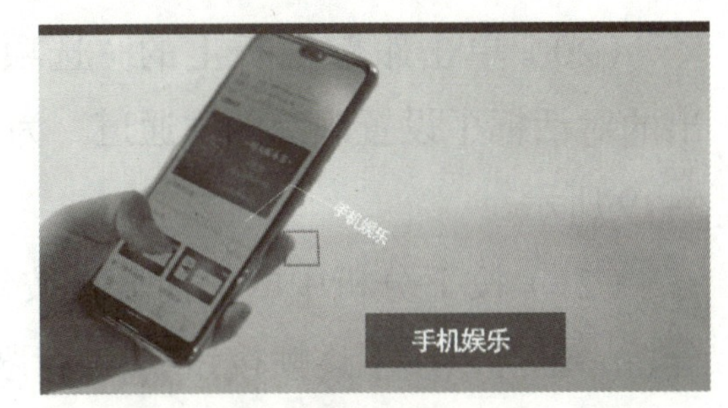

图 5-14

（16）将时间指针移到 10 帧处，使用矩形遮罩工具绘制蒙版，展开蒙版属性，将时间指针移到 0 帧处使用选择工具。在合成窗口，双击蒙版路径外边框，将鼠标移动到蒙版路径两侧竖边上，当竖边变成左右箭头时，往中间拖动，制作文字从中间向两边展开的动画。在 0 帧时，启动图层的“不透明度”属性，设置其属性值为 0；在 10 帧时，设置其不透明度属性为 100%。

（17）将素材“2.mp4”拖入项目窗口的新建合成按钮上，新建一个与视频素材相同大小的合成，名称为“镜头 2”，此时视频素材自动放到了时间线上。

（18）选择“2.mp4”图层，单击跟踪面板中的跟踪运动按钮，给图层添加跟踪控制效果，系统自动将当前图层设为运动源。在“跟踪类型”下拉列表框中，选择“透视边角定位”选项，如图 5-15 所示。单击“编辑目标”按钮，在弹出的对话框中设置应用跟踪结果的目标对象为“图片替代 1.psd”，如图 5-16 所示。

图 5-15

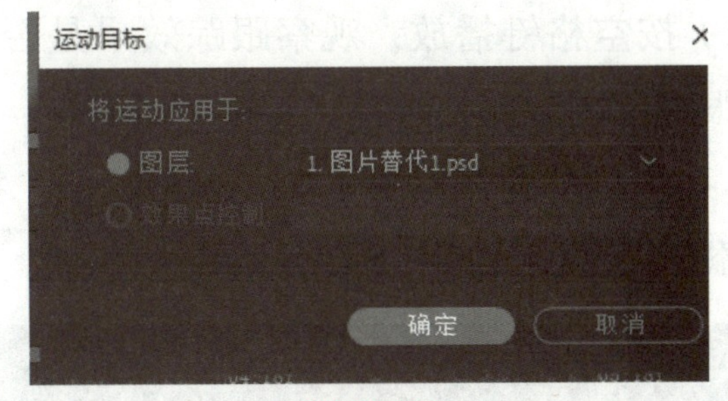

图 5-16

（19）当为素材层添加跟踪控制后，合成窗口也自动切换到层窗口模式，同时出现 4 个跟踪范围，如图 5-17 所示。每一个跟踪范围由两个方框和一个十字点构成。将时间指针移动到 0 帧，当光标变成黑色箭头带 4 个方向键时，分别移动 4 个跟踪点到手机屏幕内的 4 个角上，如图 5-18 所示。

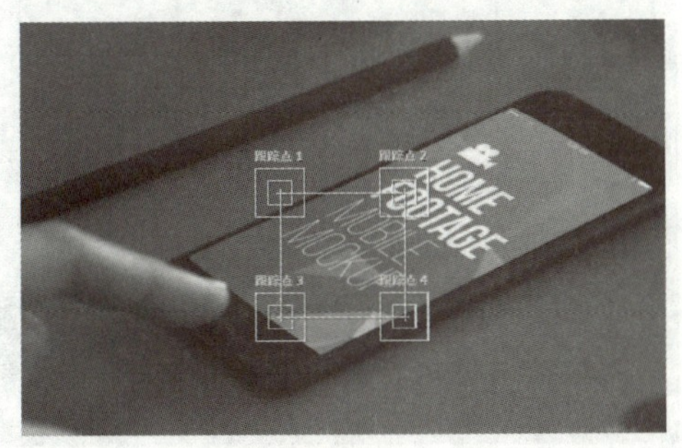

图 5-17

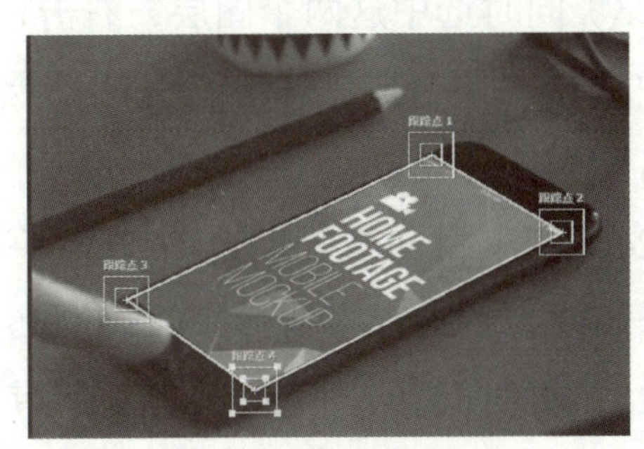

图 5-18

（20）单击跟踪面板上的“选项”按钮，在弹出的对话框中设置跟踪的“通道”为“RGB”，如图 5–19 所示。

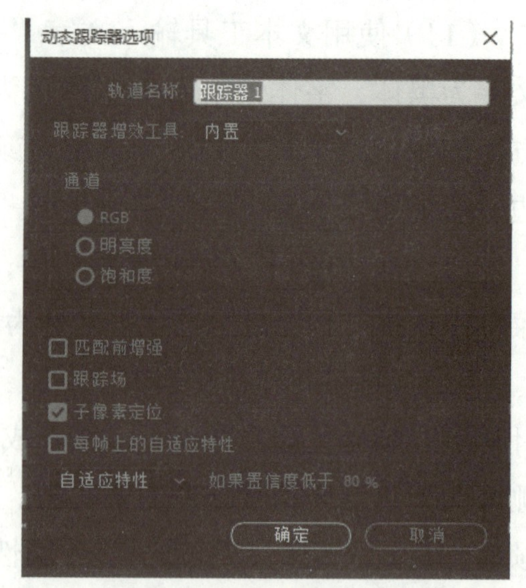

图 5–19

（21）按下分析中的向前分析按钮 ▶ 进行跟踪分析，也可以按下逐帧按钮 ▶ 进行跟踪分析。如果跟踪区域出现了偏移，按下前分析按钮 ▶ 暂停分析，将播放指针移动到出现偏移的关键帧处，在层窗口中将偏移的跟踪区域进行重新调整。再次分析，直到跟踪到完全正确的位置。分析完成后，会产生跟踪点关键帧，合成窗口如图 5–20 所示。时间线面板跟踪点如图 5–21 所示。

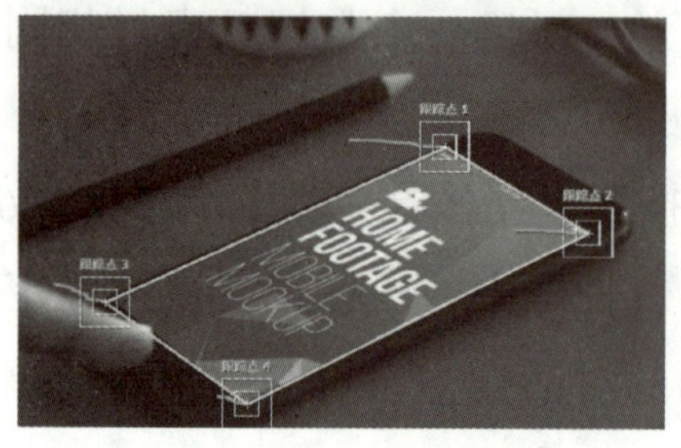

图 5–20

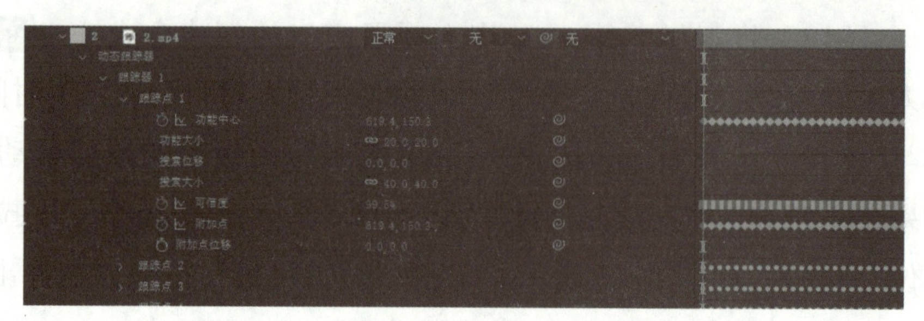
图 5–21

（22）按空格键播放，观察跟踪效果是否满意，单击“应用”按钮，在弹出的对话框中选择跟踪范围。此处选择“X 和 Y”，单击“确定”按钮，将跟踪效果应用到“图片替代 1.psd”，系统自动为目标层添加“边角定位”特效，为图层的“位置”和“边角定位”4 个控制点添加关键帧，如图 5–22 所示。

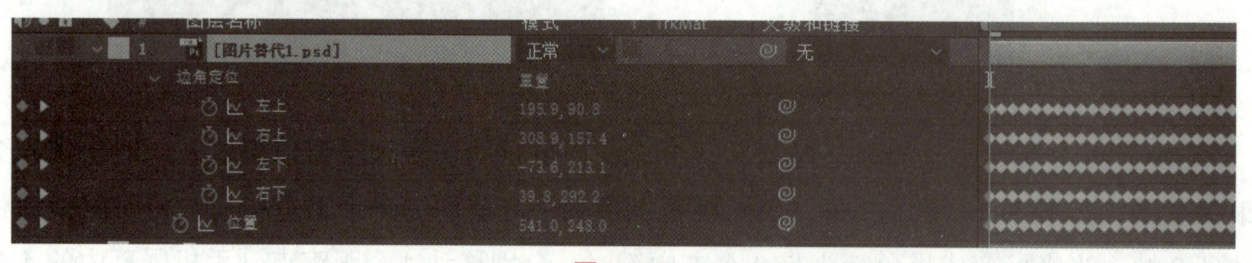

图 5–22

（23）同时选中这两个图层，右击，在弹出的菜单中选择“预合成”命令，完成图层的合成操作，名称为“合成 2”。

（24）在项目面板复制合成“文字”，将“手机娱乐”改为“语音控制”，效果如图 5–23 所示。

图 5–23

（25）将时间指针移到 10 帧处，使用矩形遮罩工具绘制蒙版。展开蒙版属性，将时间指针移到 0 帧处，使用选择工具，在合成窗口双击蒙版路径外边框，将鼠标移动到蒙版路径两侧竖边上，当竖边变成左右箭头时，往中间拖动，制作文字从中间向两边展开的动画效果。在 0 帧处，启动图层的“不透明度”属性，设置其属性值为 0%；在 10 帧处，设置其不透明度属性为 100%。

（26）按空格键预览检查效果是否满意。

任务 2　镜头合成

任务解析

在本任务中，需要完成以下操作：

- 通过跟踪摄像机的设置，完成摄像机追踪效果。
- 利用预置动画效果，制作标题文字。
- 进行镜头一、镜头二、镜头三、标题文字的合成。

任务制作

（1）双击项目面板空白处，将素材“3.mp4”拖入项目窗口的新建合成按钮上，新建一个与视频素材相同大小的合成，名称为“镜头 3”，视频素材将自动放置到时间线中。

（2）选中素材“3.mp4”，在跟踪器面板中，单击“跟踪摄像机”按钮，在效果控件面板中自动出现“3D 摄像机跟踪器”特效。

（3）添加完“3D 摄像机跟踪器”特效之后，系统会自动进行后台分析并解析摄像机。

（4）当系统解析完成后，画面会出现许多跟踪点（若跟踪点太小，可以通过“3D 摄像机跟踪器”的跟踪点的大小来进行调整）。

（5）将时间指针移动到 0 帧处，鼠标在画面跟踪区域附近选择一个稳定的跟踪点（突然出现和消失，以及变色的跟踪点属于不稳定跟踪点）。右击该跟踪点，在弹出的菜单中选择“创建空白和摄像机”选项，此时在时间线面板将出现“跟踪为空 1”和“3D 跟踪器摄像机”两个图层，将“跟踪为空 1”转换为三维图层。

（6）选择“效果和预置”面板上的“环形图表”功能，找到环形图表后双击，将在时间线图层上自动添加一个形状图层。取消“四色渐变”和“斜面 Alpha”的显示，将图层转换为三维图层。

（7）执行“效果→风格化→发光”命令和“效果→模糊和锐化→高斯模糊”命令，添加到形状图层中，如图 5-24、图 5-25 所示。

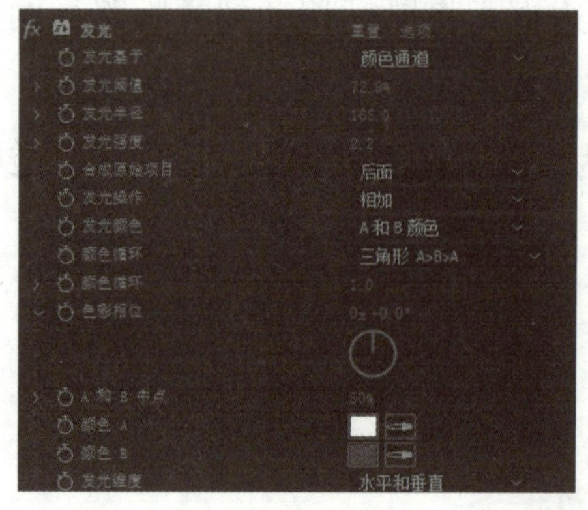

图 5-24

图 5-25

（8）让形状图层和车轮一起运动。按住【Shift】键为形状图层设置父层为“跟踪为空 1”，将形状图层位置、旋转属性值调整为 0。调整形状图层位置及大小，如图 5-26 所示，效果如图 5-27 所示。

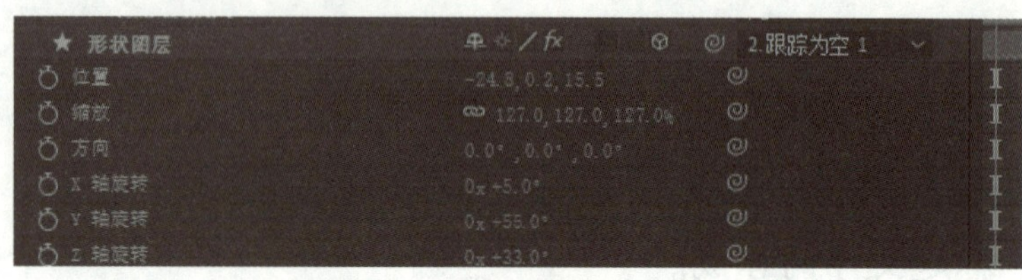

图 5-26

图 5-27

（9）新建“智能生活”合成，在“预设”选项组中选择 HDV/HDTV 720 25 选项，设置合成持续时间为 15 秒，制作标题文字。

（10）执行“图层→新建→纯色”命令，新建一个纯色层，在“效果和预置”文本框中搜索“电路”添加到纯色层上，在“效果和预置”文本框中搜索“色调”添加到纯色层上，效果如图 5-28 所示。

（11）使用文本工具输入文字“智能生活”，设置文字为黑体，字体大小为 81。单击纯色层的轨道遮罩 TrkMat 控制栏的“无”按钮，在弹出的菜单中指定“Alpha 遮罩‘智能生活’”，如图 5-29 所示。

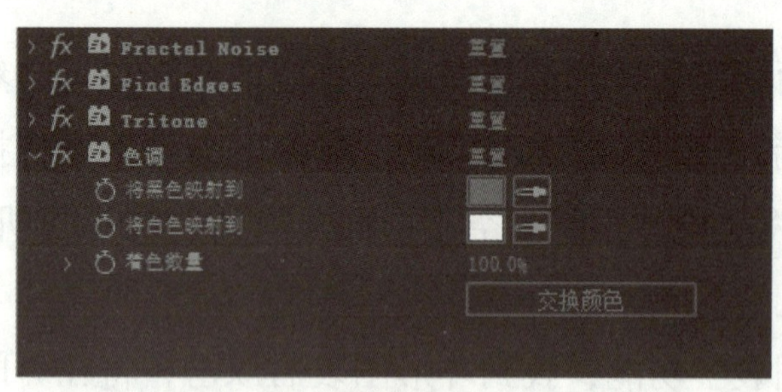

图 5-28

图 5-29

（12）新建合成“总合成”，选择 HDV/HDTV 720 25，设置合成持续时间为 12 秒，将“镜头 1”“镜头 2”“镜头 3”“智能生活”拖到时间线面板上，镜头 2 的入点定位到 4 秒 1 帧处，“镜头 3”的入点定位到 9 秒 2 帧处，“智能生活”的入点定位到 9 秒 2 帧处。时间线图层排列如图 5-30 所示。

图 5-30

（13）将时间指针定位到 9 秒 2 帧处，启动“智能生活”合成的“不透明度”属性，设置其值为 0，将时间指针移动到 10 秒 2 帧处，设置其值为 100%。

（14）将背景音乐拖放到时间线面板上，按空格键预览，看效果是否满意。

（15）保存项目文件，渲染输出。

知识链接

一、跟踪面板

1. 跟踪稳定

在实际拍摄过程中，要消除由于摄像机的振动而引起的画面抖动，需首先选择要进行稳定或者跟踪操作的图层，然后执行“窗口→跟踪器”命令，利用“变形稳定器”和“稳定运动”来对其进行平衡处理，如图 5-31 所示。

• 变形稳定器：在选择晃动素材后，直接单击该按钮可以自动稳定画面。

• 稳定运动：单击该按钮可以进行人工稳定操作。

• 跟踪摄像机：单击该按钮可以进行摄像机反求操作。

• 跟踪运动：单击该按钮可以进行跟踪操作。

• 运动源：指定跟踪的源，即找出需要进行跟踪操作的层。

• 当前跟踪：指定当前的跟踪轨迹。一个层可以进行多个跟踪，可以在此切换不同跟踪轨迹。

• 跟踪类型：下拉列表中有 5 个选项，分别是稳定、变换、平面边角定位、透视边角定位、原始，如图 5-32 所示。

• 位置、旋转、缩放：这 3 个选项只在进行稳定和“变换”跟踪操作的时候才可以使用。

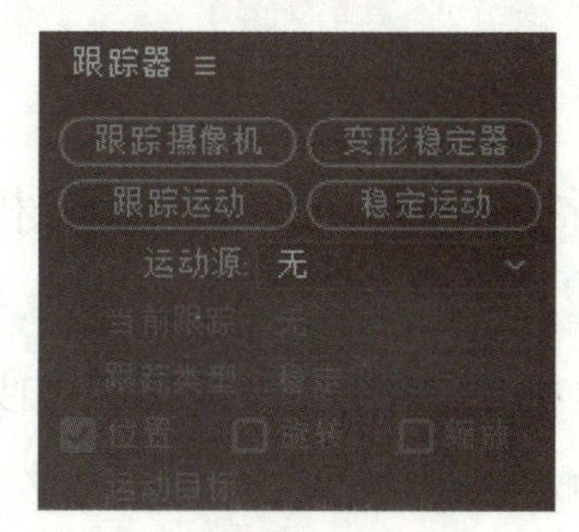

图 5-31

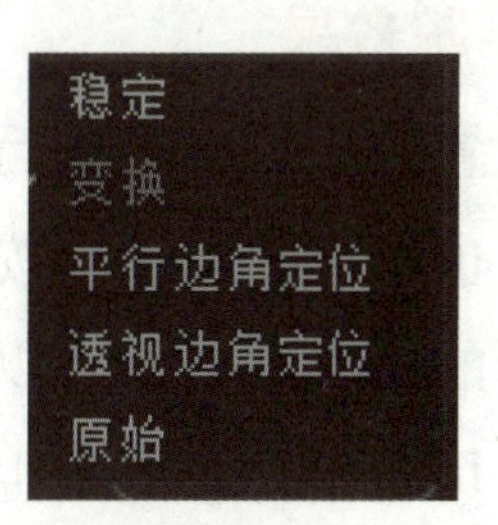

图 5-32

2. 跟踪范围

跟踪范围是由两个方框和一个十字线构成的，如图5-33所示。

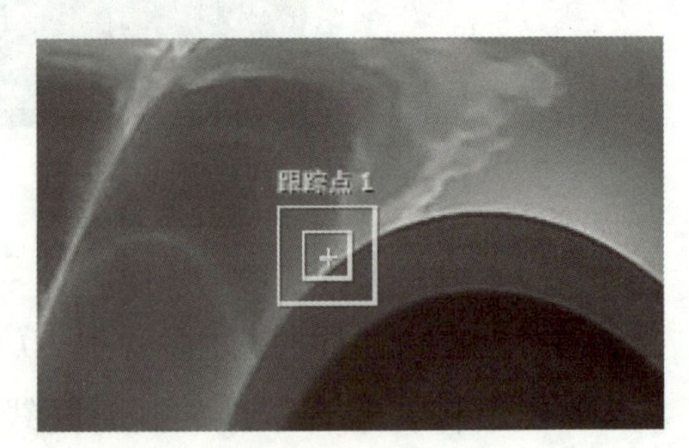

图 5-33

十字线为跟踪点，跟踪点与其他层的轴心点或效果点相连。当跟踪完成后，结果将以关键帧的方式记录到图片层的相关属性中。里面的方框为特征区域，用于定义跟踪目标的范围。系统记录当前特征区域内对象的明度和形状特征，然后在后续对这个特征进行匹配跟踪。对影像进行运动跟踪，要确保此时区域内有较强的颜色或亮度特征，与其他区域有高对比度反差。在一般情况下，在前期拍摄过程中，要准备好特征跟踪物体使后期可以达到最佳的合成效果。

外面的方框为搜索区域，较小的搜索区域可以提高跟踪的精度和速度。但搜索区域至少要包括两帧跟踪物体的位移所移动的范围。

3. 跟踪参数

单击“编辑目标”按钮，弹出对话框，选择跟踪数据应用的图层或效果点控制，如图5-34所示。

进行跟踪参数的设置，如图5-35所示。

通道：在跟踪的过程中，跟踪基于像素差异化进行的，跟踪点跟周围环境没有差异则无法正确跟踪跟踪点的变化。该选项用于指定跟踪点与周围像素的差异类型。

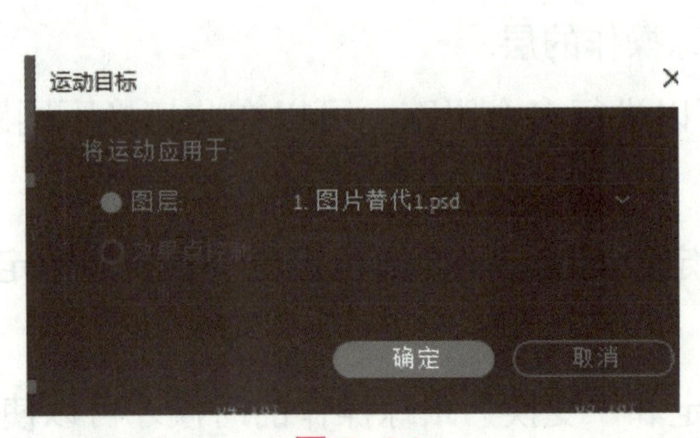

图 5-34

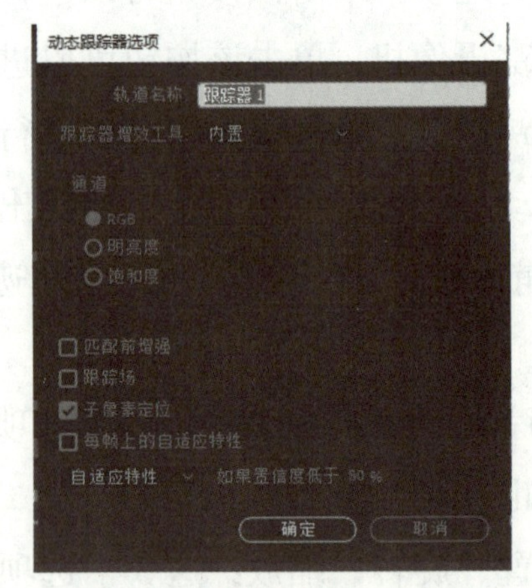

图 5-35

4. 分析跟踪效果

当跟踪设置完成后，可进行分析跟踪。单击向前分析按钮▶，或者向后分析按钮◀进行跟踪分析，也可以按下逐帧按钮▶进行逐帧跟踪分析。

若对分析的结果满意，可以单击“应用”按钮，为目标层应用跟踪效果。如果对分析的结果不满意，可将指针移到产生偏移的位置，在层窗口中将偏移的跟踪区域调整到正确位置继续跟踪。

二、模糊和锐化特效

模糊效果是最常应用的效果之一，也是一种简单易行的改变画面视觉效果的途径，可以对画面进行“虚实结合”。

1. 复合模糊

依据某一层（默认是本图层）画面的明亮度来模糊当前图层中的像素，图像亮度越高，模糊越大；图像亮度越低，模糊越小。当然也可以反过来进行设置，如图 5–36 所示。

图 5–36

- 模糊图层：用来指定当前合成中的哪一层为模糊映射层。
- 最大模糊：最大模糊的数值，以像素为单位。
- 图层大小不同：可以通过勾选“伸缩”复选框来自动适配。
- 反向模糊：将模糊效果反向。

2. 锐化

用于锐化图像，在图像颜色发生变化的地方提高图像的对比度，如图 5–37 所示。

图 5–37

3. 定向模糊

定向模糊也称方向模糊。按一定的方向模糊图像，如图 5–38 所示。

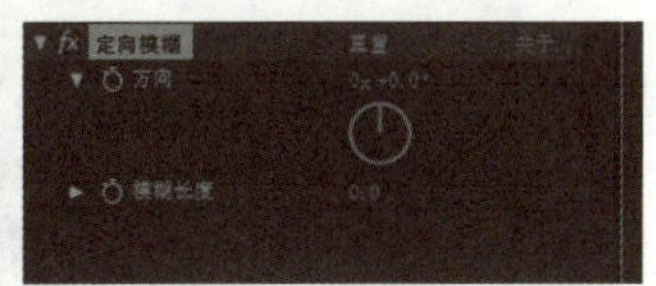

图 5–38

- 模糊图层：用来指定当前合成中的哪一层为模糊映射层。
- 模糊长度：用于设置运动模糊的长度。

4. 快速方框模糊

用于设置图像的模糊程度，如图 5–39 所示。

图 5-39

- 模糊半径：设置模糊的半径大小。
- 模糊长度：设置反复模糊的次数。
- 模糊方向：设置模糊方向。
- 重复边缘像素：勾选此复选框可以重复边缘像素。

5. 高斯模糊

用于模糊和锐化图像，可以去除杂点，产生更细腻的模糊效果，如图 5-40 所示。

图 5-40

- 模糊度：用于设置模糊程度。
- 模糊方向：用于设置模糊方向。
- 重复边缘像素：勾选此复选框可以重复边缘像素。

6. 径向模糊

径向模糊，指在特定的点产生环绕的模糊效果或者放射状的模糊效果。中心部分较弱，越靠外模糊效果越强，如图 5-41 所示。

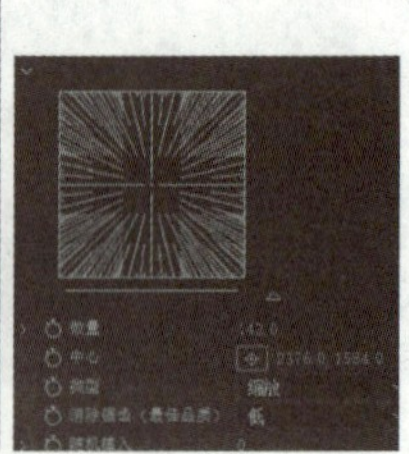

图 5-41

- 数量：用于设置模糊强度的数量大小。
- 中心：用于设置模糊的中心位置。
- 类型：有旋转和缩放两种类型。
- 消除锯齿（最佳品质）：有设置反锯齿显示的作用。

• 随机：用于设置随机植入数值。

7. CC Vector Blur（CC 矢量模糊）

可以将选定的层定义为向量场模糊，如图 5-42 所示。

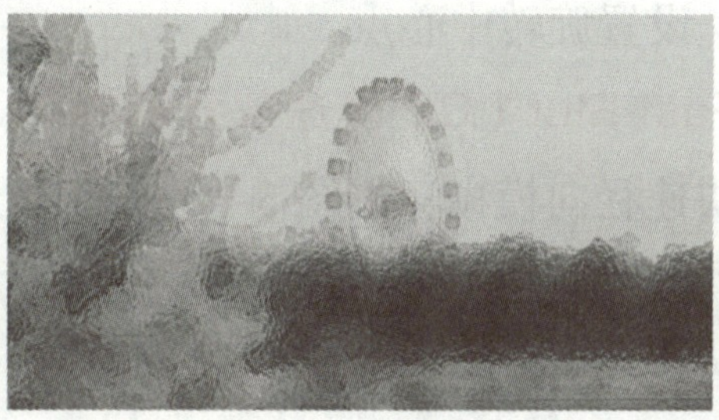

图 5-42

• Type（类型）：设置模糊方式。

• Amount（数量）：设置模糊程度。

• Angle Offset（角度偏移）：设置模糊偏移角度。

• Vector Map（矢量图）：在该选项的下拉菜单中可以选择进行模糊的图层。

• Property（参数）：设置通道的方式。

• Map Softness（柔和度图像）：设置图像的柔和度。

8. CC Cross Blur（CC 交叉模糊）

可以对画面进行水平和垂直模糊处理，如图 5-43 所示。

图 5-43

• Radius X（X 轴半径）：设置 X 轴模糊程度。

• Radius Y（Y 轴半径）：设置 Y 轴模糊程度。

• Transfer Mode（传输模式）：设置传输模式。

• Repeat Edge Pixel（重复边缘像素）：勾选此复选框可重复边缘像素。

9. CC Radial Blur（CC 放射模糊）

可以对画面进行水平和垂直模糊处理，如图 5-44 所示。

图 5-44

- Type（类型）：设置模糊类型。
- Amount（量）：设置模糊的程度。
- Quality（质量）：数值越大，模糊程度越强；反之则越弱。
- Center（中心）：设置旋转中心点。

10. CC Radial Fast Blur（CC 快速放射模糊）

可以对画面进行快速径向模糊，如图 5-45 所示。

图 5-45

- Center（中心）：设置模糊中心点。
- Amount（数量）：设置模糊的程度。
- Zoom（变焦）：设置模糊方式为 Standard（标准）、Brightest（变亮）或 Darkest（变暗）。

三、通道类特效

通道效果可以控制、混合、移除和转换图像的通道，其中包括最小 / 最大、复合运算、通道合成器、CC Composite、转换通道、反转、固态层合成、混合、移除颜色遮罩、算术、计算、设置通道、设置遮罩，如图 5-46 所示。

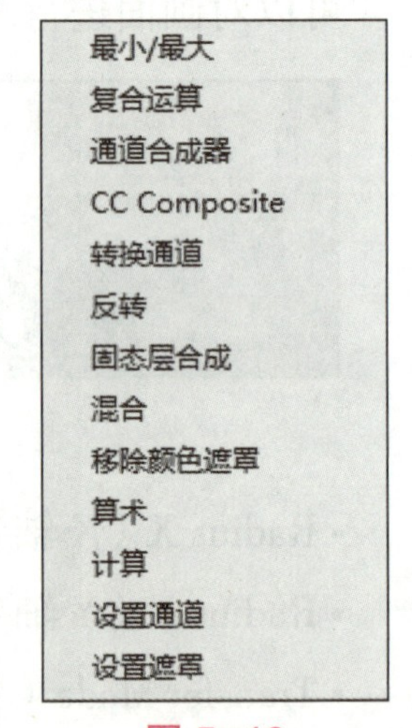

图 5-46

四、风格化类特效

1. 阈值

阈值可以将一个灰度或彩色图像转换为高对比度的黑白图像，还可以将一定的色阶指定为阈值，所有比该阈值亮的像素被转换为白色，所有比该阈值暗的像素被转换为黑色，如图 5-47 所示。

图 5-47

- 级别：用来设置阈值级别。

2. 画笔描边

可以在图层画面上产生类似于水彩画的效果，如图 5-48 所示。

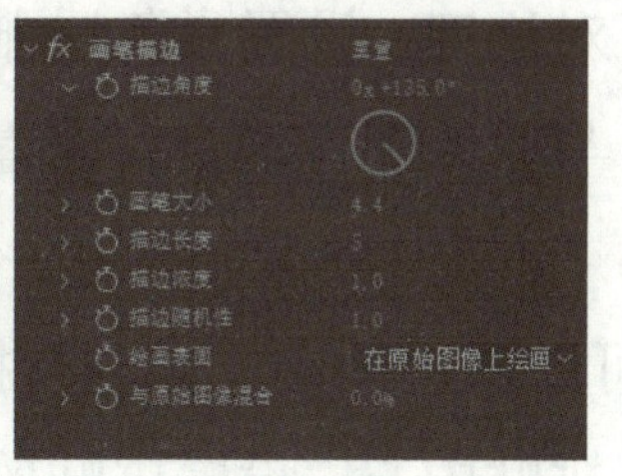

图 5-48

- 描边角度：设置笔画的角度。
- 画笔大小：设置笔刷的尺寸大小。
- 描边长度：设置描边的长度大小。
- 描边浓度：设置描边的密度。
- 描边随机行：设置描边的随机行。
- 绘画表面：设置绘画笔触与图像之间的模式。
- 与原始图像混合：设置效果与图像的混合程度。

3. 卡通

可以模拟卡通绘画效果，卡通选项如图 5-49 所示。

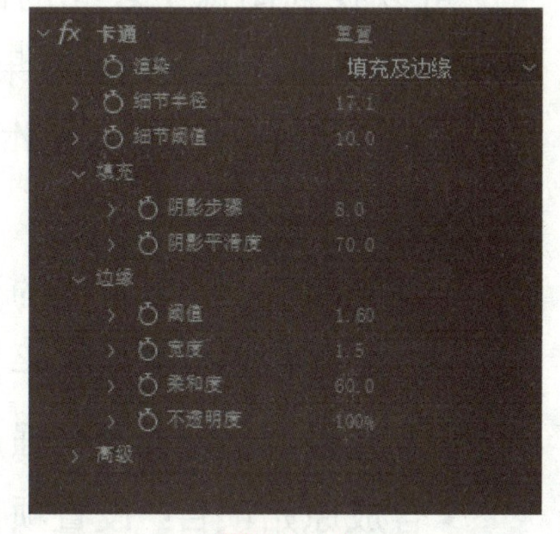

图 5-49

- 渲染：有填充、边缘、填充及边缘 3 种类型。
- 细节半径：详细半径。
- 细节阈值：详细阈值。
- 填充：阴影步骤、阴影平滑度。
- 边缘：阈值、宽度、柔和度、不透明度。
- 高级：边缘增强、边缘黑色阶、边缘对比度。

4. 散布

可以在图层中散布像素，从而创建模糊的外观，如图 5-50 所示。

- 散布数量：设置画面像素随机分散，产生一种透过毛玻璃观察物体的效果。
- 颗粒：设置画面像素颗粒分散的方向。
- 散布随机性：勾选此选项随机分布每帧。

5. 彩色浮雕

可以指定的角度强化图像边缘，从而模拟纹理，如图 5-51 所示。

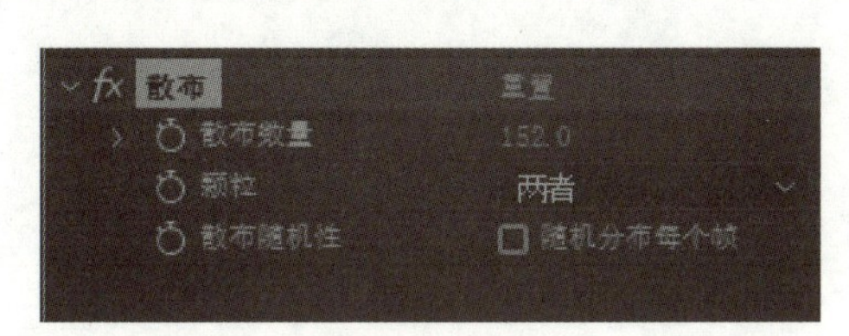

图 5-50

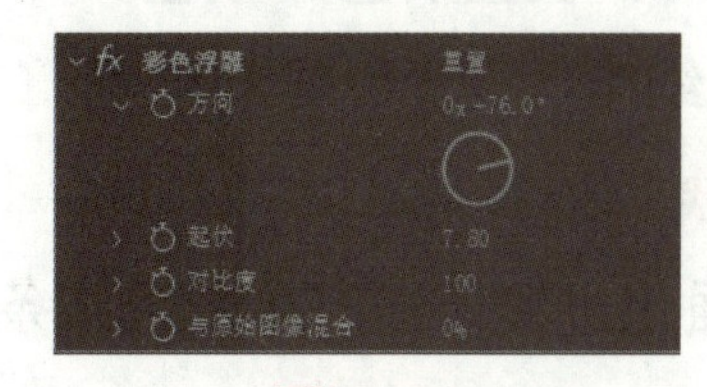

图 5-51

- 方向：设置浮雕方向。
- 起伏：设置起伏程度。
- 对比度：设置彩色浮雕效果明暗对比程度。
- 与原始图像混合：设置和原图像的混合程度。

6. 动态拼贴

可以通过运动模糊进行拼贴图像，如图 5-52 所示。

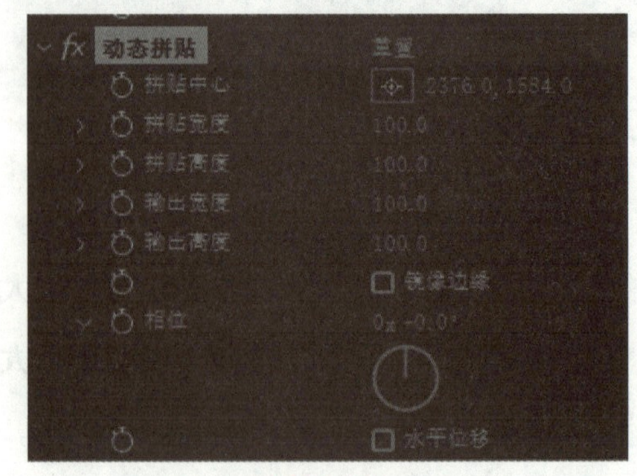

图 5-52

- 拼贴中心：设置拼贴效果的中心位置。
- 拼贴宽度：设置分布图像的宽度。
- 拼贴高度：设置分布图像的高度。
- 输出宽度：设置输出的宽度数值。
- 输出高度：设置输出的高度数值。
- 镜像边缘：勾选此复选框可使边缘呈镜像。
- 相位：设置拼贴相位角度。
- 水平位移：勾选此复选框水平位移拼贴效果。

7. 发光

可以找到图像中较亮的部分，并使这些像素的周围变亮，从而产生发光的效果，如图 5-53 所示。

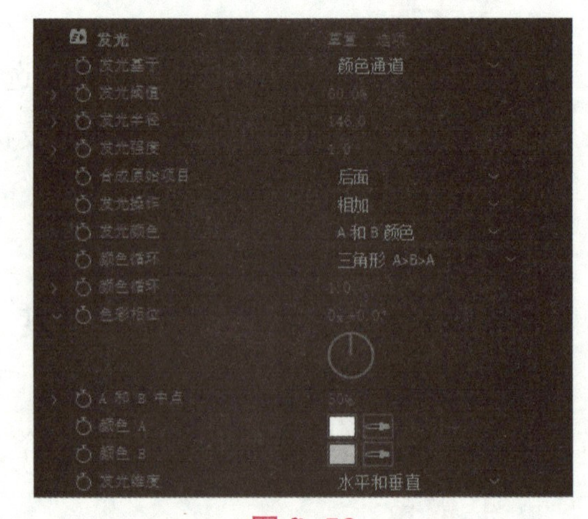

图 5-53

- 发光基于：设置发光作用通道为 Alpha 通道或颜色通道。
- 发光阈值：设置发光的裙盖面。
- 发光半径：设置发光半径。
- 发光强度：设置发光强烈程度。
- 合成原始项目：设置项目为顶端、后面或无。
- 发光操作：设置发光的混合模式。
- 发光颜色：设置发光的颜色。
- 颜色循环：设置发光循环方式。
- 色彩相位：设置光色相位。
- A 和 B 中点：设锐发光颜色 A 到 B 的中点百分比。
- 颜色 A：设置颜色 A 颜色。
- 颜色 B：设置颜色 B 颜色。
- 发光维度：设置发光的维度。

8. 查找边缘

通过强化过渡像素产生彩色线条，如图 5-54 所示。

图 5-54

9. 毛边

该效果可以使图层 Alpha 通道变粗糙，类似腐蚀的效果。毛边设置区域如图 5-55 所示。

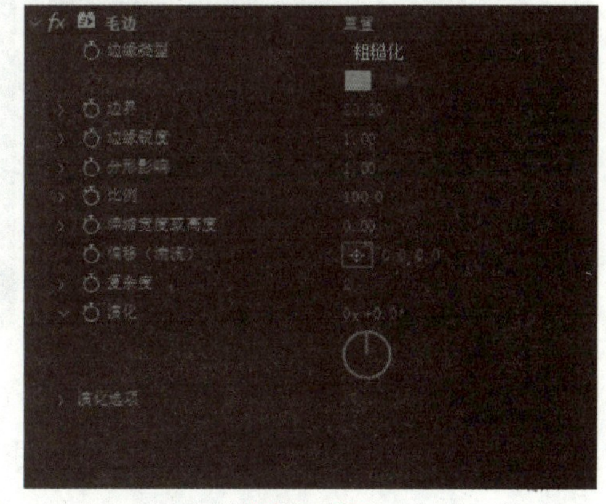

图 5-55

- 边缘类型：设置毛边边缘类型。
- 边缘颜色：设置毛边边缘颜色。
- 边界：设置边缘参数。
- 边缘锐度：设置边缘锐化程度。
- 分形影响：设置不规则影响程度。
- 比例：设置缩放比例。
- 伸缩宽度或高度：设置控制宽度或高度。
- 偏移（湍流）：设置效果偏移程度。
- 复杂度：设置复杂程度。
- 演化：设置演化角度。
- 演化选项：设置演化选项。

巩固训练

一、填空题

1. 在对影片进行追踪时，合成图像中至少有两个层，一个层作为__________，另一个叫被追踪层。

2. __________是将追踪点连接到被追踪层中有位移属性的物体上，只有一个追踪区域。

3. __________也叫作四点追踪，被其追踪的物体需要 4 个追踪点，使用透视追踪 4 个追踪点，被追踪过后产生透视效果。

4. 在设置运动追踪的时候，合成窗口内会出现追踪范围框，它是由两个方框和一个交叉点组成，交叉点叫__________。

5. 在 AE 中，运动追踪能够对__________种不同的运动方式进行追踪。

6. __________、__________和__________，这 3 个选项只能在选择稳定追踪和基本变化追踪时才可以使用。

7. 追踪的类型：分别是__________、__________、__________、__________和__________。

8. 左边的__________按钮控制着运动追踪面板，右侧的__________按钮控制着运动稳定面板。

9. 对追踪结果满意后，单击__________按钮，将正确的追踪结果应用到目标层。

10. 单击__________按钮，弹出对话框可以选择追踪数据应用的层或效果点。

二、上机实训

1. 制作跟踪效果。使用跟踪与稳定功能，选择跟踪层与被跟踪层，寻找跟踪点，开始跟踪，如图 5-56 所示。

图 5-56

2. 制作广播员稳定效果，如图 5-57 所示。

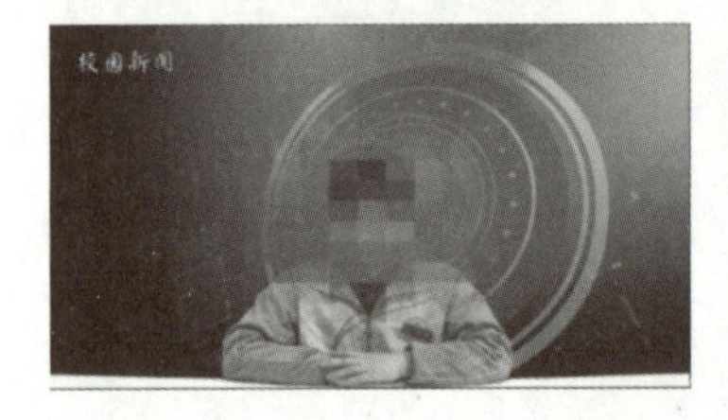

图 5-57

3. 制作 4 点追踪效果，如图 5-58 所示。

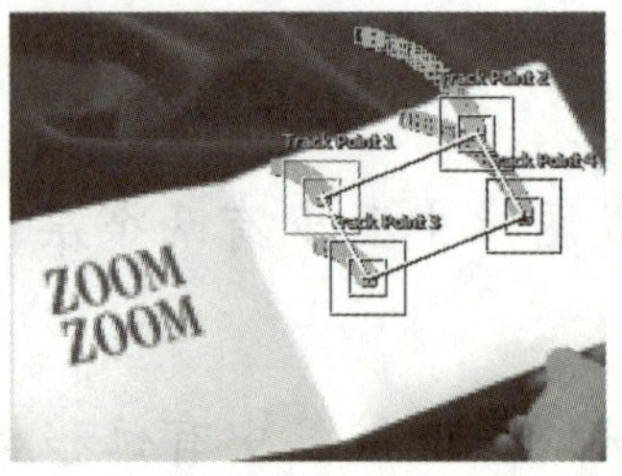

图 5-58

4. 利用所学特效制作水墨画效果，如图 5-59 所示。

图 5-59

项目 6

以青春歌唱祖国 MV
——色彩校正和抠像特效

项目描述

根据提供的素材音乐，创作主题为“以青春歌唱祖国”的 MV 视频，时长在 2~3 分钟。本案例创作过程包括脚本策划、歌曲选择和剪辑、视频选择和色彩校正、视频抠像、声画对位合成等过程，其最终效果如图 6–1 所示。

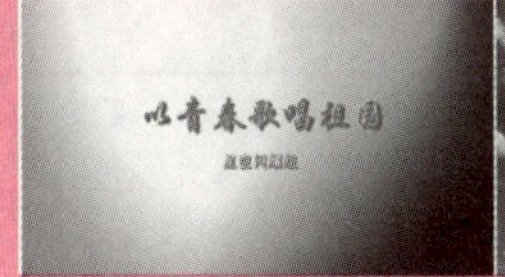

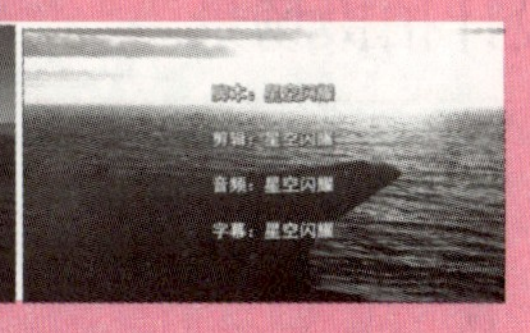

图 6–1

学习目标

知识目标

1. 了解 MV 创作的基本流程。
2. 掌握常用的音频剪辑与合成方法。
3. 掌握 AE 中常用的调色特效。
4. 掌握 AE 中常用的抠像特效。

能力目标

1. 能根据主题策划简单的脚本。
2. 能根据脚本选取合适的音频进行剪辑合成。
3. 能根据音频选取合适的视频素材进行音画对位。
4. 能正确判断素材是否需要进行色彩校正。
5. 能选择合适的调色特效进行色彩校正。
6. 能选择合适的抠像特效对素材进行抠像合成。
7. 能根据 MV 创作的基本流程完成对应主题的 MV 创作。

情感目标

1. 通过“以青春歌唱祖国”主题 MV 创作，激发学生的爱国主义情怀。
2. 通过 MV 全流程创作，培养学生的团队精神和标准流程意识。
3. 通过初稿、终稿的对比创作，培养学生精益求精的工匠精神。

任务 1 脚本策划

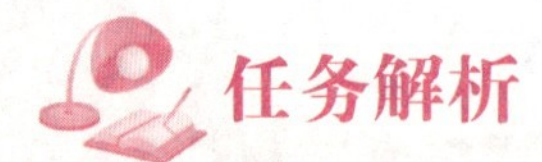

任务解析

在本任务中，需要完成以下操作：

- 根据主题选择音频。
- 根据主题和音频写出分镜头脚本。
- 根据脚本，截取歌词。
- 根据脚本，对应歌词，搜集视频或图片。

任务制作

（1）根据主题“以青春歌唱祖国”，选取“歌唱祖国.mp3”和“我们都是追梦人.mp3”的部分片段进行合成。

（2）“歌唱祖国”节选前两段歌词，“我们都是追梦人”节选第 2 段歌词。

（3）根据歌词，选取视频图像，写出分镜头脚本，因为是根据素材制作，所以脚本中未设计拍摄场景。

<table>
<tr><td colspan="4">脚本策划</td></tr>
<tr><td colspan="4">整体策划：
音频选取：“歌唱祖国”60 秒左右 +“我们都是追梦人”90 秒左右，共约 150 秒。
视频选取：选取的视频或图片与歌词和节奏相对应，保持声画对位。
整体效果：视频画面声音流畅，画面明暗协调，无偏色，画面节奏与音频节奏保持一致。</td></tr>
<tr><th>音频歌词</th><th>画面内容</th><th>字幕</th><th>特效</th></tr>
<tr><td>“歌唱祖国”前奏</td><td>动态背景 + 大场景（阅兵等）</td><td>以青春歌唱祖国 + 团队名称</td><td>声音、画面、文字的关键帧动画</td></tr>
<tr><td>五星红旗迎风飘扬</td><td>红旗飘扬</td><td>动态彩虹歌词</td><td>红旗的抠像合成</td></tr>
<tr><td>胜利歌声多么响亮</td><td>大场景、中景</td><td>动态彩虹歌词</td><td>视频的调色调速</td></tr>
<tr><td>歌唱我们亲爱的祖国</td><td>歌颂祖国场景</td><td>动态彩虹歌词</td><td>调色</td></tr>
<tr><td>从今走向繁荣富强</td><td>庆祝、展示综合国力等场景</td><td>动态彩虹歌词</td><td>调色</td></tr>
<tr><td>歌唱我们亲爱的祖国</td><td>阅兵等场景</td><td>动态彩虹歌词</td><td>视频截取，调色</td></tr>
<tr><td>从今走向繁荣富强</td><td>兵器装备场景</td><td>动态彩虹歌词</td><td>调色</td></tr>
</table>

续表

音频歌词	画面内容	字幕	特效
越过高山，越过平原	祖国山川、平原场景	动态彩虹歌词	调色
跨过奔腾的黄河长江	黄河长江场景	动态彩虹歌词	视频截取
宽广美丽的土地	广袤的土地	动态彩虹歌词	调色
是我们亲爱的家乡	家乡风貌	动态彩虹歌词	视频截取
英雄的人民站起来了	奥运健儿	动态彩虹歌词	调色
我们团结友爱坚强如钢	先进装备场景	动态彩虹歌词	视频截取
前奏　啦啦啦……	运动拼搏场景	动态彩虹歌词	视频截取，调色
每次奋斗，拼来了荣耀	奋斗及领奖场景	动态彩虹歌词	视频截取
我们乘风破浪，举目高眺	轮船乘风破浪	动态彩虹歌词	视频截取
心中力量 不怕万万里路遥	挫折失败场景	动态彩虹歌词	视频截取
再高远的梦呀也追得到	奋斗拼搏场景	动态彩虹歌词	视频调色等
我们都是追梦人	特技、爱好场景	动态彩虹歌词	视频截取
千山万水 奔向天地跑道	奔跑场景	动态彩虹歌词	视频调速
你追我赶 风起云涌春潮	竞技跑比赛场景	动态彩虹歌词	视频截取
海阔天空 敞开温暖怀抱	运动、拼搏场景	动态彩虹歌词	视频截取
我们都是追梦人	跑步场景	动态彩虹歌词	视频截取
在今天 勇敢向未来报到	军备展示场景	动态彩虹歌词	视频截取，调色
当明天 幸福向我们问好	幸福生活场景	动态彩虹歌词	视频截取，调色
最美的风景是拥抱	拥抱场景	动态彩虹歌词	视频截取，调色
结尾音	空镜头等大场景	制作团队等信息	视频截取 字幕关键帧动画

任务 2 MV 初稿制作

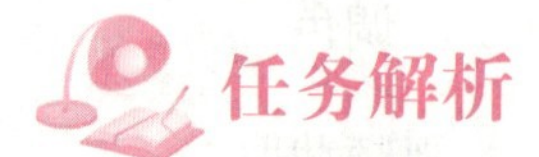

任务解析

在本任务中，需要完成以下操作：

• 根据脚本编辑音频。

• 根据音频制作歌词字幕效果。

• 对应音频和歌词字幕，选择对应的视频图像进行声画对位。

• 渲染输出 MV 初稿。

任务制作

1. 新建合成

启动 After Effects 软件，新建名称为“以青春歌唱祖国”的合成，选择预设模式 HDV/HDTV 720 25，时间长度为 150 秒。

2. 导入视频、音频素材

执行“文件→导入→文件”命令或者双击项目面板空白处，打开“导入文件”对话框，选择“音频素材”和“视频素材”文件夹，然后单击“导入文件夹”按钮。

3. 制作音频淡入 / 淡出效果

将时间指针定位到时间线开始位置，拖动项目面板中的音频文件“歌唱祖国 1.mp3”到时间线面板。展开“歌唱祖国 1.MP3”左侧的折叠按钮，将时间指针分别定位到 0 秒和 2 秒处，为“音频电平”添加关键帧，参数设置分别为 –6dB 和 0dB，如图 6–2 所示，完成音频淡入效果。

拖动项目面板中的音频文件“我们都是追梦人 2.MP3”到时间线面板。将开始位置对齐到“歌唱祖国 1.MP3”的结束位置，展开“歌唱祖国 1.MP3”左侧的折叠按钮，将时间指针分别定位到 2 分 09 秒和 2 分 15 秒处，为“音频电平”添加关键帧，参数设置分别为 0dB 和 –18dB，完成音频淡出效果。

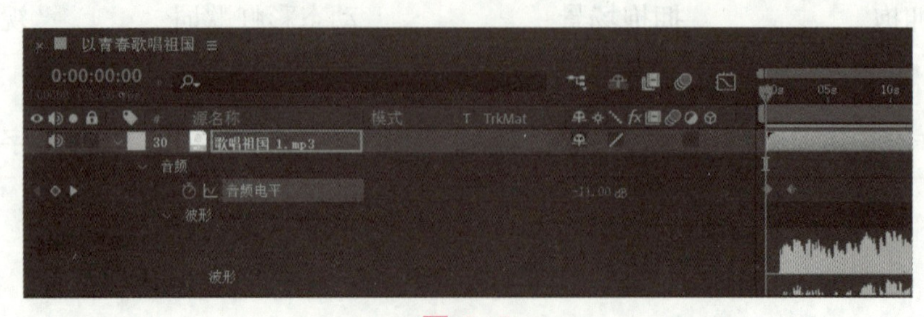

图 6–2

4. 根据音频制作首句歌词字幕

新建文本图层，输入文字“五星红旗迎风飘扬”，字体选择黑体，颜色选择白色，字号选择 50 号。按空格键预览声音，将时间指针定位到第 5 秒位置，按【Alt+［】组合键，设置文字的起始位置；将时间指针定位到第 9 秒位置，按【Alt+］】组合键，设置文字的结束位置。

5. 为歌词添加投影和预置动画效果

选中文本图层，执行“效果→透视→投影”命令，为文本添加投影效果。将时间指针定位到第 5 秒位置，在“效果和预设”面板中，执行“动画预设→ Text → Fill and Stroke →滑行颜色闪烁”命令，文字特效，将该特效拖放到文本图层上，参数设置和预览效果如图 6–3 所示。

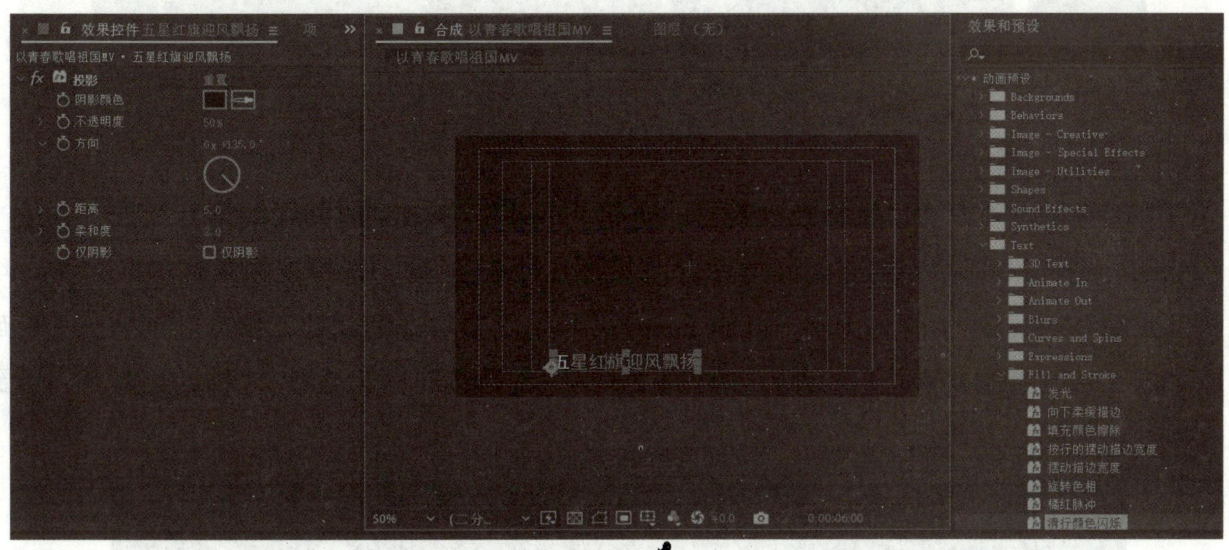

图 6–3

6. 制作全部歌词字幕

选中“五星红旗迎风飘扬”文本图层，按【Ctrl+D】组合键复制图层，双击图层选中文字内容，将文字替换为“胜利歌声多么响亮”，按空格键预览声音，将时间指针定位到第 9 秒 2 帧位置；按【［】键，设置文字的起始位置，对齐时间指针；将时间指针定位到第 13 秒位置，按【Alt+］】组合键，设置文字的起始结束位置并调整文字特效的关键帧位置。

重复该步骤，按照音频节奏，制作出对应的全部歌词字幕。歌词制作完成后时间线面板如图 6–4 所示。按【Shift】键单击文本图层“五星红旗迎风飘扬”和“我们团结友爱坚强如钢”，选中两个图层中间的全部图层，按【Ctrl+Shift+C】组合键将字幕图层预合成为“歌唱祖国歌词”；用同样的方法将“我们都是追梦人”的歌词文本图层预合成为“我们都是追梦人歌词”。

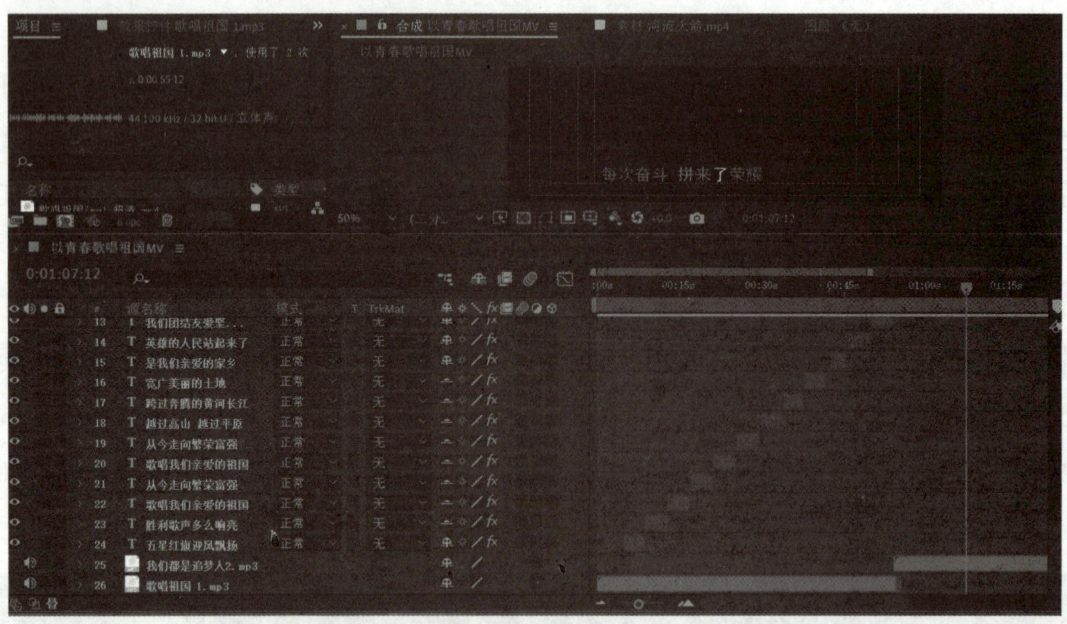

图 6–4

7. 根据音频和歌词选择对应的视频图像

（1）音频的前奏部分：选择视频素材“升旗 2.mp4”，拖放到时间线的第 0 帧处。

（2）五星红旗迎风飘扬：将时间指针定位到第 6 秒 05 帧处，选择视频素材“红旗 2.mp4”拖放到时间线；按【[】键将图层“红旗 2.mp4”开始位置对齐到该处，预览歌词“五星红旗迎风飘扬”持续到第 9 秒位置，修改“红旗 2.mp4”的持续时间为 2 秒 24 帧，使视频持续到第 9 秒处，如图 6–5 所示。

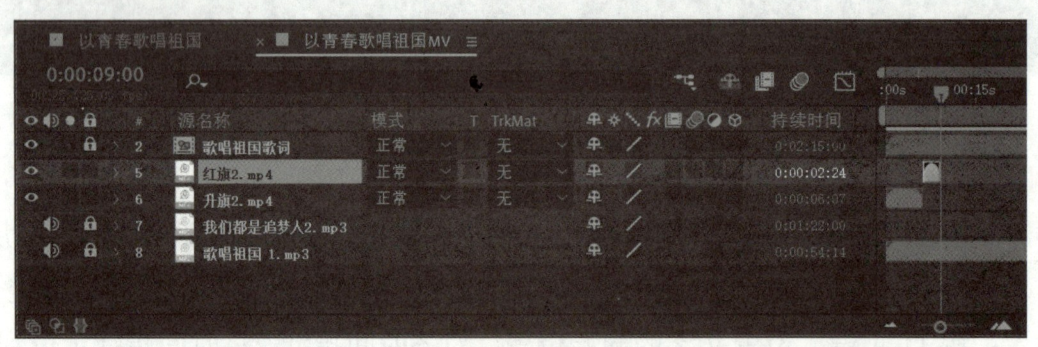

图 6–5

（3）胜利歌声多么响亮：选择视频素材“广场红旗 .mp4”拖放到时间线，开始位置对齐到第 9 秒 01 帧处，根据歌词“胜利歌声多么响亮”的长度，调整素材持续时间到第 13 秒 01 帧处结束。

（4）歌唱我们亲爱的祖国：选择视频素材“舞蹈场景 .mp4”拖放到时间线，开始位置对齐到 13 秒 02 帧处。

（5）从今走向繁荣富强：选择视频素材“奥运五环 .mp4”拖放到时间线，按【]】键将视频结束位置对齐到第 21 秒 05 帧处；再将时间指针定位到第 16 秒处，按【Alt+［ 】组合键截取“奥运五环 .mp4”视频的开始位置。

（6）歌唱我们亲爱的祖国，从今走向繁荣富强：选择视频素材“军舰飞机 .mp4”拖放到时间线，将视频开始位置对齐到第 21 秒 06 帧处，根据音频节奏将时间指针定位到第 30 秒 01 帧处，按【Alt+]】组合键截取视频结束位置。

（7）越过高山，越过平原：选择视频素材“长城城市 .mp4”拖放到时间线，将视频开始位置对齐到第 30 秒 02 帧处。

（8）跨过奔腾的黄河长江：选择视频素材“黄河水 .mp4”拖放到时间线，将视频开始位置对齐到第 34 秒 03 帧处。选择视频素材“奔腾的河水 .mp4”拖放到时间线，将视频开始位置对齐到第 36 秒 03 帧处。将时间指针定位到第 37 秒 18 帧处，按【Alt+]】组合键截取视频结束位置。

（9）宽广美丽的土地：选择视频素材“田野 .mp4”拖放到时间线，将视频开始位置对齐到第 37 秒 19 帧处。

（10）是我们亲爱的家乡：选择视频素材“城市风景 2.mp4”拖放到时间线，将视频开始位置对齐到第 41 秒 16 帧处。

（11）英雄的人民站起来了：选择视频素材“城市风景 2.mp4”拖放到时间线，将视频开始位置对齐到第 45 秒 21 帧处。

（12）我们团结友爱坚强如钢：选择视频素材“发射火箭 .mp4”拖放到时间线，将视频开始位置对齐到第 48 秒 11 帧处。

（13）每次奋斗 拼来了荣耀：选择视频素材“运动集锦 1.mp4”拖放到时间线，将视频开始位置对齐到第 58 秒 07 帧处。将时间指针定位到第 1 分 10 秒 15 帧处，按【Alt+]】组合键，截取视频结束位置。

（14）我们乘风破浪 举目高眺：选择视频素材“航行 .mov”拖放到时间线，按【Ctrl+Alt+F】组合键调整视频画幅与合成大小相同，将视频开始位置对齐到第 1 分 10 秒 15 帧处。将时间指针定位到第 1 分 19 秒 16 帧处，按【Alt+]】组合键，截取视频结束位置。

（15）心中力量 不怕万万里路遥：选择视频素材“运动集锦 2.mp4”拖放到时间线，将视频开始位置对齐到第 1 分 19 秒 16 帧处。

（16）再高远的梦呀也追得到：选择视频素材“跳水 2.mp4”拖放到时间线，将视频开始位置对齐到第 1 分 27 秒 05 帧处。选择视频素材“奥运挥旗 .mp4”拖放到时间线，将视频开始位置对齐到第 1 分 32 秒 24 帧处。

（17）我们都是追梦人：选择视频素材“街舞 .mp4”拖放到时间线，将视频开始位置对齐到第 1 分 35 秒 15 帧处。将时间指针定位到第 1 分 39 秒 01 帧处，按【Alt+]】组合键，截取视频结束位置。

（18）千山万水 奔向天地跑道：选择视频素材“奔跑 .mov”拖放到时间线，将视频开始位置对齐到第 1 分 39 秒 02 帧处。将时间指针定位到第 1 分 43 秒处，按【Alt+]】组合键，截取视频结束位置。

（19）你追我赶 风起云涌春潮 海阔天空 敞开温暖怀抱：选择视频素材“你追我赶 2.mp4”拖放到时间线，将视频开始位置对齐到第 1 分 43 秒 01 帧处。按【Ctrl+Alt+F】组合键调整视频画幅与合成大小相同。

（20）我们都是追梦人：选择视频素材“跑步 2.mov”拖放到时间线，将视频结束位置对齐到第 1 分 54 秒 23 帧处。将时间指针定位到第 1 分 51 秒 09 帧处，按【Alt+［】组合键，截取视频开始位置。

（21）在今天 勇敢向未来报到 当明天 幸福向我们问好：选择视频素材“阅兵 2.mp4”拖放到时间线，将视频开始位置对齐到第 1 分 54 秒 24 帧处。选择视频素材“士兵 1.mp4”拖放到时间线，将视频开始位置对齐到第 1 分 56 秒 09 帧处。

（22）最美的风景是拥抱：选择视频素材“拥抱 .mp4”拖放到时间线，将视频开始位置对齐到第 2 分 02 秒 03 帧处。

（23）后缀音乐：选择视频素材“发射火箭 .mp4”拖放到时间线，将视频开始位置对齐到第 2 分 08 秒 24 帧处，持续到第 2 分 15 秒处结束。视频选择完成后时间线如图 6–6 所示。

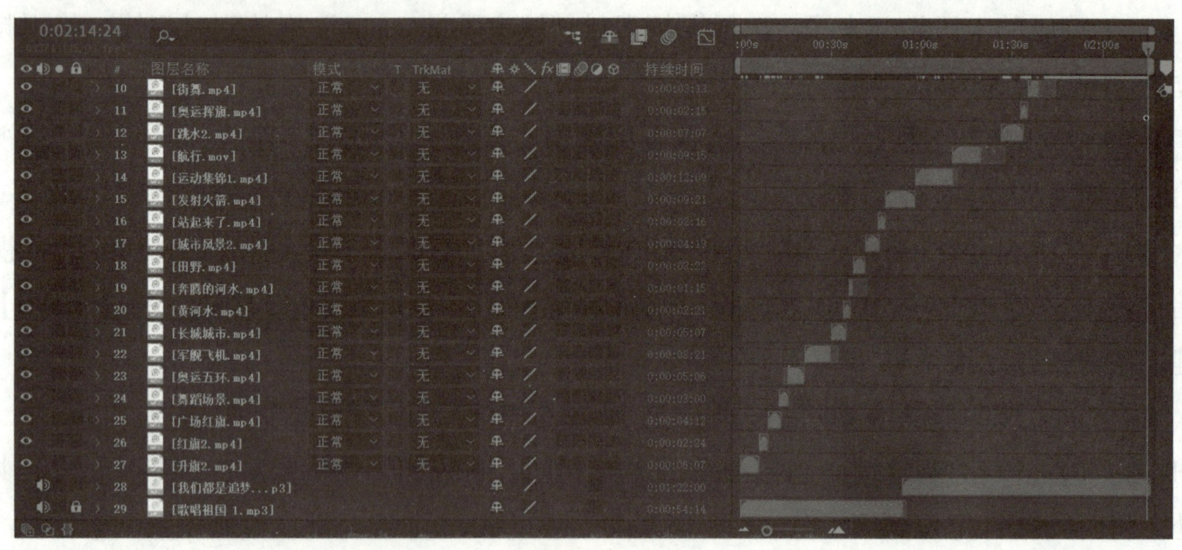

图 6–6

8. 渲染输出 MV 初稿视频

在项目窗口中选择合成“以青春歌唱祖国 MV”，执行“合成→添加到渲染队列”命令或者按【Ctrl+M】组合键，弹出“渲染队列”对话框，调整渲染设置为“自定义：最佳设置”，输出设置为“自定义：QuickTime”，输出到“以青春歌唱祖国 MV.mov”，如图 6–7 所示。设置完成后单击“渲染”按钮，进行渲染输出。

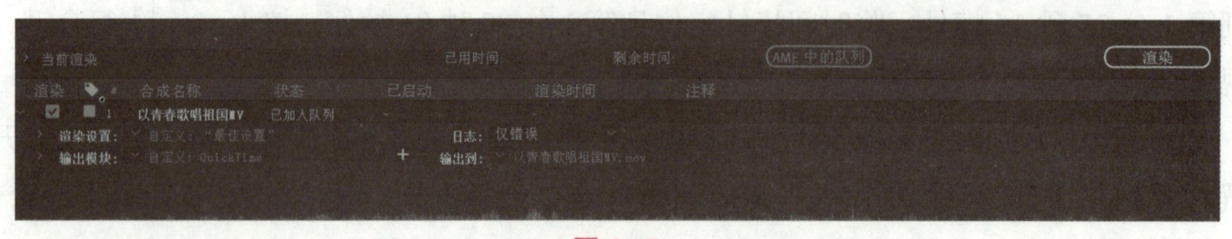

图 6–7

任务 3　MV 色彩调整和背景更换

任务解析

在本任务中，需要完成以下操作：

- 为光线比较暗的视频调整亮度。
- 为五星红旗抠像更换动态背景。
- 为偏色视频修正颜色。
- 渲染输出 MV 终稿。

任务制作

1. 为“红旗 2.mp4”抠像，更换动态蓝天白云背景

打开“以青春歌唱祖国 MV”的合成，将时间指针定位到第 6 秒 05 帧处，选择视频素材“红旗 2.mp4”，执行“效果→抠像→线性颜色键”命令，为视频素材添加线性颜色键特效。效果控件面板和合成预览面板效果如图 6–8 所示。

图 6–8

单击按钮，在合成窗口的蓝天处单击吸取主色，如果颜色抠出不全，单击按钮在残留颜色处吸取。参数设置和效果如图 6–9 所示。

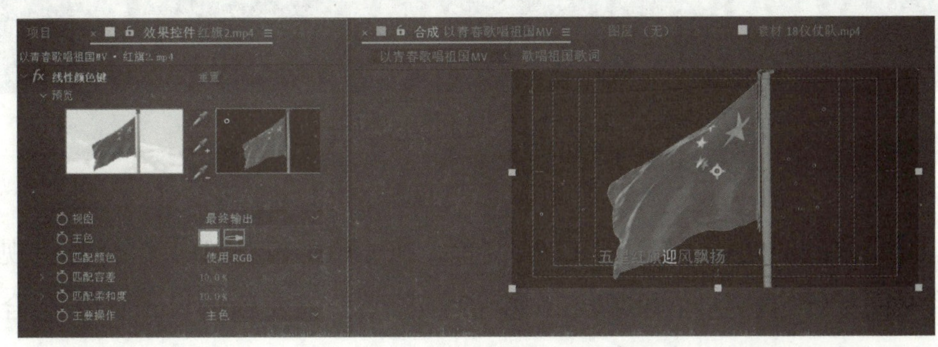

图 6–9

选择视频素材“14 蓝天白云 .mov”拖放到时间线，移动到图层“红旗 2.mp4”的下方，按【Ctrl+Alt+F】组合键调整视频大小与合成相同，将视频开始位置对齐到第 6 秒 05 帧处。将时间指针定位到第 9 秒处，按【Alt+]】组合键，截取视频结束位置，更换后的效果如图 6–10 所示。

图 6–10

2. 为视频素材“奥运五环 .mp4”调整亮度

将时间指针定位到时间线第 16 秒 01 帧位置，发现视频色调偏暗，与其他部分不协调。执行“效果→颜色校正→阴影 / 高光”命令，参数使用默认值，为视频素材调整亮度，效果控件面板和合成预览面板效果如图 6–11 所示。

图 6–11

3. 为 23 秒 12 帧到 26 秒 17 帧视频调整亮度和对比度

将时间指针定位到时间线第 23 秒 12 帧位置，按【Ctrl+Shift+D】组合键将视频“军舰飞机”裁切，将时间指针定位到时间线第 26 秒 17 帧位置。按【Ctrl+Shift+D】组合键将视频素材“军舰飞机 .mp4”裁切开，为中间段视频调整亮度和对比度。执行“效果→颜色校正→

色阶”和“效果→颜色校正→颜色平衡”命令，参数调整前效果如图 6-12 所示，参数调整后效果如图 6-13 所示。

图 6-12

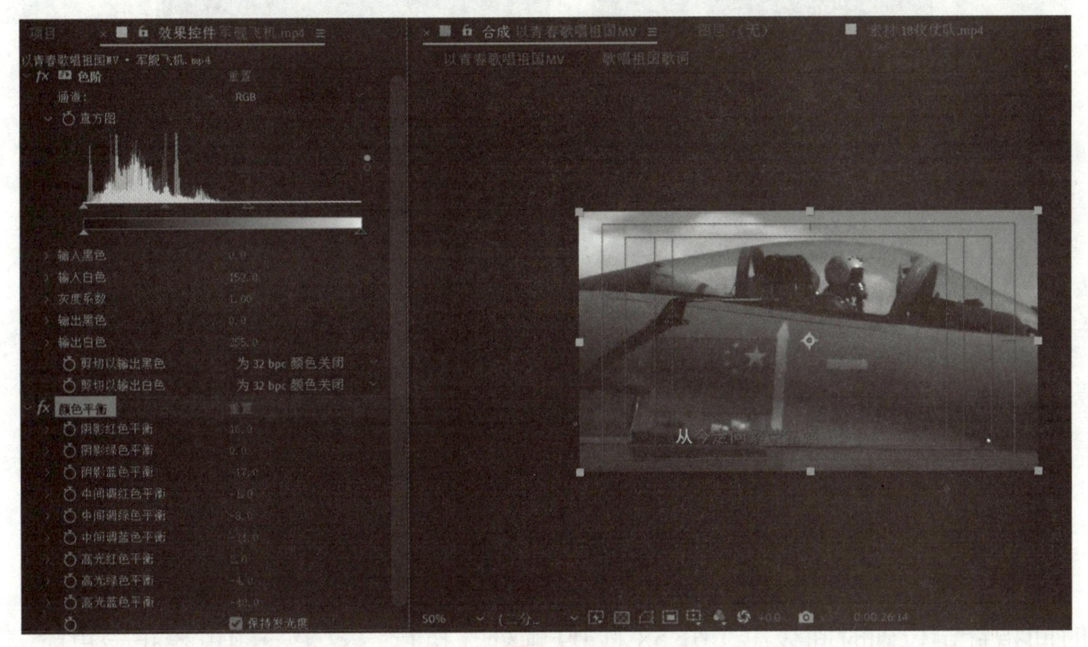

图 6-13

4. 为视频素材“长城城市 .mp4”调整色相

将时间指针定位到时间线第 30 秒 02 帧位置，执行“效果→颜色校正→色阶”和“效果→颜色校正→ CC Color Offset”命令，调整后特效参数和合成预览面板效果如图 6-14 所示。

图 6-14

5. 为视频素材“田野 .mp4”调整色相和对比度

将时间指针定位到时间线第 39 秒处，执行“效果→颜色校正→曲线”和“效果→颜色校正→CC Color Offset”命令，调整后特效参数如图 6-15 所示，合成预览面板调整前后效果如图 6-16 所示。

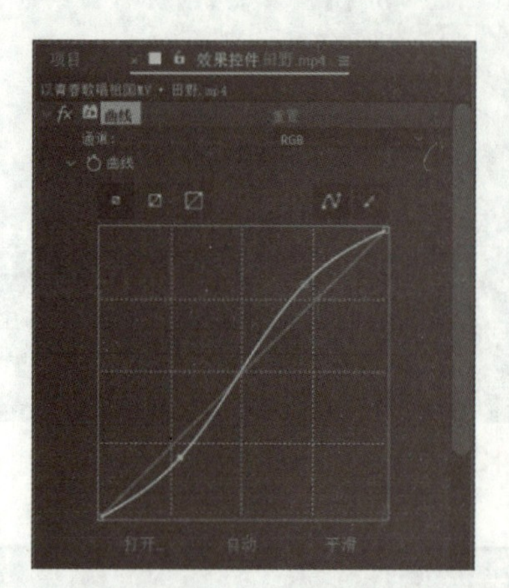
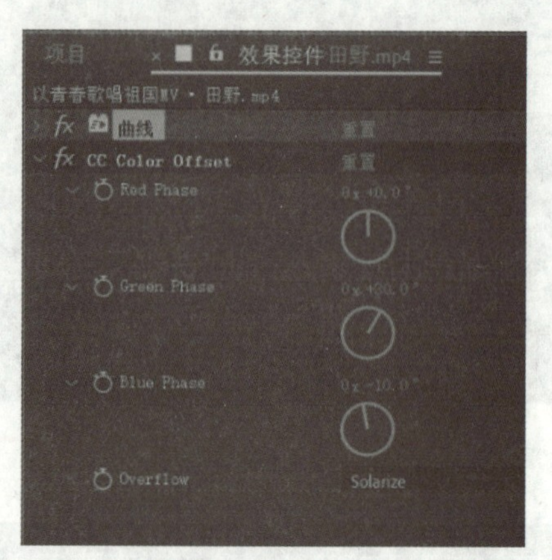

图 6-15

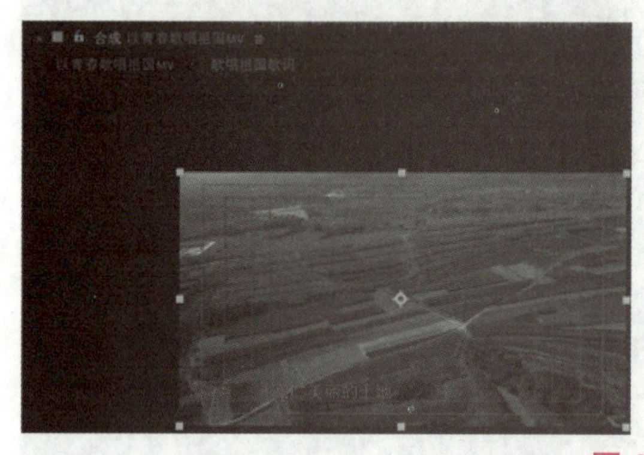
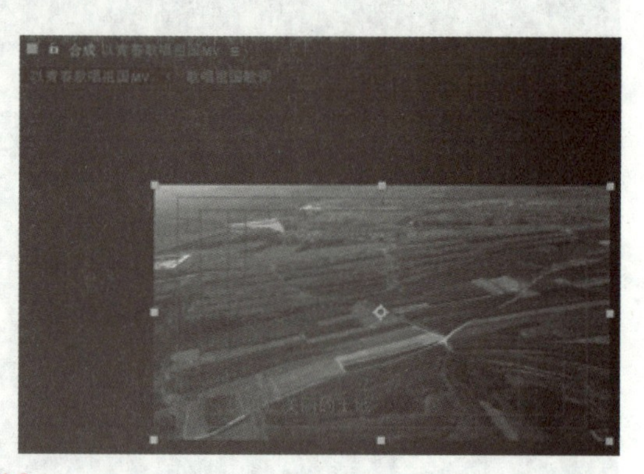

图 6-16

6. 为视频素材“士兵 1.mp4”调整亮度和对比度

将时间指针定位到时间线第 1 分 58 秒 09 帧处，执行“效果→颜色校正→色阶”和“效果→颜色校正→曲线”命令，调整后特效参数如图 6-17 所示，合成预览面板调整前后效果如图 6-18 所示。

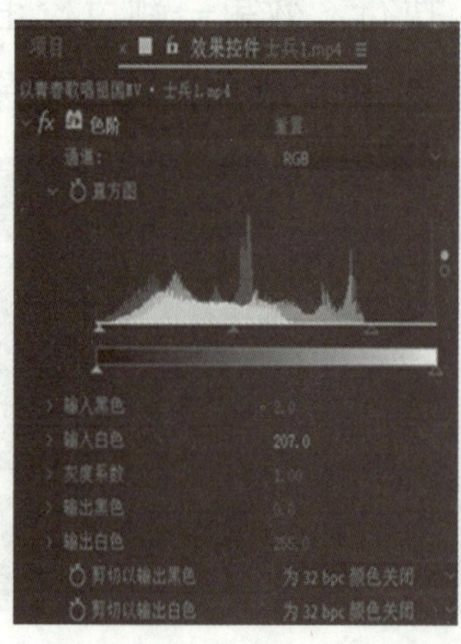
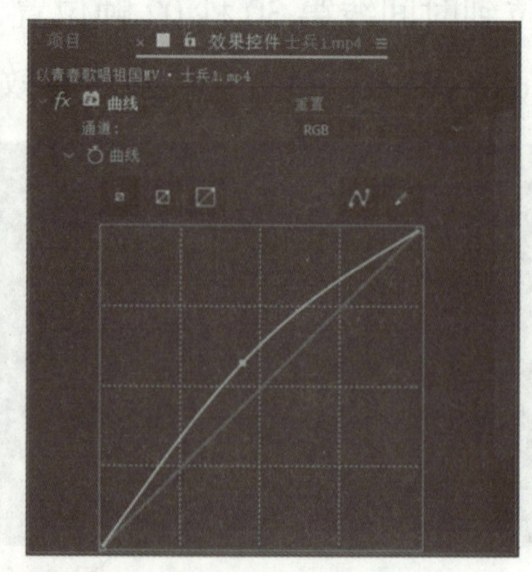

图 6-17

图 6-18

7. 添加片头字幕和背景

执行“图层→新建→文本”命令，新建文本图层，输入文字“以青春歌唱祖国”，选择字体为“华文行楷”，字号为 95，颜色为红色，添加 5 像素的黄色描边。执行“效果→透视→斜面 Alpha”和“效果→透视→投影”命令，参数使用默认值。将时间指针定位到时间线开始位置，为文字添加“Text → Blurs →多雾”预置动画效果，如图 6-19 所示。按【U】键打开关键帧，移动动画结束位置关键帧到第 1 秒处。将时间指针定位到时间线第 4 秒 24 帧位置，按【Alt+]】组合键，截取文本图层结束位置。

执行“图层→新建→文本”命令，新建文本图层，输入文字“星空闪耀组”，选择字体为“黑体”，字号为 40，颜色为白色，添加 3 像素的红色描边，执行“效果→透视→投影”命令，参数使用默认值。将时间指针定位到时间线第 1 秒位置，按【Alt+ [】组合键，截取文本图层开始位置；将时间指针定位到时间线第 4 秒 24 帧位置，按【Alt+]】组合键，截取文本图层结束位置。

选择视频素材“片头光背景 .mp4”，拖放到时间线文本图层下方，开始位置对齐时间线第 0 帧处，完成后片头文字背景如图 6-20 所示。

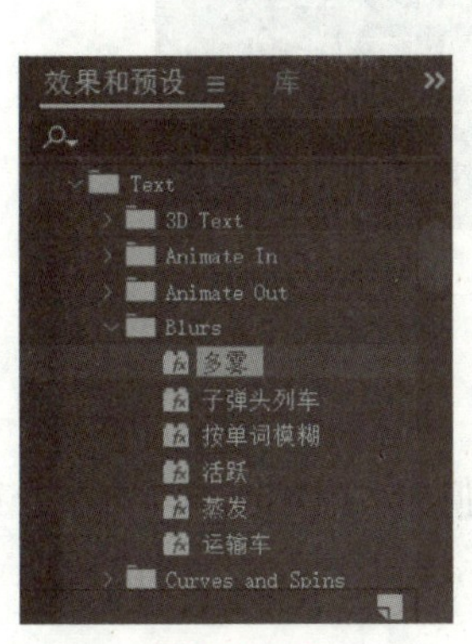

图 6-19

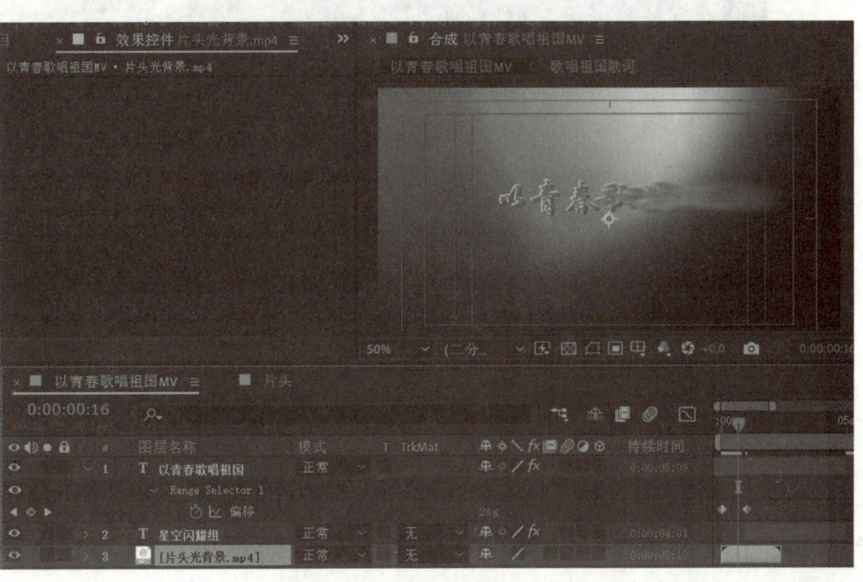

图 6-20

8. 添加片尾字幕效果

执行“图层→新建→文本”命令，新建文本图层，输入“脚本：星空闪耀、剪辑：星空闪耀、音频：星空闪耀、字幕：星空闪耀”文字，选择字体为“黑体”，字号为45，颜色为白色，添加3像素的红色描边，执行“效果→透视→投影”命令，参数使用默认值。

将时间指针定位到时间线第2分09秒位置，按【Alt+［】组合键，截取文本图层开始位置。选择矩形工具，在片尾字幕文本图层绘制矩形蒙版，如图6-21所示，并在第2分09秒位置为“蒙版路径”添加关键帧。将时间指针定位到第2分12秒位置，修改蒙版形状如图6-22所示。

图6-21

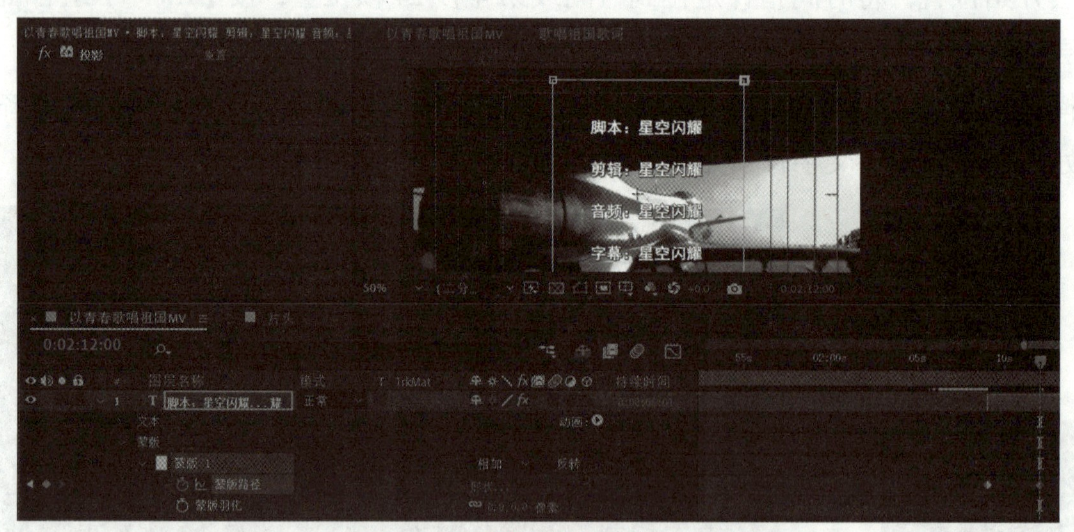

图6-22

9. 渲染输出MV终稿视频

在项目窗口中选择合成“以青春歌唱祖国MV”，执行“合成→添加到渲染队列”命令或者按【Ctrl+M】组合键，弹出“渲染队列”对话框，调整渲染设置为“自定义：最佳设置”，输出设置为“自定义：QuickTime”，输出到“以青春歌唱祖国MV2.mov”。设置完成后单击

“渲染”按钮，渲染输出 MV 终稿视频。

知识链接

一、颜色基本理论

了解图像的色彩知识对于后期合成工作有着非常重要的作用，熟练掌握色彩的基本理论知识，是做好影视后期编辑工作的前提条件。

1. 色彩模式

色彩模式是用于表现颜色的一种数学算法。根据人们在现实生活中对计算机图形图像设计的实际应用，通常分为下面几种模式：

（1）RGB 模式。RGB 模式是由红、绿、蓝三原色组成的色彩模式。图像中所有的色彩都是由三原色组合而来。RGB 基于自然界中 3 种基色光的混合原理，将红（R）、绿（G）和蓝（B）3 种基色按 0（黑）到 255（白色）的亮度值在每个色阶中分配，从而指定其色彩。当不同亮度的基色混合后，便会产生 256×256×256 种颜色，约为 1670 万种。当 3 种基色的亮度值相等时，产生灰色；当 3 种基色的亮度值都是 255 时，产生纯白色；而当 3 种基色的亮度值都是 0 时，产生纯黑色。由 3 种色光混合生成的颜色一般比原来的颜色亮度值高，所以 RGB 模式产生颜色的方法又被称为色光加色法。

如果以等量的三原色光混合，可以形成白光，三原色中红色和绿色等量混合则形成黄色；绿色和蓝色等量混合则形成青色；红色和蓝色等量混合则形成品红色。具体颜色示意图如图 6-23 所示。

（2）CMYK 模式。CMYK 模式是一种印刷模式，其中 4 个字母分别指青色（Cyan）、品红（Magenta）、黄色（Yellow）、黑色（Black），在印刷中代表 4 种颜色的油墨。在 RGB 模式中，由光源发出的色光混合生成颜色；而在 CMYK 模式中，由光线照到有不同比例 C、M、Y、K 油墨的纸上，部分光谱被吸收后，使得反射到人眼的光产生颜色。由于 C、M、Y、K 在混合成色时，随着 C、M、Y、K 4 种成分的增多，反射到人眼的光会越来越少，光线的亮度会越来越低，所以 CMYK 模式产生颜色的方法又被称为色光减色法。它的颜色示意图如图 6-24 所示。

图 6-23　RGB 颜色示意图

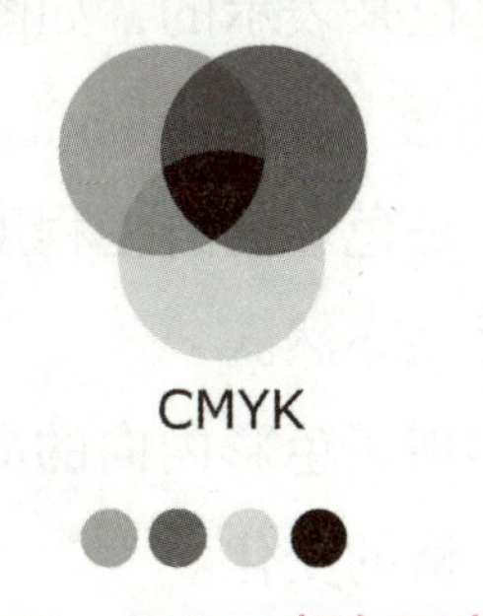

图 6-24　CMYK 颜色示意图

（3）HSB 模式。HSB 模式是基于人眼对色彩的观察来定义的，在此模式中，所有的颜色都是用色彩之要素（色相、饱和度和亮度）3 个特性来描述的，是 After Effects 中首选的颜色模式。

（4）Lab 模式。Lab 模式的原型是由 CIE 协会在 1931 年制定的一个衡量颜色的标准，在 1976 年被重新定义并命名为 CIELab。Lab 模式解决了由于不同的显示器和打印设备所造成的颜色复制的差异问题，也即此模式不依赖于设备。

Lab 模式是以一个亮度分量 L 及两个颜色分量 a、b 来表示颜色的。其中 L 的取值范是 0~100，a 分量代表由绿色到红色的光谱变化，而 b 分量代表由蓝色到黄色的光谱变化，a 和 b 的取值范围均为 -120~120。

Lab 模式所包含的颜色范围最广，能够包含所有的 RGB 和 CMYK 模式中的颜色。而 CMYK 模式所包含的颜色最少，有些在屏幕上看到的 CMYK 模式的颜色在印刷品上却无法实现。

（5）灰度模式。灰度图像模式属于非彩色模式。它只能包含 256 阶不同的亮度级别，只有一个 Black 通道。用户在图像中看到的各种色调都是由 256 种不同强度的黑色所表示的。

2. 色彩的三要素

色彩的三要素是指色相、饱和度和亮度。

（1）色相（Hue）。色相指的是色彩的相貌。在可见光谱上，人的视觉能接收到红、橙、黄、绿、青、蓝、紫这 7 种不同特征的色彩，当我们称呼到其中某一种颜色的名称时，脑中就会有一个特定的色彩印象，这就是色相的概念。

在可见光中，红、橙、黄、绿、青、蓝、紫这 7 种色相每一种都有自己的波长与频率，它们从短到长按顺序排列，就像音乐中的音阶顺序。不同波长的可见光以不同比例混合可以形成各种各样的颜色，但只要波长组成情况一定，颜色也就确定了。非彩色（黑、白、灰色）不存在色相属性。有时色相也称为色调，就是颜色的相貌。色相其实就是一个色环，它是以角度为单位来表示的，如图 6-25 所示。

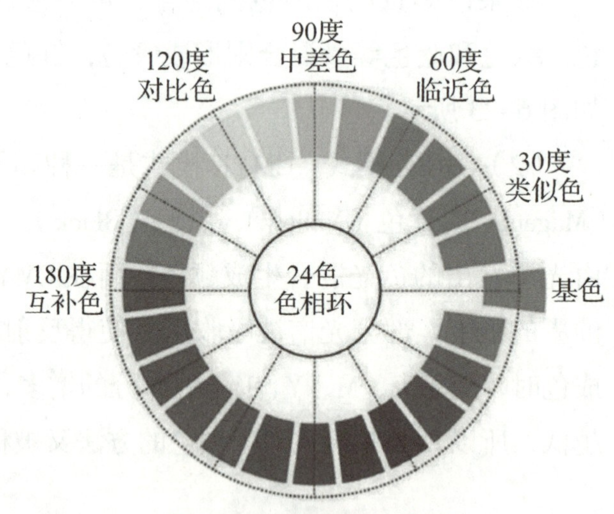

图 6-25　色相环示意图

（2）饱和度（Saturation）。饱和度（也称为纯度）指的是色彩的鲜艳程度，它取决于彩色中的白色光含量，白色光含量越高，色彩饱和度越低，反之亦然。

饱和度体现了色彩内向的品格。同一个色相，即使饱和度仅发生了细微的变化，都会立即带来色彩性格的变化。

（3）亮度（Brightness）。亮度（也称为明度）是颜色的相对明暗程度，通常用 0

（黑）~100%（白）来度量。在无彩色中，亮度最高的色为白色，亮度最低的色为黑色，中间存在一个从亮到暗的灰色系列。在有彩色中，任何一种纯度色都有着自己的明度特征，一个彩色物体表面的光反射率越大，对视觉刺激的程度越大，看上去就越亮，这一颜色的明度也就越高。

明度在三要素中具较强的独立性，它可以不带任何色相的特征而仅通过黑、白、灰的关系单独呈现出来。而色相与饱和度则必须依赖一定的明暗关系才能显现，色彩一旦发生，明暗关系就会同时出现。

二、After Effects 的颜色校正特效

颜色校正特效可以在影视后期制作中保证同一场景中的镜头之间颜色和亮度的相互协调与匹配，或者制作特定的色调效果。After Effects 软件提供了多种颜色校正特效，如图 6–26 所示。

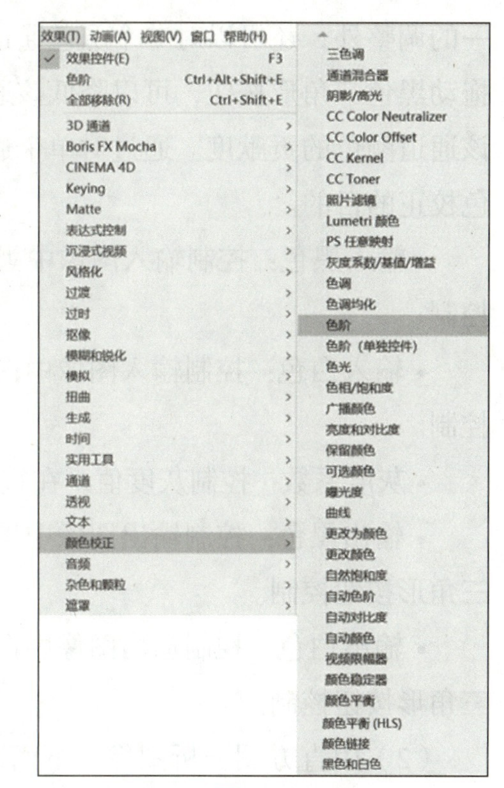

图 6–26

下面介绍几种常用的颜色校正特效。

1. 色阶

（1）色阶特效用于修改图像的高亮、暗部及中间色调，可以将输入颜色级别重新映像到新的输出颜色级别。导入素材图像后，执行“效果→颜色校正→色阶”命令，为素材添加色阶特效。效果控件窗口特效参数如图 6–27 所示。

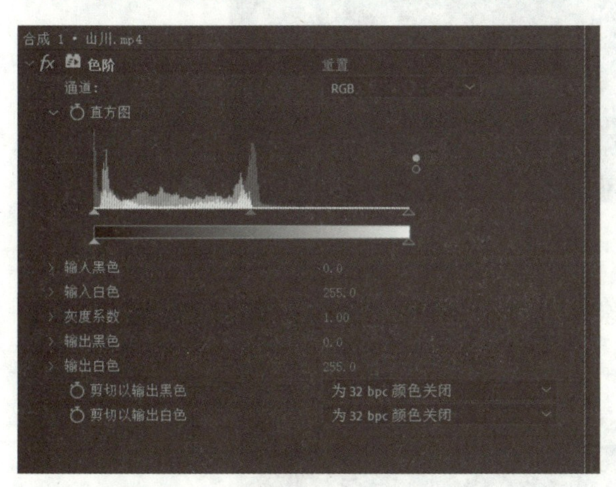

图 6–27

• 通道:指定要修改的图像通道。有 RGB 通道、红色、绿色、蓝色、Alpha 通道等。

• 直方图：通过该图可以了解像素值在图像中的具体分布情况，在直方图中，横向坐标轴代表了亮度级别，从最左边的最黑（0）到最右边的最亮（255）；纵向坐标轴代表了在某一亮度值上总的像素的数量。可以拖动直方图两边的三角形按钮使图像变亮或变暗，向右拖动黑色三角形按钮，增加阴影区域的阈值，图像将变得更暗。向左拖动白色三角形按钮，增加高亮区域的值，图像将变得更亮。拖动中间的三角形按钮，可以改变图像的 Gamma 值，调整图像的中间色调亮度，而不影响图像最亮与最暗的区域，所以用它调节时，图像的对比度和饱和度损失比较小，基本上保持了图像的固有本色。直方图下面的灰度条是图像的输出亮度级别，拖动两边的三角形按钮，可以改变图像输出的亮度级别。除了在直方图中对图像的 RGB 通道进行统

一的调整外，还可以对单个颜色通道分别进行调节。选择相应的颜色通道，在直方图中向右拖动黑色三角形按钮，可以降低该通道颜色的贡献度。向左拖动白色三角形按钮，可以增加该通道颜色的贡献度。通过对单个通道的分别调节，可以对颜色进行抑制或增加，以达到颜色校正的目的。

• 输入黑色：控制输入图像中黑色的阈值。输入黑色在直方图中由左边黑色三角形按钮控制。

• 输入白色：控制输入图像中白色的阈值。输入白色在直方图中由右边白色三角形按钮控制。

• 灰度系数：控制灰度值，在直方图中由中间黑色三角形按钮控制。

• 输出黑色：控制输出图像中黑色的阈值。输出黑色在直方图下方灰阶条中由左边黑色三角形按钮控制。

• 输出白色：控制输出图像中白色的阈值。输出白色在直方图下方灰阶条中由右边白色三角形按钮控制。

（2）用直方图分析图像。下面通过观察在 RGB 通道下同一幅图像的不同的色调分布状态，来了解直方图是如何解读图像的。

如图 6–28 所示，在 RGB 通道模式下，图像的像素几乎集中在左边的暗部，形成左边高右边低的像素分布结果，这种图像整体偏暗。

图 6–28

如图 6–29 所示，在 RGB 通道模式下，图像的像素几乎集中在中间偏右部位，这种就是中间调图像。这种图像偏灰亮，缺乏对比度。

图 6–29

如图 6–30 所示，在 RGB 通道模式下，图像的像素均匀分布在直方图上，形成了两头低中间高的波形分布状态，这种就是正常图像，亮度和对比度正常。

图 6–30

综上所述，通过直方图，可以判断视频或图像的亮度、对比度是否正常；通过调整色阶的参数可以对视频或图像进行亮度和对比度的修正。

2. 色相 / 饱和度

（1）色相 / 饱和度特效用来调整全局或单一颜色通道的颜色变化。导入素材图像后，执行“效果→颜色校正→色相 / 饱和度”命令，为素材添加色相 / 饱和度特效。展开效果控件窗口，参数设置如图 6–31 所示。

图 6–31 中各参数含义如下。

• 通道控制：默认的控制模式是主模式，能对图层中所有的颜色同时进行调整。还有单一颜色通道控制模式，分别是红色、黄色、绿色、青色、蓝色、洋红，如图 6–32 所示。

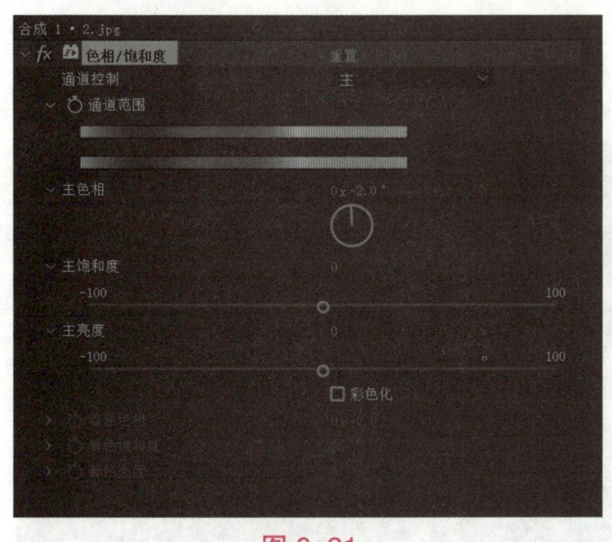

图 6–31

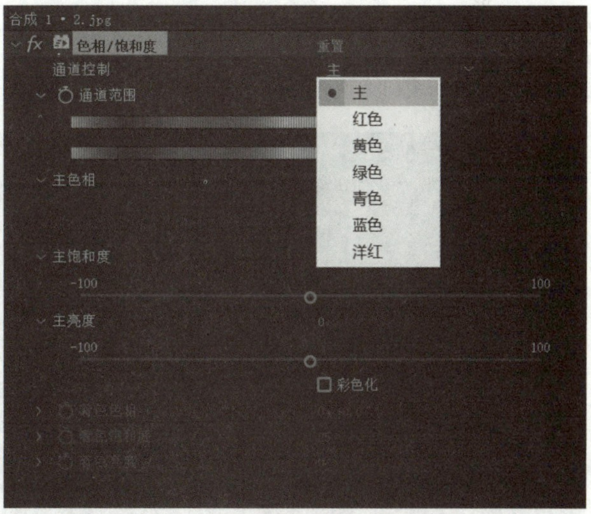

图 6–32

• 通道范围：控制所调节的颜色通道的范围。两个色条表示其在色轮上的顺序。上面的色条表示调节前的颜色，下面的色条表示在满饱和度下进行调节对整个色调产生的影响。当选择单一颜色通道控制模式时，下面的色条会显示控制滑杆（两个小竖条和两个小三角）。

通过调节两个色条上的小竖条和小三角，可以对颜色通道的范围进行较为精确的控制。两个小竖条代表颜色的选择区域，两个小三角代表羽化的区域，如图 6-33 所示。

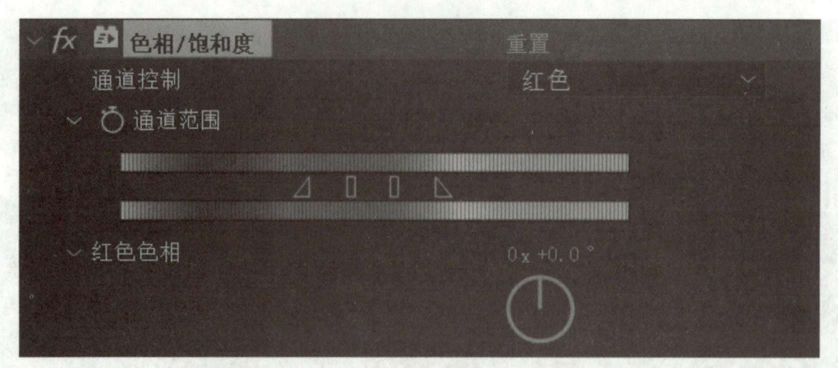

图 6-33

• 主色相：控制所调节的颜色通道的色相。利用转色轮的转动改变总的色调。转色轮颜色变化的顺序如图 6-34 所示。

图 6-34

• 主饱和度：调节滑块，可以控制所调节的颜色通道的饱和度。

• 主亮度：控制所调节的颜色通道的亮度。

• 彩色化：该选项可以将一个灰阶图或 RGB 图像转化为一个双色图。

• 着色色相：通过转色轮控制彩色化后图像的色相。

• 着色饱和度：通过调节滑块控制彩色化后图像的饱和度。

• 着色亮度：通过调节滑块控制彩色化后图像的亮度。

（2）对素材图片中人物衣服进行色彩调整。要想改变衣服的颜色，而不影响画面中其他物体的颜色，使用全局控制模式是无法做到的。此处选择单颜色通道的蓝色进行局部调整，调整前后的参数设置和效果如图 6-35、图 6-36 所示。

图 6-35

图 6–36

使用色相 / 饱和度调色十分方便，但在进行局部调色时有一个弊端，即它无法将画面中两种相同的颜色区域区分开，这就要求我们在前期拍摄时，应尽量把预期要调整颜色的区域与环境和道具的颜色区分开来。

3. 曲线

（1）曲线特效用来调整图像的亮度对比度和色调。可以通过在曲线上添加控制点，来对中间色调进行精细调节。导入素材图像后，执行“效果→颜色校正→曲线”命令，为素材添加曲线特效。展开效果控件窗口如图 6–37 所示。

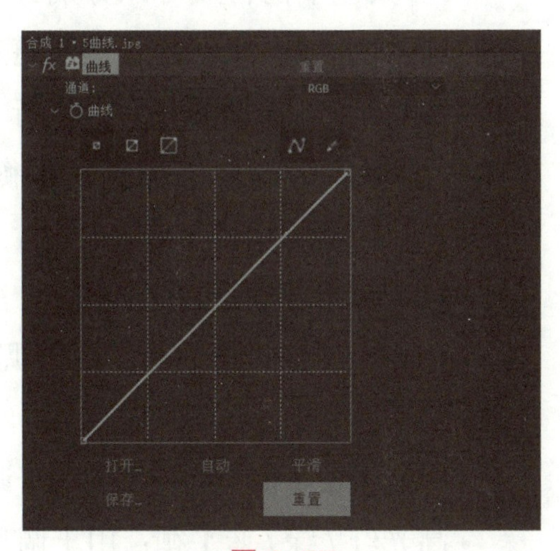

图 6–37

图 6–37 中各参数含义如下。

• 通道：通过对 RGB 全彩色通道的曲线调整，可以改变图像整体的亮度对比；通过对红、绿、蓝颜色通道的调整，可以改变图像的整体色调；通过对 Alpha 通道的调整，可以改变图像 Alpha 通道的不透明度情况。

• 曲线：用来调节图像的色调范围，可以用 0~255 的灰阶来调节颜色。在效果控制窗口中显示可调节曲线图表，其中水平轴代表像素的输入色阶值，纵向轴则代表调整后的输出色阶值。

图 6–37 中工具栏功能介绍如下。

• ：这 3 个按钮可以调整曲线图表的显示比例。

• 曲线工具：选中该工具，单击曲线，可以在曲线上增加控制点。如果要删除曲线上的某个控制点，可以直接拖动鼠标将该点拖至坐标区域外。按住鼠标左键拖动控制点，可以对曲线进行编辑。

• 铅笔工具：选中该工具，可以在坐标区域拖动鼠标，绘制一条曲线。

（2）曲线调整案例。通过添加曲线上的控制点，对高光区域进行亮度提升，对阴影部分进行亮度降低，来突出画面的对比度，如图 6–38 所示。

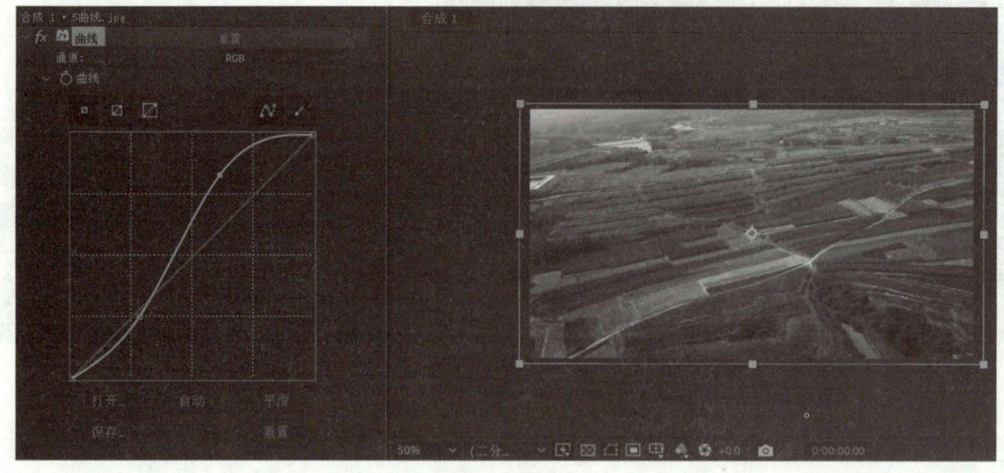

图 6–38

4. 颜色平衡

（1）颜色平衡特效可以分别针对图像的暗部、中间色调及高亮区域的红、绿、蓝颜色通道进行调节，以纠正图像的偏色问题。导入素材图像后，执行“效果→颜色校正→颜色平衡”命令，为素材添加颜色平衡特效。展开效果控件窗口，如图 6–39 所示。

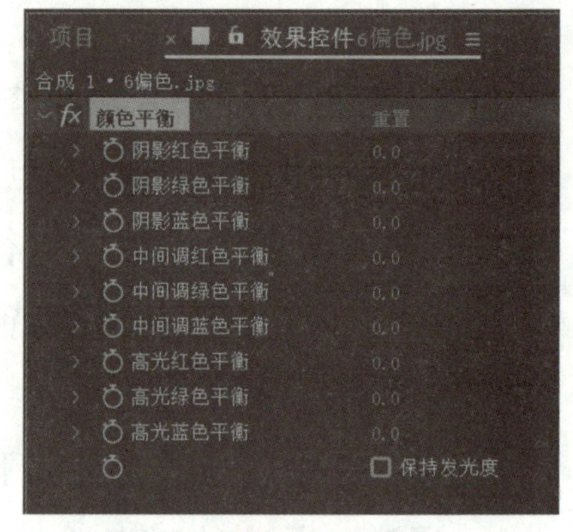

图 6–39

图 6–39 中各参数含义如下。

• 阴影红 / 绿 / 蓝平衡：用于调整 R、G、B 通道的暗部色彩平衡。

• 中间调红 / 绿 / 蓝平衡：用于调整 R、G、B 通道的中间色调的色彩平衡。

• 高光红 / 绿 / 蓝平衡：用于调整 R、G、B 通道的亮部色彩平衡。

• 保持亮度：用于在调整图像过程中保持图像的平均亮度。

（2）对图像做色彩平衡调整，其参数设置和调整后效果如图 6–40 所示。

图 6–40

5.CC Color Offset

色彩偏移特效可以通过转轮分别调整红、绿、蓝颜色通道的偏移，以纠正图像偏色问题，如图 6-41 所示。

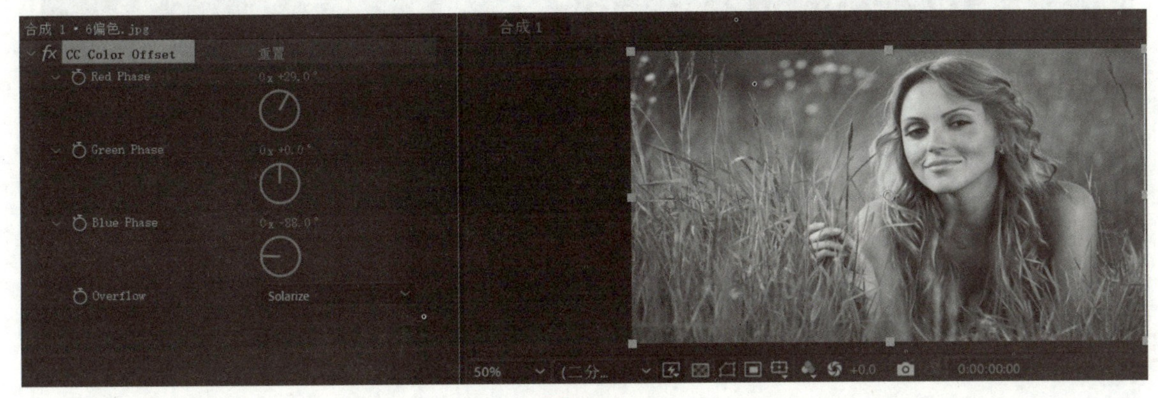

图 6-41

6.亮度和对比度

亮度和对比度特效可以调节整个图像的高亮、暗部和中间色，但不能对单一通道进行调整，如图 6-42 所示。

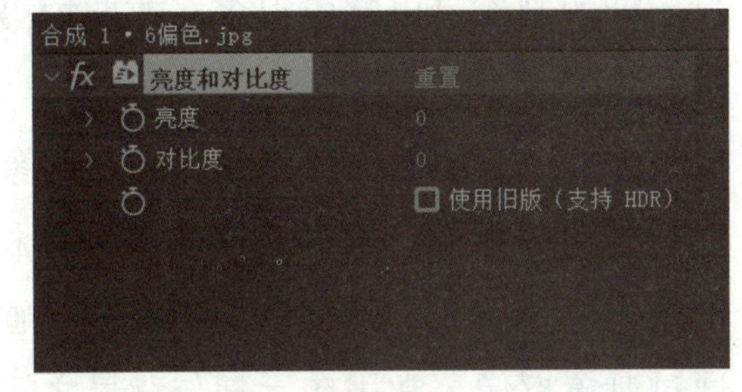

图 6-42

图 6-42 中各参数含义如下。

• 亮度：用于调整亮度值。

• 对比度：用于调整对比度值。

亮度和对比度是一种非常简便的调节方法。当不需要对图像进行精细调节时，使用该特效非常快捷。

7.通道混合器

通道混合器特效可以用当前颜色通道的混合值来修改一个颜色通道。通过设置每个颜色通道的数值，可以产生灰阶图或其他色调的图，来交换和复制通道。执行“效果→颜色校正→通道混合器”命令，弹出的效果控件面板如图 6-43 所示。

图 6-43

图 6-43 中各参数含义如下。

• 红 / 绿 / 蓝——红 / 绿 / 蓝 / 恒量：分别代表不同的颜色调整通道，输出到目标颜色通道。恒量用来调整通道的对比度。数值越大，输出颜色强度越高，对目标通道影响越大。负值在输出到目标通道前反转颜色通道。

• 单色：勾选该复选框，可以产生包含灰阶的黑白图像。

通道混合器通过对各个通道进行混合调节，可以很方便地改变图像的色调，而且调色后画面质量高，不带杂色，如图 6-44 所示。

图 6-44

三、After Effects 的抠像特效

随着科学技术的不断更新进步，大到好莱坞大制作电影，小到广告、栏目包装制作，抠像特效技术在影视制作领域已经被广泛应用，它给予了导演、编导更大的思维拓展空间，通过后期的制作可以完成很多在前期拍摄时无法完成的画面，同时也给予了人们更多方面的视觉享受。

大多数后期制作件自身都带有抠像功能，After Effects 中抠像主要有两种方法，一种是通过键控命令抠像，这种方法需要原素材背景是单色（最好是绿色或蓝色），用相应键控命令键控出单色背景，这样就可以和其他画面进行合成了，命令操作如图 6-45 所示。另一种是通过遮罩抠像，常用在元素与背景之间，既没有亮度差异，也没有色彩差异，这时就需要沿着元素的边缘绘制出封闭的遮罩蒙版，这样蒙版以外的部分就默认为透明，元素便可与其他背景进行合成。如果元素是运动的，则需要设置蒙版形状的关键帧动画跟随元素运动，命令操作如图 6-46 所示。

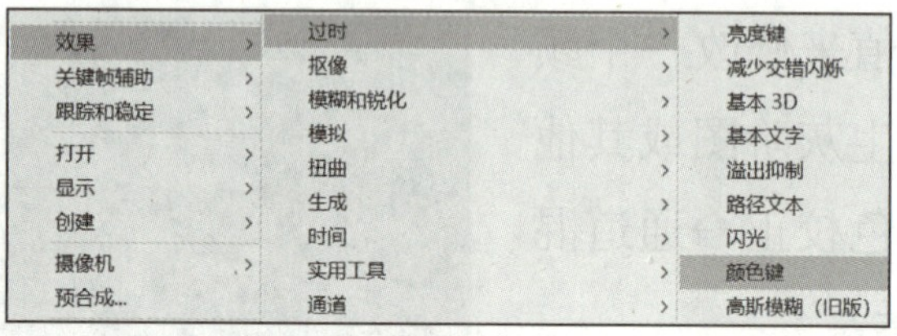

效果 / 关键帧辅助 / 跟踪和稳定 / 打开 / 显示 / 创建 / 摄像机 / 预合成...
过时 / 抠像 / 模糊和锐化 / 模拟 / 扭曲 / 生成 / 时间 / 实用工具 / 通道
亮度键 / 减少交错闪烁 / 基本 3D / 基本文字 / 溢出抑制 / 路径文本 / 闪光 / 颜色键 / 高斯模糊（旧版）

图 6-45

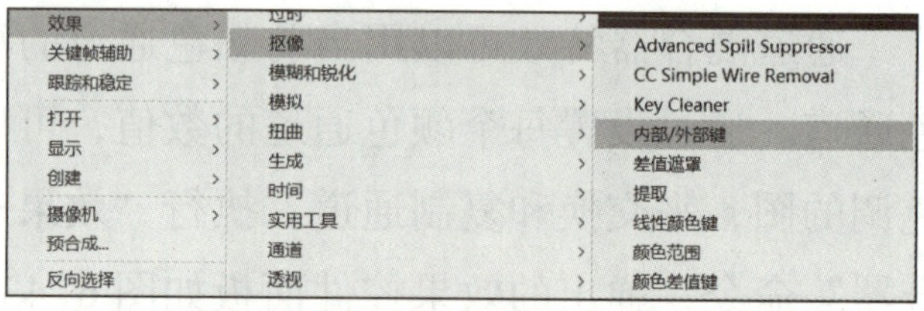

效果 / 关键帧辅助 / 跟踪和稳定 / 打开 / 显示 / 创建 / 摄像机 / 预合成... / 反向选择
过时 / 抠像 / 模糊和锐化 / 模拟 / 扭曲 / 生成 / 时间 / 实用工具 / 通道 / 透视
Advanced Spill Suppressor / CC Simple Wire Removal / Key Cleaner / 内部/外部键 / 差值遮罩 / 提取 / 线性颜色键 / 颜色范围 / 颜色差值键

图 6-46

键控抠像是通过亮度或者色彩的差异抠像，相比遮罩抠像要简便、快捷得多，但是需要在拍摄图像时就做好充分的准备，比如在做人物抠像时，需要确保人物衣服色彩、环境光设置都要与背景拉开色差，它们之间不能有色彩重复。

在 After Effects 中进行抠像一般会有以下 4 个操作流程：

- 添加合适的键控命令进行键控。
- 添加“效果→遮罩→简单阻塞工具或遮罩阻塞工具”进行键控边缘清除。
- 添加“效果→过时→溢出抑制”命令对图像中残留的色彩进行去色处理。
- 创建遮罩进行补充抠像。

在实际抠像操作中往往不是以上 4 个步骤都需要，比如有些键控命令自带边缘清除及抑制控制（如 Keylight）功能，还有些画面可能不需要创建遮罩。

1. 颜色键

（1）通过颜色键特效指定一种颜色，系统就会将图像中所有与其近似颜色的像素键出，使其透明，这是一种比较初级的键控方式。执行“效果→过时→颜色键”命令，为素材添加颜色键效果，效果控件窗口如图 6–47 所示。

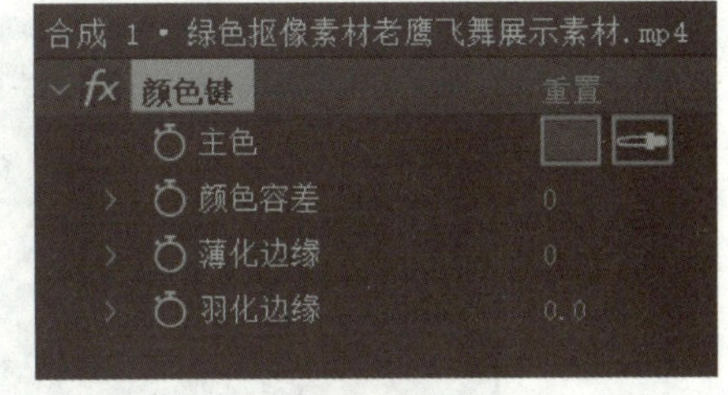

图 6–47

图 6–47 中各参数含义如下。

- 主色：指定需要透明的颜色。
- 颜色容差：容差越大，就会有越多与指定颜色接近的颜色被键出，使得透明区域增多。
- 薄化边缘：键出区域边缘的调整。正值扩大透明区域，负值缩小透区域。
- 羽化边缘：控制键控区域边缘的羽化值。

（2）颜色键抠像适合背景颜色比较单一的蓝屏或绿屏图像，如图 6–48 所示。

图 6–48

2. 亮度键

（1）亮度键特效能够抠出与指定明度相似的区域，使其透明。执行“效果→过时→亮度键”命令，为素材添加颜色键效果，如图 6–49 所示。

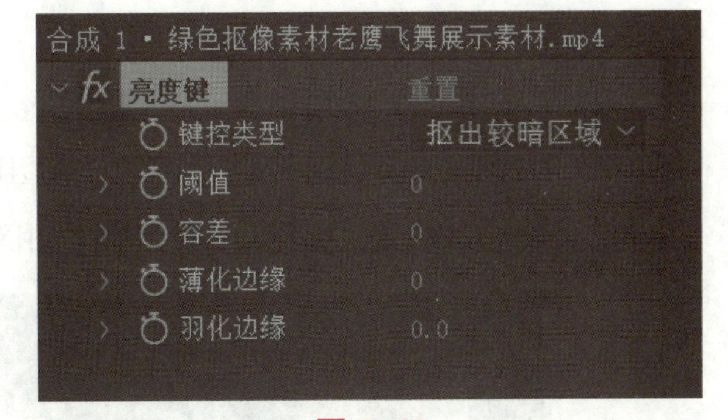

图 6–49

图 6–49 中各参数含义如下：

- 键控类型，包括以下 4 种。

➢ 抠出较亮区域：键控出的值大于阈值，即较亮的部分透明。

➢ 抠出较暗区域：键控出的值小于阈值，即较暗的部分透明。

➢ 抠出亮度相似的区域：键控出阈值附近的亮度，将接近阈值的部分透明。

➢ 抠出亮度不同的区域：键控出阈值范围之外的亮度，使其透明。

- 阈值：指定键出的亮度值。
- 容差：指定键出亮度的容差度。

• 薄化边缘：键出区域边缘调整。正值扩大透明区域，负值缩小透明区域。

• 羽化边缘：控制键控区域边缘的羽化值。

（2）亮度键抠像适合对比度比较强烈的图像，如图 6-50 所示。

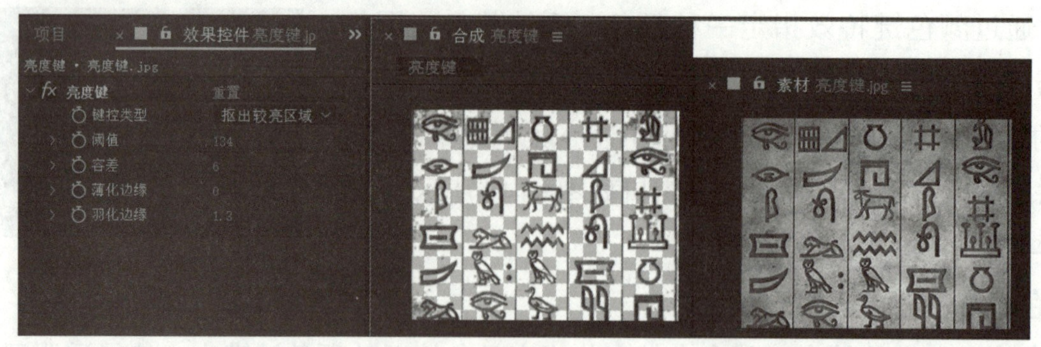

图 6-50

3. 线性颜色键

（1）线性颜色键特效。根据使用的匹配颜色模式，如使用 RGB、使用色相和使用色度信息，与指定的键控色进行比较，从而产生透明区域。执行“效果→抠像→线性颜色键”命令，为素材添加线性颜色键效果，如图 6-51 所示。

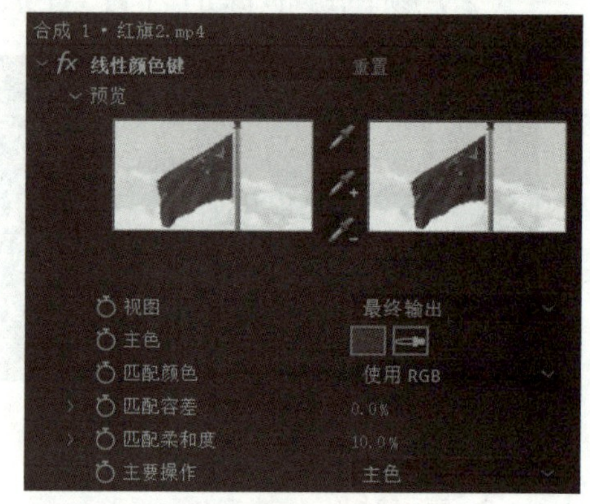

图 6-51

图 6-51 中各工具及参数的功能与含义如下。

• ：从视图中吸取控色。

• ：增加键控色范围。

• ：减少量控色范围。

• 视图：有最终输出、仅限源、仅限遮罩 3 种方式。

• 键控色：设定基本键控色，可以使用颜色面板或吸管工具在合成窗口中选择。

• 匹配色：指定键控的颜色类型，有使用 RGB、使用色相和使用色度 3 种方式。

• 匹配容差：调控匹配范围。

• 匹配柔和度：调控匹配的柔和程度。

• 主要操作：指定键控色是主色（键出色）还是保持颜色（保留色）。

（2）使用线性颜色键抠出背景颜色相对复杂的图像，如图 6-52 所示。

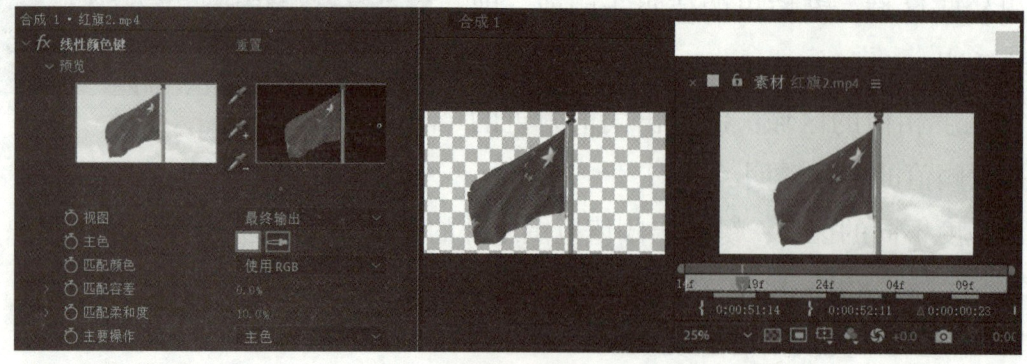

图 6-52

4. 颜色差值键

（1）颜色差值键特效。通过吸取两个不同的颜色对图像进行键控，从而使一个图像具有两个透明区域。蒙版 A 使指定键控颜色之外的其他区域透明，蒙版 B 使指定键控颜色区域透明，将两个蒙版透明区域进行组合得到的第 3 个蒙版透明区域，就是最终的 Alpha 通道。执行“效果→抠像→颜色差值键”命令，为素材添加颜色差值键效果，如图 6–53 所示。

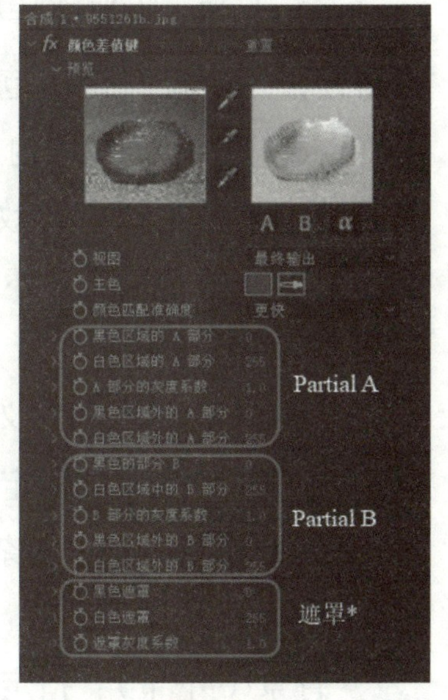

图 6–53

图 6–53 中各工具及参数的功能与含义如下。

- ：从原始略图中吸取键控色。
- ：从蒙版略图中指定透明区域。
- ：从蒙版略图中指定不透明区域。
- 视图：指定在合成图像中显示的图像类型。
- 主色：设定键控色。可以使用颜色面板或吸管工具在窗口及缩略图中选择。
- 颜色匹配准确度：有更快和更准确两个选项。
- Partial A：对蒙版 A 进行参数精细调整。
- Partial B：对蒙版 B 进行参数精细调整。
- 遮罩 *：对 Alpha 蒙版进行参数精细调整。

（2）颜色差值键控的使用方法。在效果控制窗口中单击第 1 个工具，在合成窗口中需要保留的颜色处单击，该颜色是保留色，即不透明。在效果控制窗口中单击第 2 个工具，在合成窗口中要抠掉的颜色区域单击，该颜色是键出色，即透明。在效果控制窗口中单击第 3 个工具，在合成窗口中不透明区域的最暗部分单击，可以指定保留区域的不透明度。以上 3 个按钮的操作都可以重复使用，不受次数限制，直到抠像效果满意为止。

设置好 3 个按钮的吸取颜色后，通过设置其他参数适当调节效果。

（3）颜色差值键控特效适合复杂图像的键控操作，对于透明、半透明物体以及背景亮度不均匀、有阴影的素材有很好的键出效果，如图 6–54 所示。

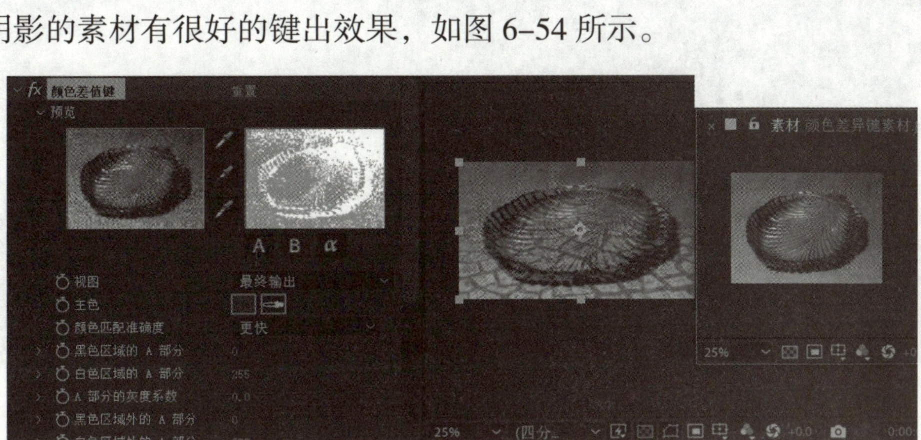

图 6–54

5. 内部 / 外部键

（1）内部 / 外部键特效需要为键控对象汇总两个遮罩路径，一个定义键出范围的外边缘，一个定义键出范围的内边缘，系统根据内外遮罩路径进行像素差异比较，完成键出任务。执行“效果→抠像→内部 / 外部键”命令，为素材添加内部 / 外部键效果，效果控件窗口如图 6–55 所示。

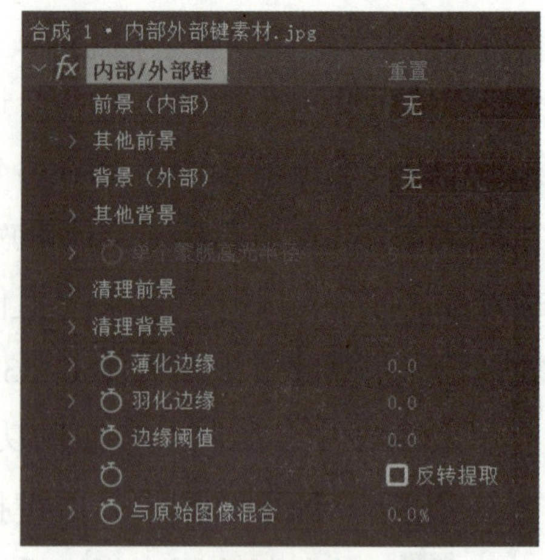

图 6–55

图 6–55 中各参数含义如下。

• 前景（内部）：指定前景遮罩，即内边缘遮罩。

• 其他前景：对于复杂的键控对象，可以增添更多的前景遮罩。

• 背景（外部）：指定背景遮罩，即外边缘遮罩。

• 其他背景：增添更多的背景遮罩。

• 单个蒙版高光半径：当仅使用一个遮罩时，该项激活，可以控制遮罩的扩展。

• 清理前景：清除已经添加的前景遮罩。

• 清理背景：清除已经添加的背景遮罩。

• 薄化边缘：键出区域边缘的调整。正值会扩大透明区域，负值则缩小透明区域。

• 羽化边缘：控制键控区域边缘的羽化值。

• 边缘阈值：控制键控区域边缘的锐利程度。

• 与原始图像混合：控制与源图像的融合程度。

（2）内部 / 外部键控的使用方法

在要抠像的对象“猫 .jpg”上绘制红色（背景外部）和绿色（前景内部）两个遮罩，如图 6–56 所示。调整内部 / 外部键参数完成抠像，如图 6–57 所示。

图 6–56

图 6–57

（3）利用内部 / 外部键特效，可以对人物头发、动物毛发进行轻松的抠像处理，可以将根根毛发很清晰地表现出来。对于人物动作比较复杂的镜头，可以首先为画面应用一个颜色差值键控特效，键出基本的模板，然后将画面输出为一个带 Alpha 通道的 Filmstrip 文件。在 PhotoShop 软件中打开该 Filmstrip 文件，将 Alpha 通道读取为选区，并将选区转为路径。然后将每一帧路径分别复制到 After Effects 中的键控对象上，此时就可以在 After Effects 中激活遮罩路径的关键帧记录器，使每一次新建立的路径替换上一次的路径，以完成路径动画。最后复制路径，并进行收缩和扩展，这样可以免去烦琐的绘制路径的工作。

6. CC Simple Wire Removal（CC 简单金属丝移除）

CC Simple Wire Removal 是 After Effects 中自带的 CC 插件中的一个，它可以用来移除在进行影片拍摄时对人物或者物体吊威亚时所留下的钢丝痕迹。执行“效果→抠像→ CC Simple Wire Removal”命令，为素材添加 CC Simple Wire Removal 效果，参数设置面板如图 6–58 所示。

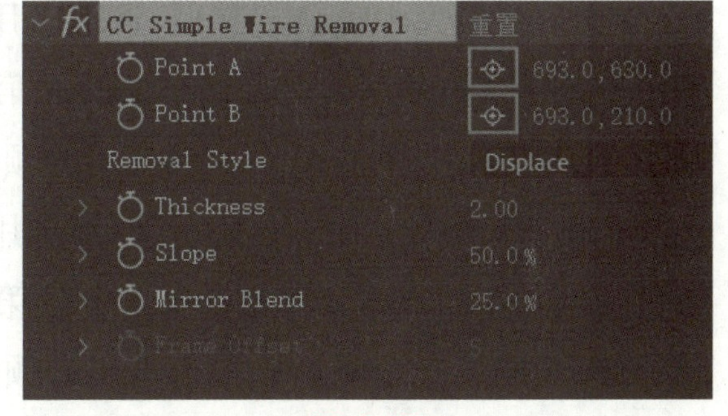

图 6–58

图 6–58 中各参数含义如下。

• Point A：用于设定要移除钢丝的其中一端的位置。可以设置其 X、Y 轴的坐标位置，也可以用工具在图像中直接选中目标位置。

• Point B：用于设定要移除钢丝的另一端的位置。同样可以设置其 X、Y 轴的坐标位置，也可以用工具在图像中直接选中目标位置。

• Removal Style：选择要移除的类型，有 Fade（衰减）、Frame Offset（帧偏移）、Displace（置换）和 Displace Horizontal（水平偏移）4 种类型。

• Thickness：设置要移除的钢丝的厚度（宽度）值。

• Slope：设置要移除的钢丝的倾斜值。

• Mirror Blend：设置要移除的钢丝的镜像混合大小。

• Frame Offset：在 Removal Style（移除风格）里选择 Frame Offset（帧偏移）后，在此设

置帧的偏移值。

7. 颜色范围

颜色范围键控可以通过 Lab、Yuv 或 RGB 色彩模式来指定一种色彩范围进行抠像。它可以在背景中包含多个颜色、亮度不均匀或包含相同颜色的阴影的情况下进行较好的抠像。执行“效果→抠像→颜色范围”命令，为素材添加颜色范围效果，参数设置面板如图 6–59 所示。

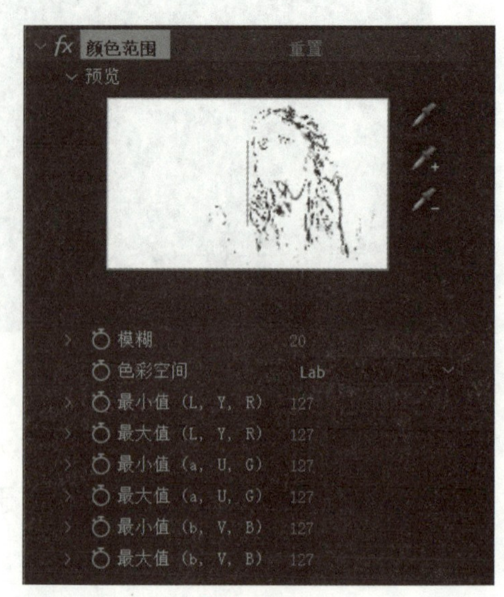

图 6–59

图 6–59 中各参数含义如下。

• 预览：可以显示当前素材的 Alpha 通道，右侧的 3 个吸管用于选取要键控的颜色。可以在合成视图里吸取要变成透明色的区域；可以添加要变成透明色的区域，在预览图中也可单击要添加的区域，若区域大也可拖动吸管进行选取；用于去除运用前两个吸管选择的区域，使得前景由透明变为不透明。

• 模糊：用来调节 Alpha 通道中的对比度，整体调整图像的透明和不透明区域。

• 色彩空间：在其后的下拉选项中有 3 种色彩空间模式，分别是 Lab、YUV、RGB，在操作时可以根据需要选择其中的一种模式进行调节。

• 最小 / 最大（L，Y，R）：调节选用的颜色空间的第一项的最小 / 最大值。如果选用的颜色空间为 Lab，那么就是调节 Lab 的第一个值 L；如果选用的颜色空间为 YUV，那么就是调节 YUV 的第一个值 Y；如果选用的颜色空间为 RGB，那么就是调节 RGB 的第一个值 R。

• 最小 / 最大（a，U，G）：调节选用的颜色空间的第二项的最小 / 最大值。如果选用的颜色空间为 Lab，那么就是调节 Lab 的第二个值 a；如果选用的颜色空间为 YUV，那么就是调节 YUV 的第二个值 U；如果选用的颜色空间为 RGB，那么就是调节 RGB 的第二个值 G。

• 最小 / 最大（b，V，B）：调节选用的颜色空间的第三项的最小 / 最大值。如果选用的颜色空间为 Lab，那么就是调节 Lab 的第三个值 b；如果选用的颜色空间为 YUV，那么就是调节 YUV 的第三个值 V；如果选用的颜色空间为 RGB，那么就是调节 RGB 的第三个值 B。

8. 提取

提取特效可以通过图像的亮度范围来创建透明效果。图像中所有与指定的亮度范围相近的像素都将被抠除，提取主要应用于具有黑色或白色背景的图像，或是背景亮度与保留对象之间亮度反差很大的复杂背景图像，还可以用来删除图像中的阴影。执行“效果→抠像→提取”命令，为素材添加提取效果，参数设置面板如图 6–60 所示。

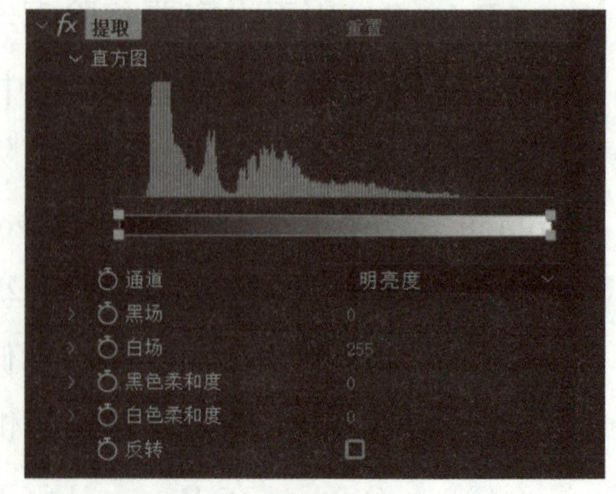

图 6–60

图 6-60 中各参数含义如下。

• 直方图：此图显示像素在所选通道中的位置，用作抠像参数的色阶。通过下方的滑块进行调节，左上为黑平衡输出色阶，左下为黑平衡柔和度；右上为白平衡输出色阶，右下为白平衡柔和度。

• 通道：在下拉列表中选择用来做参照的通道，分别为明亮度、红色、绿色、蓝色、Alpha 通道。

• 黑场：设置黑平衡色阶，定义在某个亮度以下为透明。

• 白场：设置白平衡色阶，定义在某个亮度以上为透明。默认情况下，黑场为 0，白场为 255，0 表示纯黑色，255 表示纯白色，可以通过对这两个参数的设置来控制透明效果。

• 黑色柔和度：设置暗部键控区域的柔和度。

• 白色柔和度：设置亮部键控区域的柔和度。

• 反转：将黑白色阶反转，同时也将抠像效果反转。

9. Keylight（主光）

Keylight 键控特效是一款功能极其强大的抠像插件，对前面介绍的几种抠像方法，Keylight 全部都可以胜任。执行“效果→ keylight → Keylight（1.2）”命令，为素材添加主光效果，效果控件窗口如图 6-61 所示。

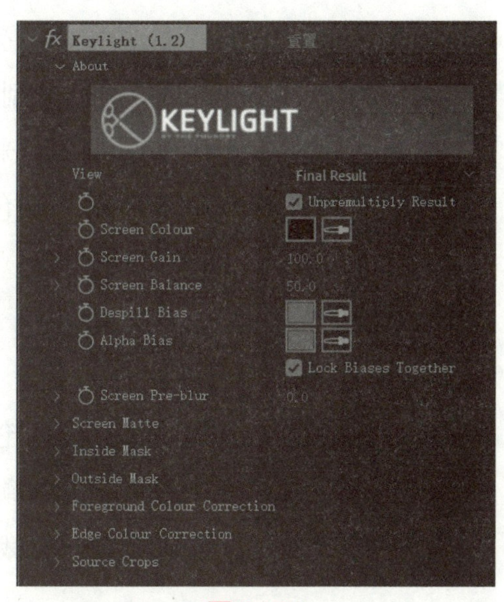

图 6-61

• View（显示模式）：包括 Source（源图）、Source Alpha（源图通道）、Corrected Source（调整的范围）、Color Correction Edge（调整色的边缘）、Screen Matte（屏幕蒙版）、inside Mask（内蒙版）、Outside Mask（外蒙版）、Combined Matte（混合蒙版）、Status（状态信息）、Intermediate Result（即时结果）和 Final Result（最终结果）11 种显示模式。

• Screen Colour：指定键控的颜色。

• Screen Gain：该参数控制抠像时有多少颜色被键出，并产生蒙版。

• Screen Balance：控制色彩平衡。

• Despill Bias：常与 Alpha Bias 参数绑定在一起调节，也可单独调节。调节 Alpha Bias 参数可以控制透明和不透明区域的对比度，调节 Despill Bias 参数可以调节色彩的平衡。

• Alpha Bias：控制阿尔法通道的偏移量。

• Screen Pre-blur：控制抠像的边缘产生的柔化程度。

• Screen Matte：选取键出色后得到的蒙版。

➢ Clip Black：钳制蒙版亮度的黑点。

➢ Clip White：钳制蒙版亮度的白点。

➢ Clip Rollback：反转蒙版亮度平衡。

➢ Screen Grow/ Shrink：控制蒙版边缘的扩展或收缩。正值表示扩展，负值表示收缩。

➢ Screen Softness：控制蒙版边缘的柔化效果。

➢ Screen Despot Black：消减蒙版中黑色的杂点。

➢ Screen Despot White：消减蒙版中白色的杂点。

➢ Replace Method：边缘替换方法。包括 None（无）、Source（系统使用素材本身的颜色进行处理）、Hard Colour（使用较硬的边缘进行处理）、Soft Colour（使用较软的边缘进行处理）4 项。

➢ Replace Colour（替换颜色）：当 Replace Method 选择了 None 之后，该项起作用。

• Inside Mask/ Outside Mask：内边缘遮罩 / 外边缘遮罩，类似内部 / 外部键特效用法。

• Foreground Colour Correction：前景颜色校正。只有在勾选了 Enable Colour Correction（激活颜色校正）选项的前提下，才可以调节相关参数对前景颜色进行调整。

➢ Saturation：调节前景颜色的饱和度。

➢ Contrast：调节前景颜色的对比度

➢ Brightness：调节前景颜色的亮度。

➢ Colour Suppression：颜色抑制。在下拉列表框中可以选择抑制的颜色。

➢ Suppression Balance：抑制色彩平衡。

➢ Suppression Amount：抑制颜色数量。

➢ Colour Balancing：颜色平衡。

➢ Hue：色相。

➢ Sat：饱和度。

➢ Colour Balance Wheel：转色轮。

• Edge Colour Correction：边缘颜色校正，基本参数类似于 Foreground Colour Correction。

• Source Crops：控制源素材的裁剪及裁剪后空白区域的处理方法。

项目拓展

一、拓展任务

以“我爱你祖国”为主题，制作一个 1~2 分钟的 MV。

二、制作要求

1. 分工协作

以小组为单位，分配任务。完成本组的脚本策划，音频素材的搜集、选取和编辑；字幕下载或制作；视频素材的搜集、选取。

2. 各显神通

小组成员利用本组的脚本和素材，分别完成 MV 的制作。镜头和剪辑方法可自主选取。根据选取的素材情况合理添加遮罩蒙版、调色和抠像等特效技术进行二次创作。

3. 作品展示

将作品提交到教学平台或交流群互相点评，推荐最优小组和最优作品。

巩固训练

一、选择题

1. 对图像的某个色域局部进行调节，应该使用下列（　　）调色方式。

A. Hue/Saturation　　B. Levels　　C. Curves　　D. Bright Contrast

2. 下列（　　）滤镜可以将影片中选择的颜色进行保持，将其他颜色转换为灰度显示。

A. Hue/Saturation　　B. Leave Color　　C. Change Color　　D. Color Blance

3. 下面对 Mask 的作用，描述正确的是（　　）。

A. 通过 Mask，可以对指定区域进行屏蔽　　B. 某些效果需要根据 Mask 发生作用

C. 产生屏蔽的 Mask 必须是封闭的　　D. 应用于效果的 Mask 必须是封闭的

二、上机实训

1. 利用图 6–62 所示的两个绿屏视频素材，通过调色和抠像特效，合成为图 6–63 所示效果。

图 6–62

图 6–63

2. 利用图 6–64 所示的两个视频素材，通过调色和抠像特效，合成为图 6–65 所示效果。

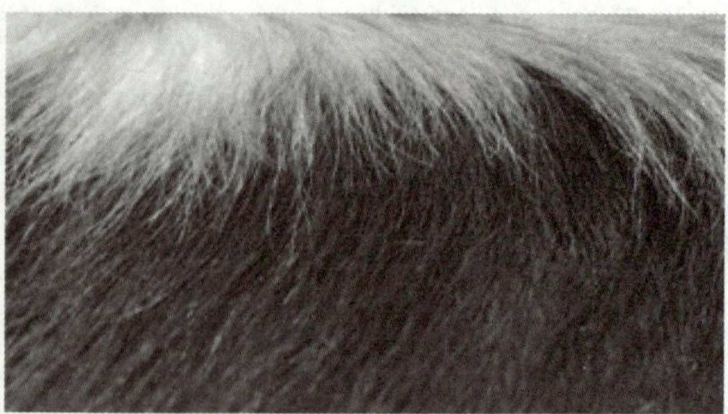

图 6–64

图 6–65

环保片头

——透视、模拟、生成特效

项目描述

根据提供的素材，制作环保片头示范效果。本案例通过使用透视、分形杂色、波形环境、焦散、梯度渐变等特效，完成地球 Logo 合成、水波效果、金属字效果、Logo 浮出水面效果制作，最终效果如图 7–1 所示。

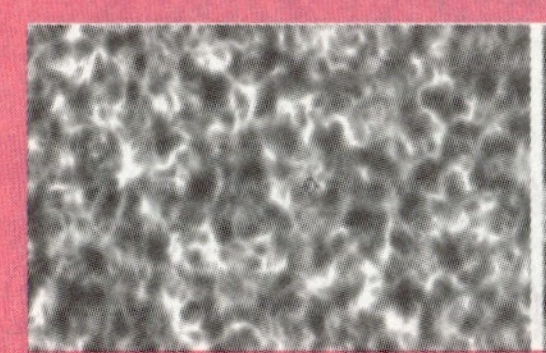

图 7–1

学习目标

知识目标

1. 掌握 AE 中常用的透视特效的用法。
2. 掌握 AE 中常用的生成特效的用法。
3. 掌握 AE 中常用的模拟仿真特效用法。
4. 掌握 AE 中常用的扭曲特效用法。

能力目标

1. 能利用分形杂波制作动态水波效果。
2. 能进行平面素材的抠像合成。
3. 能利用波形环境和焦散特效制作 Logo 浮出水面的效果。
4. 能制作金属文字效果。

情感目标

1. 通过环保片头制作，培养学生保护环境、从自身做起的意识。
2. 通过特效参数的精细调整，培养学生耐心、细心的职业素养。

任务 1 地球 Logo 合成

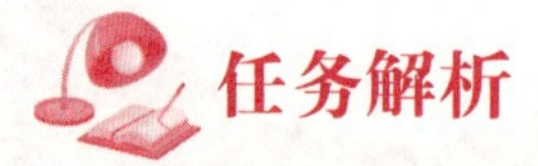

任务解析

在本任务中，需要完成以下操作：

- 为地球 Logo 添加立体和阴影效果。
- 将双手素材进行抠像，添加立体和阴影效果。
- 完成地球 Logo 和双手的合成效果。

任务制作

（1）启动 After Effects 软件，新建名称为“地球 LOGO”的合成，选择预设模式为 HDV/HDTV 720 25，时间长度为 10 秒。

（2）导入素材。执行“文件→导入→文件”命令或双击项目面板的空白处，打开“导入文件”对话框，选择“地球 .png”和“手 .jpg”素材文件，然后单击“导入”按钮。

（3）为“地球 .png”添加立体效果和绿色阴影效果。

将“地球 .png”拖动到合成“地球 LOGO”的时间线面板上，选中该图层，执行“效果→透视→斜面 Alpha”和“效果→透视→投影”命令，参数设置如图 7–2 所示。

（4）将素材“手 .jpg”抠掉白色背景，添加阴影效果。

将“手 .jpg”拖放到合成“地球 LOGO”的时间线面板上，选中该图层，执行“效果→过时→颜色键”和“效果→透视→投影”命令，调整参数和手的位置、大小，参数设置和完成后效果如图 7–3 所示。

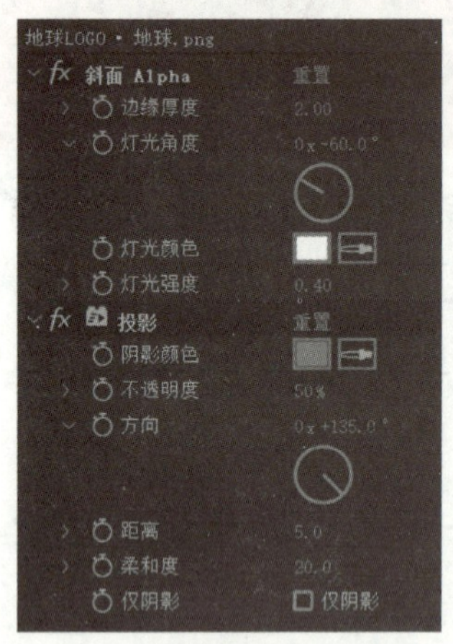

图 7–2

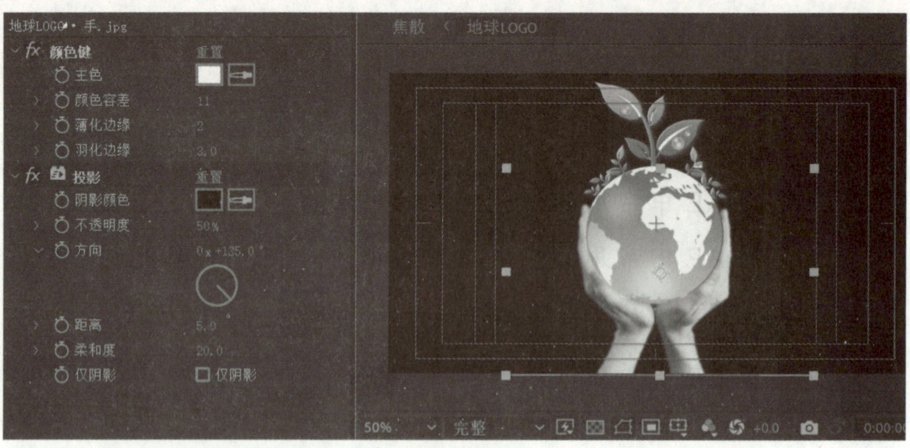

图 7–3

任务 2　制作动态水波

任务解析

在本任务中，需要完成以下操作：

- 利用分形杂色特效制作动态水波效果。
- 通过调整图层为水波染色。

任务制作

（1）新建合成。新建名称为“水波”的合成，选择预设模式为 HDV/HDTV 720 25，时间长度为 10 秒。

（2）新建固态层，添加分形杂色特效。执行“图层→新建→纯色”命令或者按【Ctrl+Y】组合键，新建一个固态层，大小与合成一致，颜色为黑色，取名为“噪波”。执行“效果→杂色和颗粒→分形杂色”命令，为图层添加分形杂色特效，参数设置如图 7-4 所示。

（3）让水波产生动态效果。为“演化”设置关键帧动画。将时间指针定位到第 0 帧，演化值为 0，在第 9 秒第 24 帧，演化值为 1080°。参数设置如图 7-5 所示。

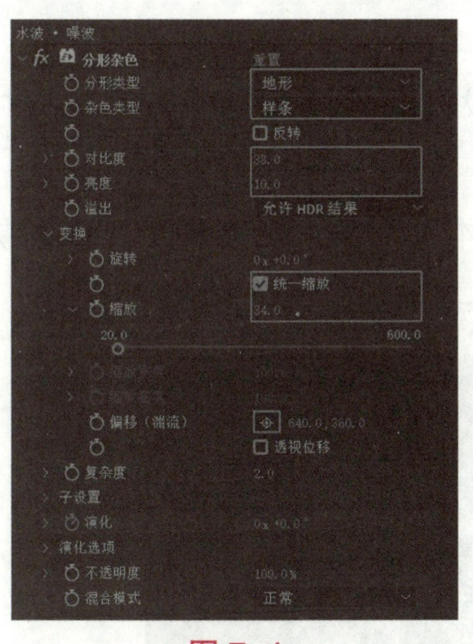

图 7-4

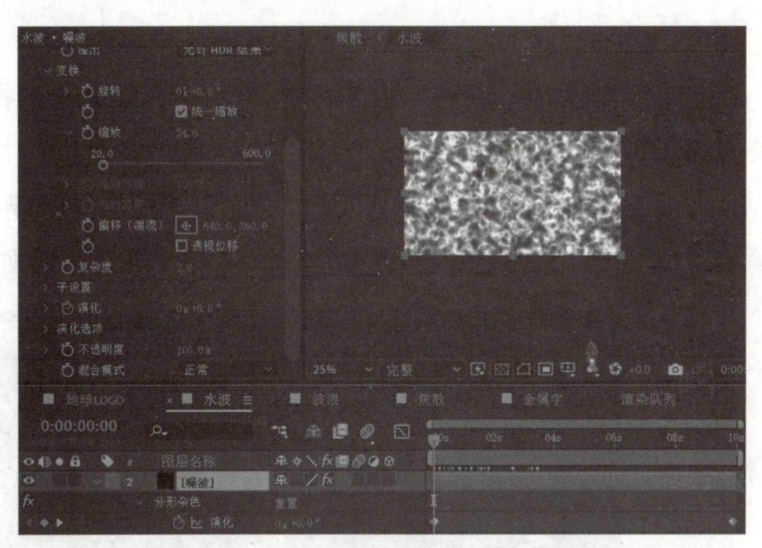

图 7-5

（4）为水波添加蓝色颜色。执行“图层→新建→调整图层”命令或者按【Ctrl+Alt+Y】组合键，新建一个调整图层；执行“效果→生成→填充”命令，将图层填充为深蓝色 RGB（0，88，221），修改调整图层的叠加模式为“屏幕”。参数设置和效果如图 7-6 所示。

图 7–6

任务 3 创建金属文字标题

任务解析

在本任务中，需要完成以下操作：

- 利用文字图层属性制作文字逐个缩放动画效果。
- 利用梯度渐变、曲线、斜面 Alpha、CC Light Sweep 特效制作扫光金属文字效果。

任务制作

（1）新建合成。新建名称为“金属字”的合成，选择预设模式 HDV/HDTV 720 25，时间长度为 10 秒。

（2）新建文字，输入标题文字。执行“图层→新建→文本”命令，新建一个文本图层，输入直排文字“保护环境 从我做起”，字符及属性设置如图 7–7 所示。

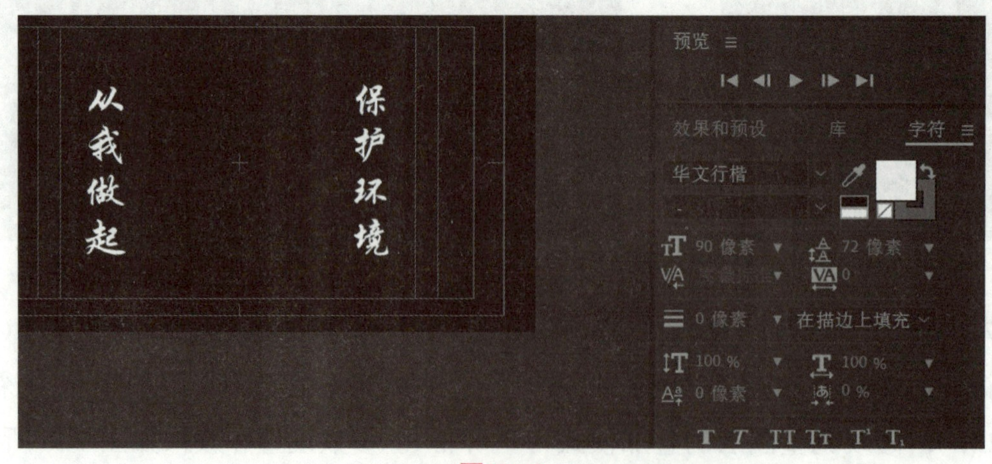

图 7–7

（3）为文字添加渐变和立体效果。执行“效果→生成→梯度渐变”和“效果→透视→斜面 Alpha”命令，为图层添加渐变倒角效果，参数设置如图 7-8 所示。

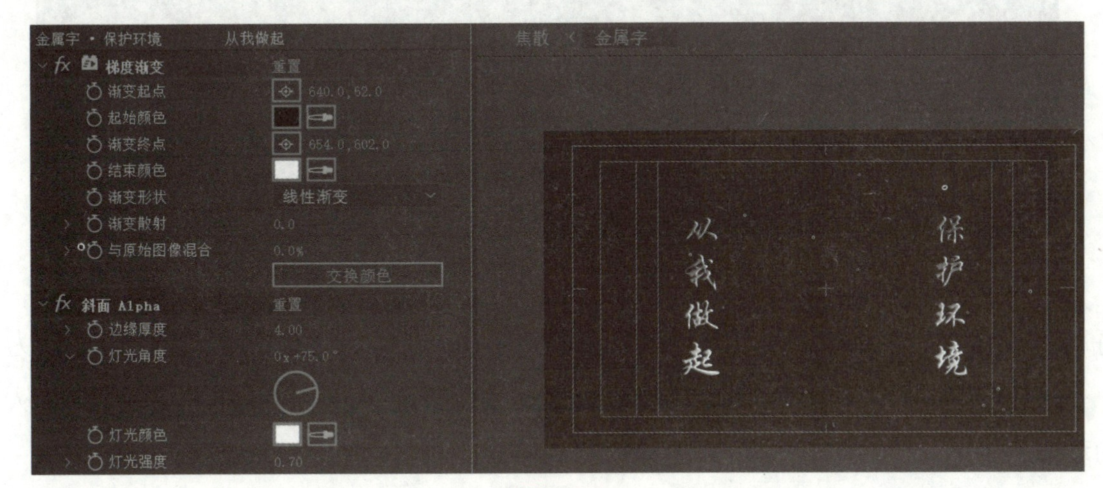

图 7-8

（4）为文字添加金属质感和颜色。执行“效果→色彩校正→曲线”和“效果→色彩校正→三色调”命令，调整曲线和三色调参数如图 7-9 所示，为文字添加金属高光和绿色效果。执行“效果→透视→投影”和“效果→生成→ CC Light Sweep”命令，参数设置如图 7-10 所示，为文字添加投影和扫光效果。

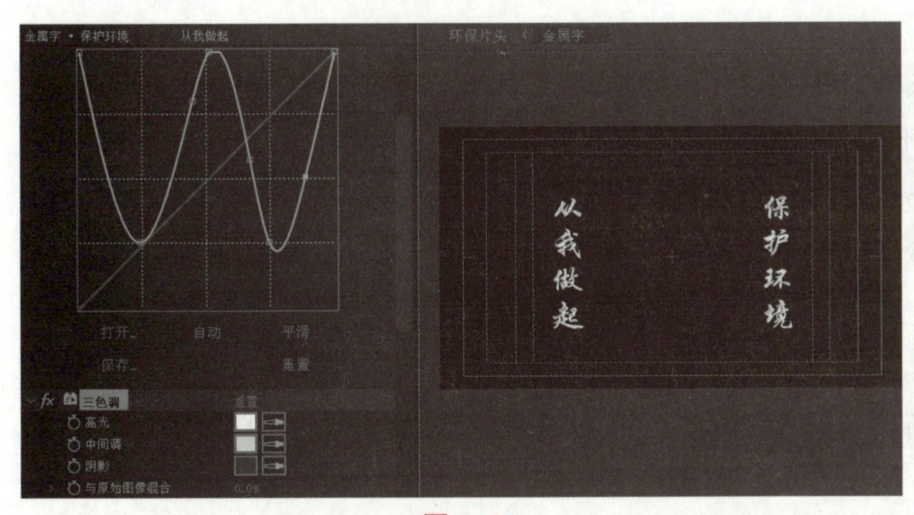

图 7-9

图 7-10

（5）为文字添加关键帧动画。展开文本图层左侧下拉菜单，单击 动画： 按钮的右三角按钮，在弹出的菜单中选择“不透明度”选项，设置不透明度参数为 0，如图 7-11 所示；将时间指针定位到第 4 秒处，为范围选择器 1 中的“起始”添加关键帧，参数为 0；将时间指针定位到第 6 秒处，修改关键帧参数为 100%，为文字添加逐个出现动画效果。单击 添加： 按钮的右三角按钮，在弹出的菜单中选择“缩放”选项，修改“缩放”的参数为 1000，添加文字逐个出现过程中由大到小的缩放效果。

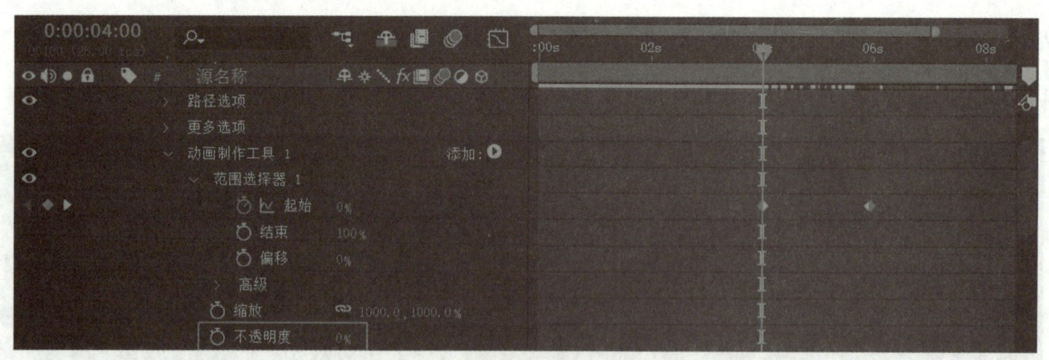

图 7–11

将时间指针定位到第 6 秒处，为 CC Light Sweep 的 Center 添加关键帧，参数为（597，180）；将时间指针定位到第 9 秒处，修改关键帧参数为（837，702），为文字添加从上到下扫光的动画效果。

任务 4 创建地球 Logo 浮出水面效果

任务解析

在本任务中，需要完成以下操作：

- 利用波形环境特效制作 Logo 在水底的波浪效果。
- 利用焦散特效制作 Logo 浮出水面效果。
- 将文字与 Logo 动画合成，渲染输出。

任务制作

（1）新建波浪合成。新建名称为“波浪”的合成，选择预设模式为 HDV/HDTV 720 25，时间长度为 10 秒。

（2）制作 Logo 水下效果。将合成“地球 Logo”拖动到“波浪”的时间线面板中，关闭显示开关。

执行“图层→新建→纯色”命令，新建一个固态层，命名为“灰度层”，执行“效果→模拟→波形环境”命令，为灰度层添加波形环境特效，参数设置如图 7–12 所示。

在视图中，选择“高度地图”模式。将“渲染采光井作为”设置为“实心”，图形将以灰度纯色进行渲染。设置网格分辨率为 120，可以得到较光滑的灰度图。设置反射边缘为“底部”，波纹将会在底部产生反射。设置“预滚动（秒）”为 1，表示波纹在入点处已经产生了波动。在地面选择“1 地球 Logo”层，表示“1 地球 Logo”层将作为底层的映射图层。波纹发射器的设置不同，产生的波纹也不相同。

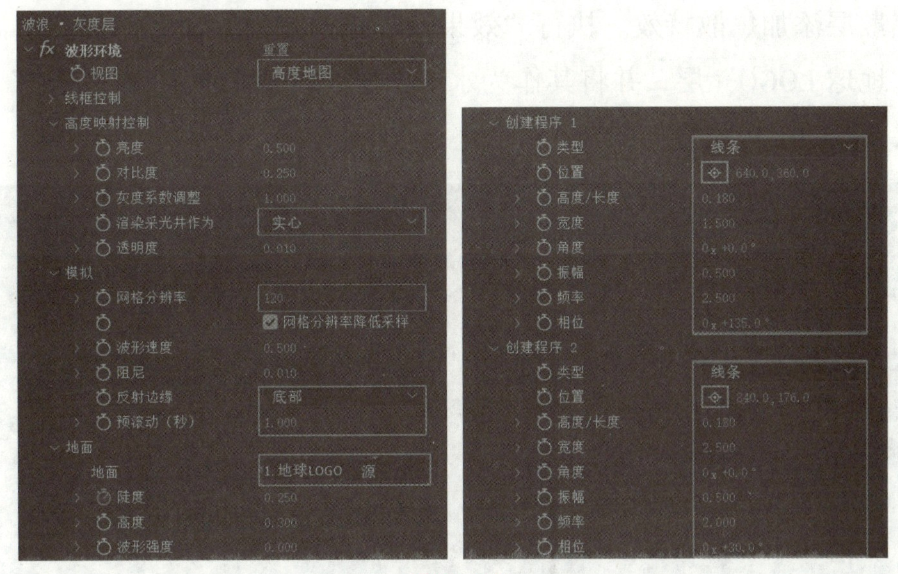

图 7–12

（3）制作 Logo 从水下浮起效果。为地面的“陡度”添加关键帧动画，第 0 帧处参数为 0.1，第 5 秒处参数为 0.25，如图 7–13 所示，预览动画可以看到 Logo 慢慢从水面浮起效果。

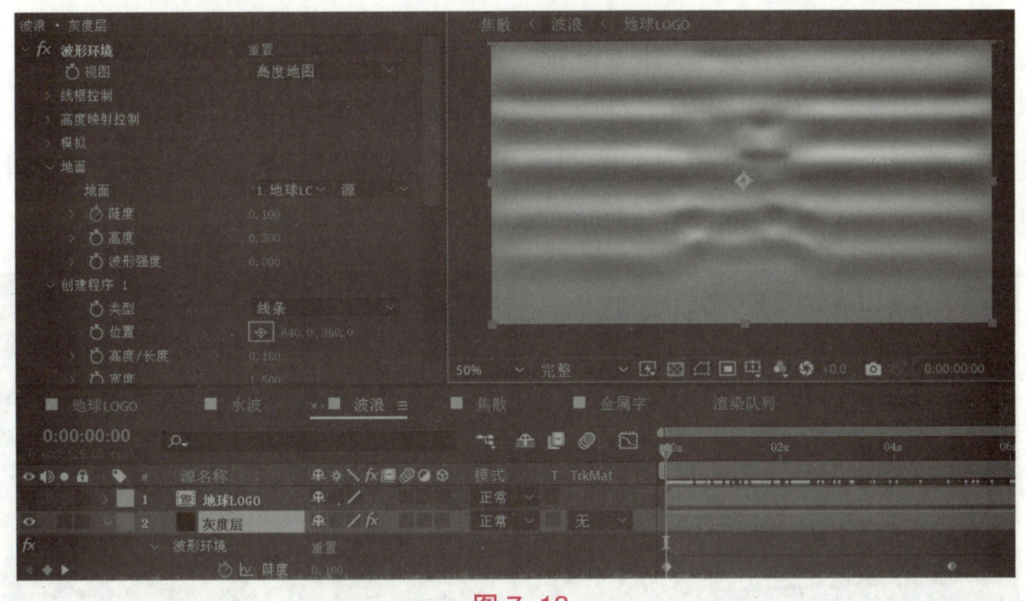

图 7–13

（4）创建环保片头总合成。新建名称为“环保片头”的合成，选择预设模式为 HDV/HDTV 720 25，时间长度为 10 秒。执行“图层→新建→纯色”命令或者按【Ctrl+Y】组合键，新建一个固态层，大小与合成一致，颜色为黑色，取名为“焦散”。将合成“地球 LOGO”和“波浪”拖入当前时间线窗口中，如图 7–14 所示。

图 7–14

（5）为焦散层添加焦散特效。执行“效果→模拟→焦散”命令，为图层添加焦散特效。设置底部为“地球 LOGO”层，并将其作为水下图层，设置水面层为“波浪”层，将其作为水面的纹理层，其他参数设置如图 7–15 所示。

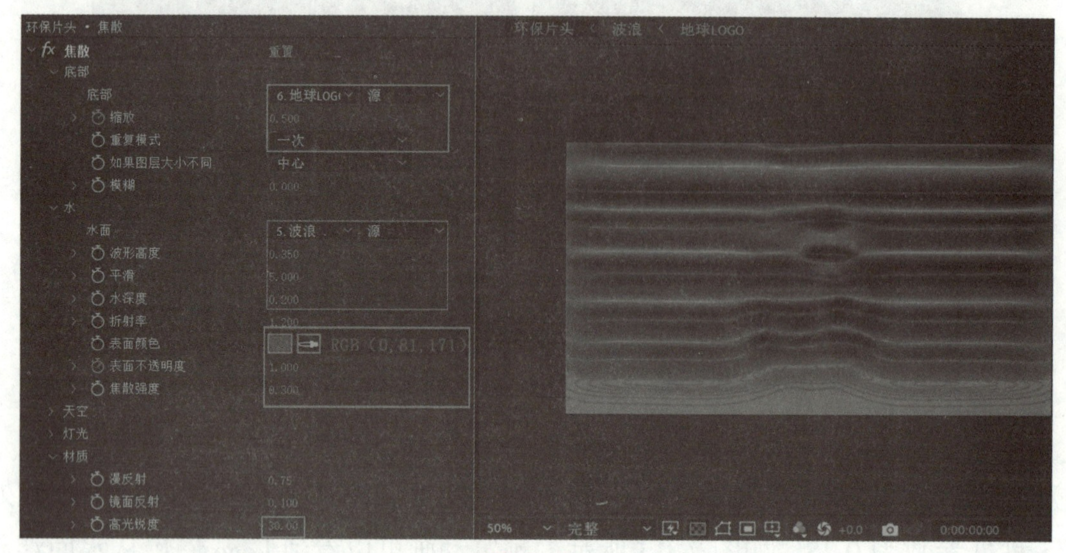

图 7–15

为底部参数栏中的“缩放”添加关键帧，第 0 帧处缩放为 0.5，第 4 秒处缩放为 1.0。这与波形环境效果中地形的上升动画相对应。设置水面不透明度参数的动画关键帧，第 0 帧处表面不透明度为 1.0，第 3 秒处表面不透明度为 0.5，让水面产生一个由不透明到半透明的过程，模拟水下 LOGO 逐渐出现的过程，如图 7–16 所示。

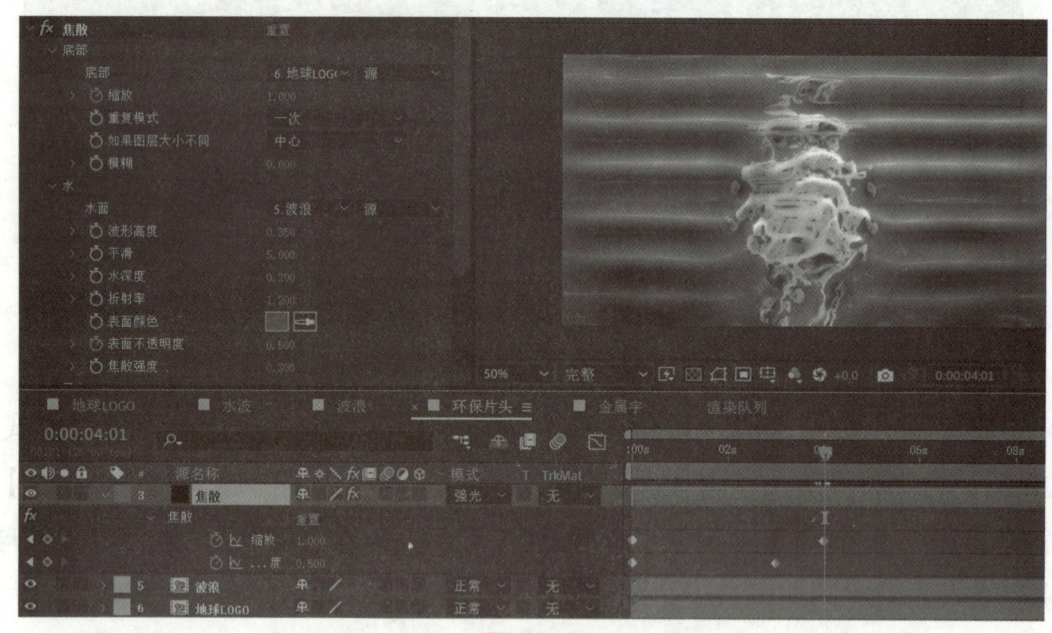

图 7–16

（6）调整水面效果。预览动画，如果发现水的效果不是很好，那么可以使用前面做好的“水波”层调节出水的效果。将“水波”合成层拖入当前时间线窗口中，放置在“焦散”层的下面，并将“焦散”层的层模式设置为强光，效果如图 7–17 所示。

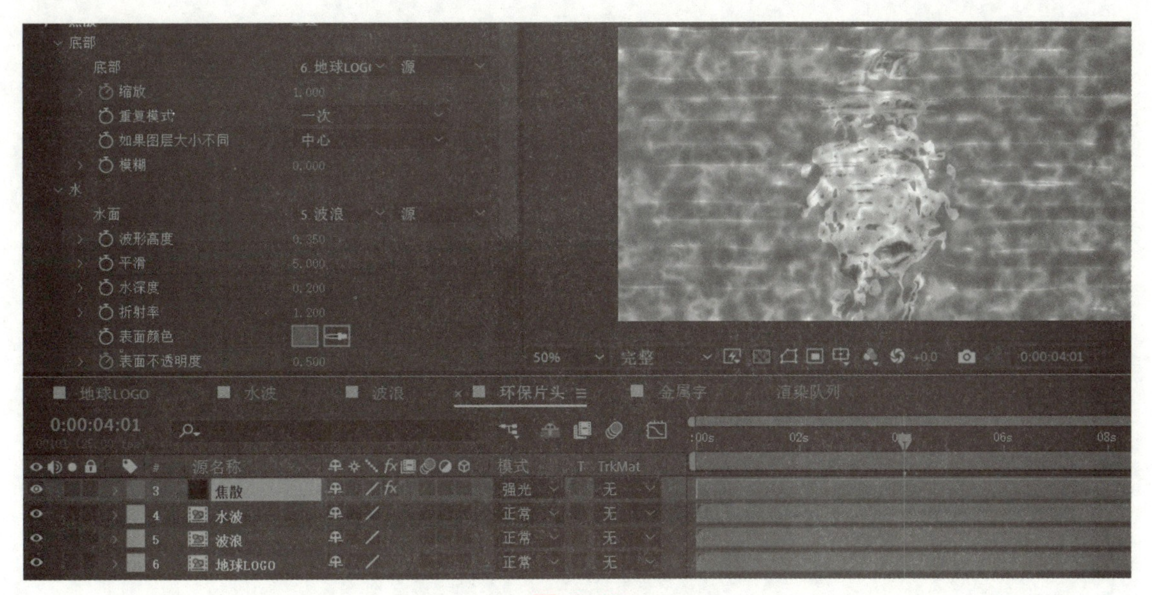

图 7–17

（7）调整地球 Logo 出水后效果。添加一个地球 Logo 露出水面逐渐清晰的动画。再次将“地球 Logo”合成拖入时间线顶层，设置一个由小变大并逐渐出现的动画。按【S】键，展开图层的缩放属性，设置关键帧动画，第 0 帧处缩放为 50%，第 5 秒处缩放为 90%。按【Shift+T】组合键，展开图层的不透明度属性，设置不透明度关键帧动画，第 2 秒处不透明度为 0，第 5 秒处不透明度为 100%，如图 7–18 所示。

图 7–18

（8）添加文字和背景音乐。将合成“金属字”拖放到时间线面板的最上层，开始位置对齐第 0 帧。导入声音素材“BGM.mp3”，拖放到时间线面板最下层，为音频电平添加关键帧，第 0 帧处参数为 –10，第 1 秒处参数为 0，第 9 秒处参数为 0，第 10 秒处参数为 –20，为声音设置淡入淡出效果，完成后效果如图 7–19 所示。

图 7-19

（9）渲染输出视频。在项目窗口中选中合成“环保片头”，执行“合成→添加到渲染队列”命令或按【Ctrl+M】组合键，弹出“渲染队列”对话框，调整渲染参数，设置完成后单击“渲染”按钮，渲染输出环保片头视频。

知识链接

一、After Effects 的透视特效

透视特效是专门对素材进行各种三维透视变化的一组特效，After Effects 软件提供了多种透视特效，如图 7-20 所示。下面介绍几种常用的透视特效。

图 7-20

1. 3D 眼镜

3D 特效主要功能是创建虚拟的三维空间，把两种图像作为空间内的两个物体，通过各种连接方法在新空间融合成一体。导入两个素材图像后，执行“效果→透视→3D 眼镜”命令，为素材添加 3D 眼镜特效。展开效果控件窗口，特效参数如图 7-21 所示。

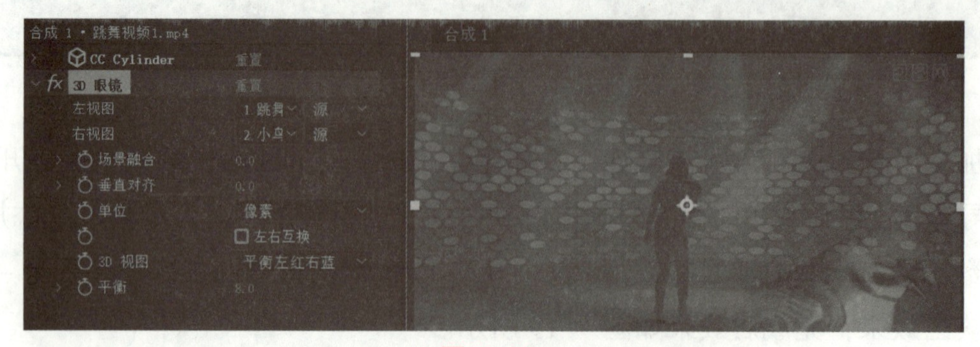

图 7-21

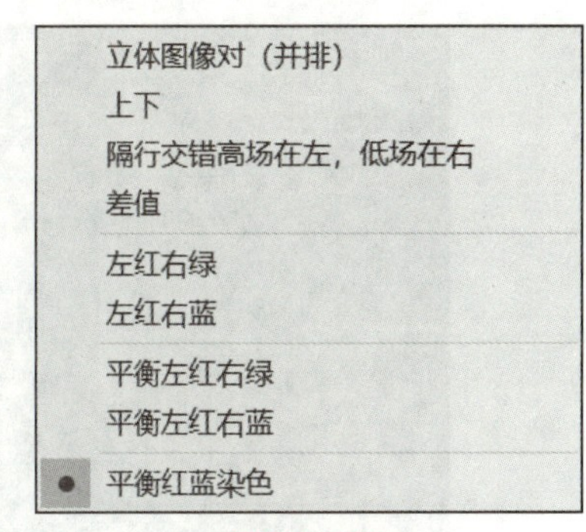

图 7-22

• 左 / 右视图：设置左侧或右侧的图像，用于最后合成的图像元素。

• 场景融合：设置左右两边图像在最终空间中所占的比重。

• 左右互换：交换左右两边的图像。

• 3D 视图：定义两个图像的结合方式，AE 提供了如图 7-22 所示的几种 3D 视图模式。

• 平衡：定义“3D 视图”选项中平衡模式的平衡值。选择其他模式，该选项将无法启动。

2. CC Cylinder

CC Cylinder 圆柱体用于将图层映射到可光线跟踪的圆柱体上，并将其转换为 3D 效果。导入素材图像后，执行“效果→透视→ CC Cylinder”命令，为素材添加圆柱体特效。展开效果控件窗口，特效参数如图 7-23 所示。

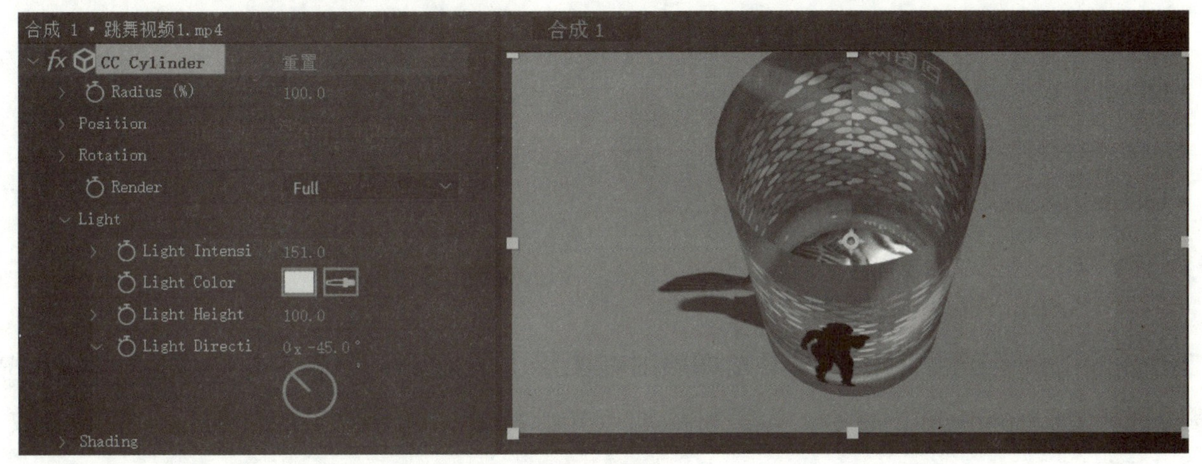

图 7-23

• Radius：设置圆柱体的半径。

• Position：设置圆柱体的位置。

• Rotation：设置圆柱体的旋转角度。

• Render：设置渲染方式。

• Light：设置投射到圆柱体的灯光。

• Shading：进行圆柱体底纹等的细节调整。

3. CC Sphere

CC Sphere 球体用于将图层映射到可光线跟踪的球体上。导入素材图像后，执行“效果→透视→ CC Sphere”命令，为素材添加球体特效。展开效果控件窗口，特效参数如图 7-24 所示。

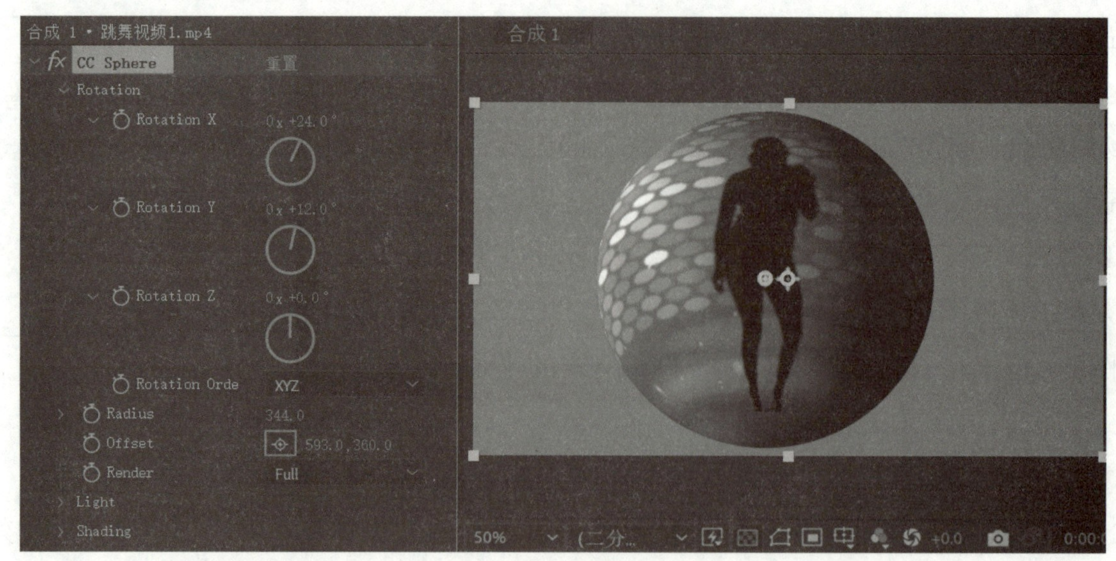

图 7-24

• Rotation：设置球体的旋转角度。

• Radius：设置球体的半径。

• Offset：设置球体的偏移。

• Render：设置渲染模式。

• Light：设置投射到球体的灯光。

• Shading：设置球体底纹细节。

4. CC Spotlight

CC Spotlight 点光源用于模拟聚光灯照射在图层上的效果。导入素材图像后，执行“效果→透视→ CC Spotlight”命令，为素材添加点光源特效。展开效果控件窗口，特效参数如图 7-25 所示。

图 7-25

• From：设置点光源的起点。

• To：设置点光源的投射点。

• Height：设置光源高度。

• Cone Angle：设置点光源的锥角。

- Edge Softness：设置边缘柔化。
- Color：设置光的颜色。
- Intensity：设置光的强度。
- Render：渲染模式。
- Gel Layer：在渲染模式下其用于设置胶质层。

5. 径向阴影

径向阴影效果可产生投影，有光源可控制投影。导入素材图像后，执行“效果→透视→径向投影”命令，为素材添加径向投影特效。展开效果控件窗口，特效参数如图 7-26 所示。

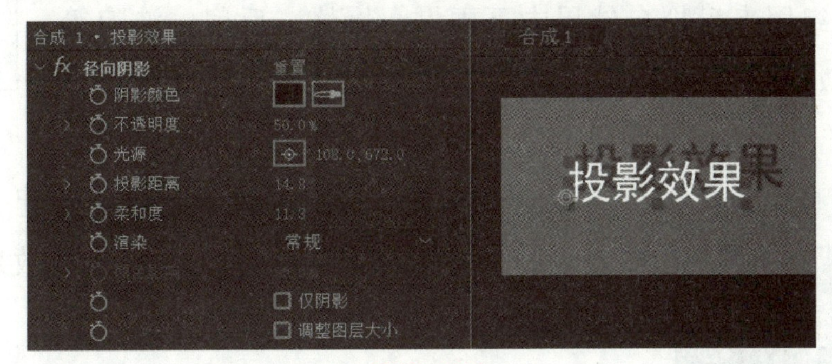

图 7-26

- 阴影颜色：设置或吸取阴影的颜色。
- 不透明度：设置阴影的不透明度。
- 光源：设置光源位置。
- 投影距离：设置阴影的距离。
- 柔和度：设置阴影的羽化。
- 渲染：设置渲染模式为常规或玻璃边缘。
- 颜色影响：渲染为玻璃边缘时可设置阴影颜色影响比例。
- 仅阴影：只保留阴影。

6. 投影

为图层添加投影，效果与径向投影类似，只是没有光源选项。

7. 斜面 Alpha

为图层的 Alpha 边界增添浮雕外观效果。导入素材图像后，执行“效果→透视→斜面 Alpha”命令，为素材添加斜面 Alpha 特效。展开效果控件窗口，特效参数如图 7-27 所示。

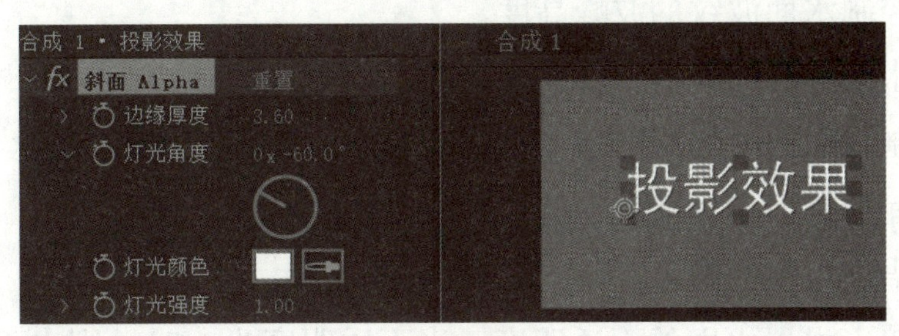

图 7-27

- 边缘厚度：设置边缘倒角的厚度。
- 灯光角度：设置灯光的照射角度。
- 灯光颜色：设置灯光颜色。
- 灯光强度：设置灯光强度。

8. 边缘斜面

为图层边缘增添斜面外观效果，特效参数与斜面 Alpha 类似。

二、After Effects 的模拟特效

模拟特效是一组用来模拟自然界中下雨雪、爆炸、反射、波浪等自然现象的特效，如图 7–28 所示。下面介绍几种常用的模拟特效。

焦散
卡片动画
CC Ball Action
CC Bubbles
CC Drizzle
CC Hair
CC Mr. Mercury
CC Particle Systems II
CC Particle World
CC Pixel Polly
CC Rainfall
CC Scatterize
CC Snowfall
CC Star Burst
泡沫
波形环境
碎片
粒子运动场

图 7–28

1. 焦散

焦散特效可以真实地模拟出水面对光反射、折射的光学效果。新建一个固态层，执行“效果→模拟→焦散”命令，添加焦散效果，特效参数如图 7–29 所示。

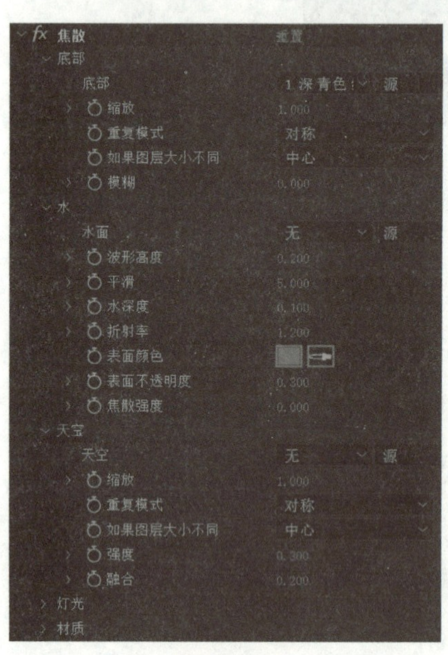

图 7–29

- 底部：该参数栏用于设置应用焦散特效的底层。

➢ 底部：在其下拉列表中，可以指定应用效果的底层，即水下的图层。系统默认指定当前层作为底部。

➢ 缩放：控制底层的缩放。参数为负值时翻转层图像。

➢ 重复模式：当缩小图层后，需要在该下拉列表中选择如何处理底层中的空白区域。“一次”方式将空白区域变得透明，只显示缩小后的底层；“平铺”方式将重复底层；“对称”方式将反射底层。

➢ 如果图层大小不同：当指定的底层与当前层大小不一致时，选择“伸缩以适合”选项，强制底层与当前层尺寸相同；选择“中心”选项，则底层尺寸不变，而与当前层保持居中对齐。

➢ 模糊：对底层进行模糊处理。

- 水：可以在该参数栏中指定一个层作为水波纹理。

➢ 水面：在其下拉列表中，可以指定一个层作为水面的纹理层。

➢ 波形高度：控制水面波纹的波峰高度。

➢ 平滑：控制水面波纹的平滑度。

➢ 水深度：控制水面波纹的深度。

➢ 折射率：水面的折射率，默认水的折射率是 1.2。

➢ 表面颜色：指定水面的颜色。

➢ 表面不透明度：设置水面的不透明度。当不透明度为 1 时，则水面完全不透明，小于

1 时，可以看到不同透明程度的底层。

➢ 焦散强度：指定水面的焦散效果强度。数值越大，则聚光强度越大。

• 天空：在该参数栏中，可以为水面指定一个天空反射层。天空层用于控制水波对水面外场景的反射效果。

➢ 天空：在其下拉列表中可以指定合成图像中的某一层作为天空反射层。

➢ 缩放：控制对天空层的缩放。

➢ 重复模式：在其下拉列表中，可以指定缩小天空层后空白区域的填充方式。“一次”方式将空白区域变得透明，只显示缩小后的底层；“平铺”方式将重复天空层；“对称”方式将反射天空层。

➢ 如果图层大小不同：当指定的天空层与当前层大小不一致时，选择“伸缩以适合”选项，强制天空层与当前层尺寸相同；选择“中心”选项，则天空层尺寸不变，与当前层保持居中对齐。

➢ 强度：控制天空层反射强度，值越大，反射越明显。

➢ 融合：对反射的边缘进行处理，值越大，边缘越复杂。

• 灯光：该参数栏用于对场景中的灯光进行控制。可以调节灯光的类型、亮度、颜色、位置、Z 轴上的深度以及环境光强度等，如图 7–30 所示。

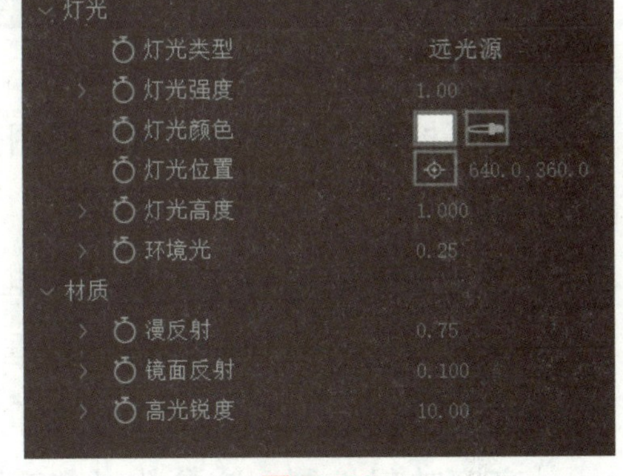

图 7–30

➢ 灯光类型：在其下拉列表中可以选择使用的灯光方式。在“点光源”方式下，使用点光源进行照明；在“远光源”方式下，使用远光进行照明；在“首选合成灯光”方式下，使用合成图像中的第一盏灯为特效场景照明，要使用这种方式，必须要先在合成图像中建立灯光。

➢ 灯光强度：控制灯光的强度。

➢ 灯光颜色：控制灯光的颜色。

➢ 灯光位置：控制灯光的位置。

➢ 灯光高度：控制灯光在 Z 轴上的深度位置。

➢ 环境光：控制环境光强度。

• 材质：该参数栏用于控制特效场景中素材的材质属性，包括漫反射强度、反射强度以及高光度。

➢ 漫反射：控制漫反射强度。

➢ 镜面反射：控制镜面反射强度。

➢ 高光锐度：控制高光锐化度。

2. 波形环境

波形环境可以模拟真实的水波纹效果，并且水波纹与周围的环境产生碰撞反弹。新建一个固态层，执行“效果→模拟→波形环境”命令，特效参数如图 7–31 所示。

• 视图：在其下拉列表中，可以选择预览的显示方式，“高度地图”显示为灰度，“线框预览”则显示为线框方式，如图 7–32 所示。

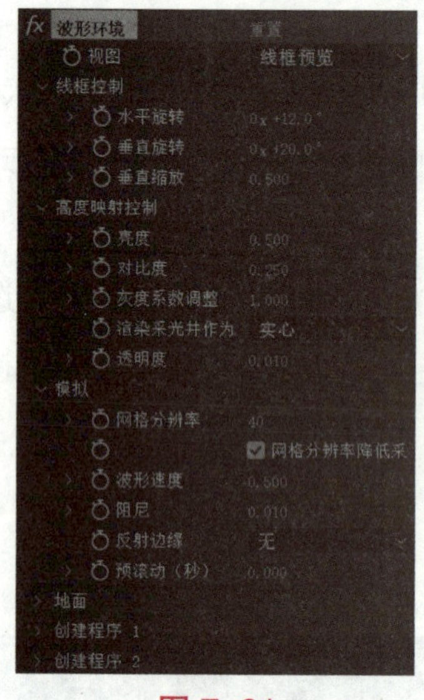

图 7–31

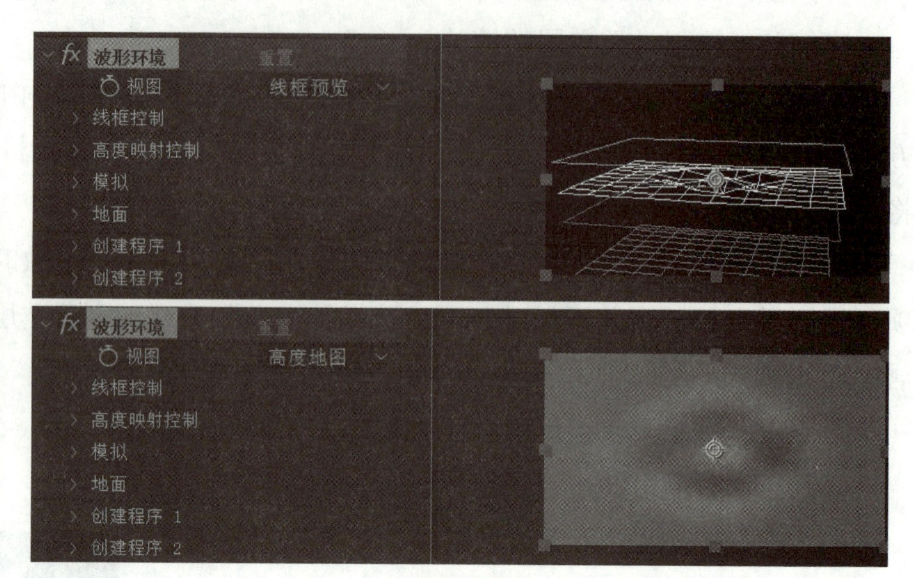

图 7–32

• 线框控制：该参数对线框视图进行控制。只有在“线框预览”显示方式下，该设置才有效。

➢ 水平旋转：可以水平旋转线框视图。

➢ 垂直旋转：可以垂直旋转线框视图。

➢ 垂直缩放：可以垂直缩放线框距离。

• 高度映射控制：该参数对灰度图进行控制。在“高度地图”显示方式下调节参数可以看到灰度图的变化。

➢ 亮度：控制灰度图的亮度级别。

➢ 对比度：控制灰度图的对比度。

➢ 灰度系数调整：控制灰度图的 Gamma 值。

➢ 渲染采光井作为：可以设置灰度图的采光区域方式。在“实心”方式下，以灰度纯色进行渲染；在“透明”方式下，以透明方式进行渲染。

透明度由下面的透明度参数控制，数值越高，不透明区域越大。

• 模拟：该参数栏可以对特效的模拟性质进行相关设置。

➢ 网格分辨率：控制灰度图的网格分辨率，分辨率越高，产生的灰度图越光滑，但耗时也更多。分辨率越低，产生的灰度图越粗糙。

➢ 波形速度：控制波纹扩散的速度。

➢ 阻尼：控制波纹遇到的阻尼。

➢ 反射边缘：在其下拉列表中，可以选择控制波纹的反射设置。

➢ 预滚动：以秒为单位对图像滚动进行调整。

• 地面：该参数栏可以对波纹的地形进行设置。其参数调整面板如图 7–33 所示。

➢ 地面：在其下拉列表中，可以指定合成图像中的一个层作为地形层。

➢ 陡度：控制地形高低的对比度。

➢ 高度：控制水面与地面间的距离。

➢ 波形强度：控制波纹的强度。

• 创建程序 1/2：该参数对波纹的发生器进行设置，参数调整面板如图 7–34 所示。

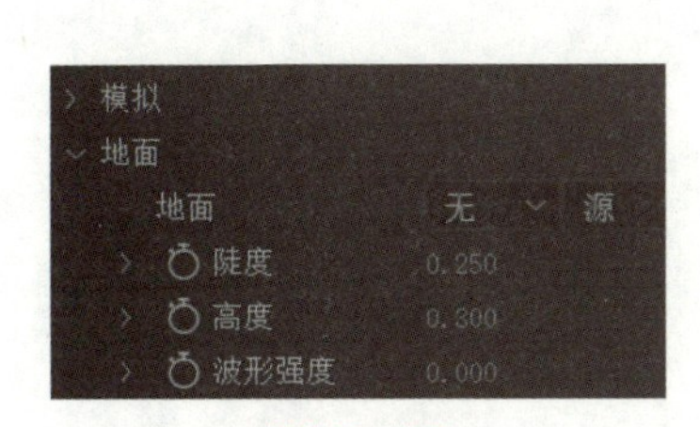

图 7–33

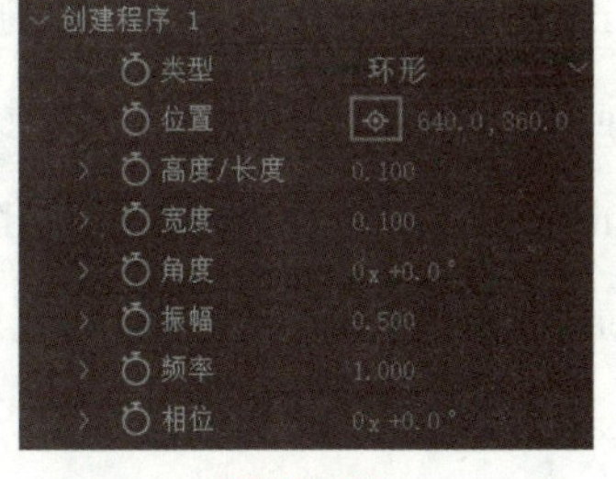

图 7–34

➢ 类型：在其下拉列表中，可以选择发生器的类型。“环形”产生环状的波纹，“线条”产生线性的波纹。

➢ 位置：控制发生器的位置，即波纹出现的最初位置。

➢ 高度 / 长度：控制波纹的高度和长度。

➢ 宽度：控制波纹的宽度。当长度和宽度一致时，即为圆形的波纹。

➢ 角度：控制对波纹进行旋转的角度。

➢ 振幅：控制波纹的振幅。

➢ 频率：控制波纹的频率。

➢ 相位：控制波纹的相位。

3. CC Rainfall

CC Rainfall 特效可以模拟下雨效果。选择想要添加下雨效果的图层，执行“效果→模拟→CC Rainfall”命令，特效参数如图 7–35 所示。

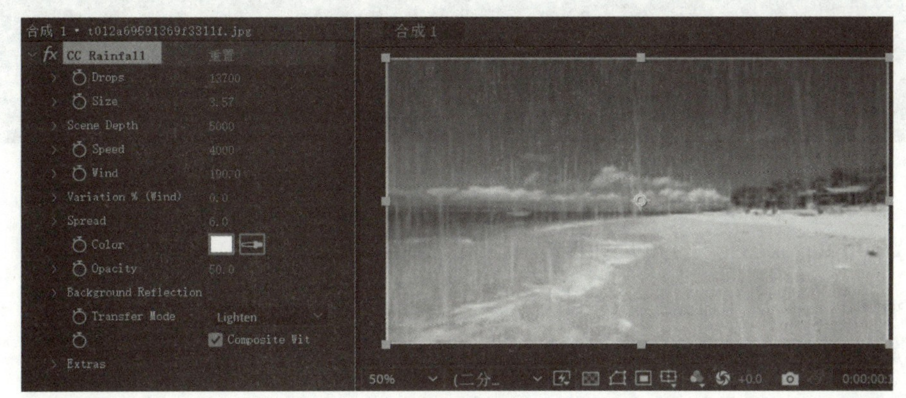

图 7–35

• Drops：设置雨滴数量。

• Size：设置雨滴尺寸大小。

• Scene Depth：设置雨滴近大远小的效果。值越小，雨滴越大；反之，雨滴越小。

• Speed：设置雨滴下落的速度。

• Wind：设置雨滴飘落时的风向。

• Variation %（wind）：设置风力的偏移量。数值越大，雨滴偏移越厉害。

• Spread：控制雨滴的杂乱程度。

• Color：设置雨滴的颜色。

• Opacity（不透明度）：设置雨滴的不透明度。

• Background Reflection：背景影响。

➢ Influence%：设置背景照明的影响。

➢ Spread width：设置扩散的宽度。

➢ Spread height：设置扩散的高度。

➢ Transfer mode：设置变换的模式，包括 Composite 和 Lighten 两种。

➢ Composite with original：设置是否显示合成的背景。

• Extras：追加

➢ Offset：设置偏移。

➢ Ground level：设置地面的基点。

➢ Embed depth：嵌入深度，设置雨滴景深的密度。

➢ Random seed：设置雨滴的随机程度。

4. CC Bubbles

CC Bubbles 特效可以使画面整体变形为带有图像颜色信息的气泡。选中要添加气泡的图层，执行“效果→模拟→ CC Bubbles”命令，展开效果控件窗口，特效参数如图 7-36 所示。

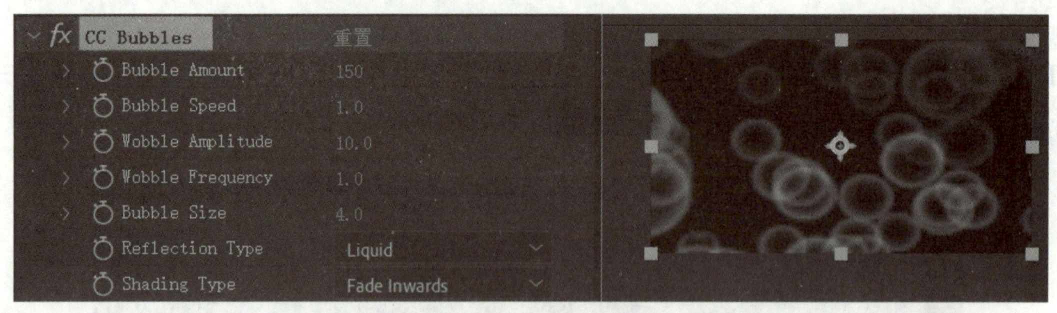

图 7-36

• Bubble Amount：设置产生的气泡数量。

• Bubble Speed：设置气泡运动的速度。

• Wobble Amplitude：设置气泡左右摆动的幅度。

• Wobble Frequency：设置气泡摆动的频率。

- Bubble Size：设置气泡尺寸大小。
- Reflection Type：设置反射的样式，包括 Liquid（液体）和 Metal（金属）两种方式。
- Shading Type：设置气泡阴影之间的叠加方式。

5. CC Drizzle

CC Drizzle 特效可以使画面产生波纹涟漪效果。选中要添加涟漪的图层，执行“效果→模拟→ CC Drizzle”命令，特效参数如图 7-37 所示。

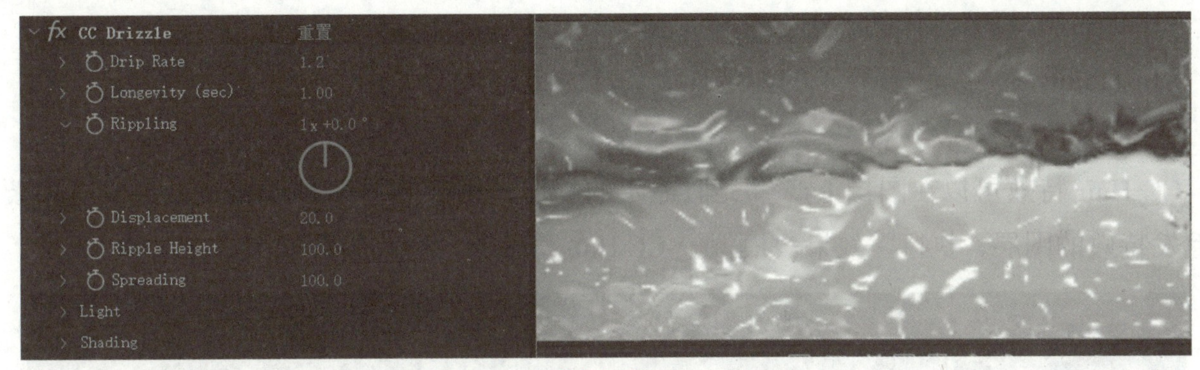

图 7-37

- Drip Rate：设置水滴下落时的速度。
- Longevity：设置水滴生命的长短，其单位为秒。
- Rippling：设置产生涟漪的数量。数值越大，产生的涟漪越多也越细。
- Displacement：设置图像中颜色反差的程度。
- Ripple Height：设置产生涟漪的平滑度。数值越小，涟漪就越平滑；数值越大，涟漪就越明显。
- Spreading：设置涟漪的位置。数值越大，涟漪效果就越明显。
- Shading：设置水滴的阴影。

6. CC Ball Action

CC Ball Action 特效根据图层的颜色变化使图像产生彩色小球效果。选中要添加小球的图层，执行“效果→模拟→ CC Ball Action”命令，特效参数如图 7-38 所示。

图 7-38

• Scatter：设置球体的分散程度。

• Rotation Axis：设置球体旋转时所围绕的轴向。

• Rotation：设置旋转方向。

• Twist Property：设置扭曲的形状。

• Twist Angle：设置小球扭曲时的角度，使其产生不同的效果。

• Grid Spacing：设置球体之间的距离。

• Ball Size：设置球体的大小。

• Instability State：设置粒子的稳定程度，与 Scatter 配合使用。

7. CC Hair

CC Hair 特效可以在图像上产生类似毛发的物体，用于制作多种不同的效果。选中要添加毛发特效的图层，执行“效果→模拟→ CC Hair”命令，特效参数如图 7-39 所示。

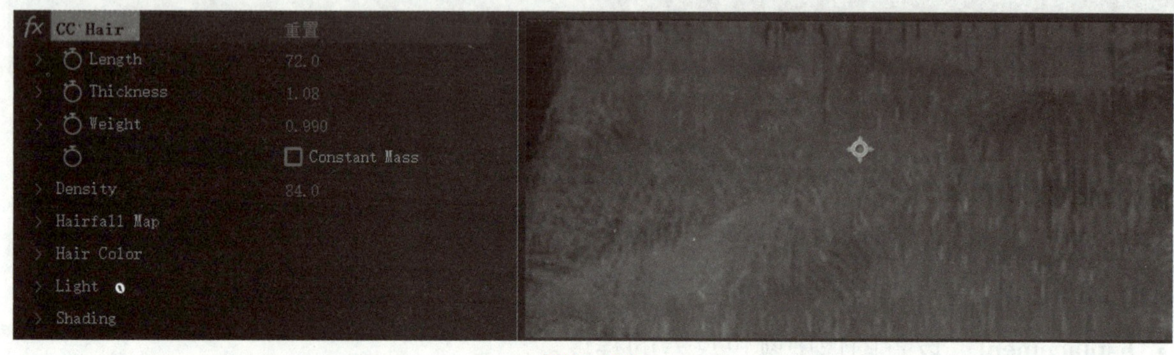

图 7-39

• Length：设置毛发的长度。

• Thickness：设置毛发的粗细程度。

• Weight：设置毛发的下垂长度。

• Constant Mass：勾选该复选框，可以将产生的毛发均匀化。

• Density：设置毛发的密度。

• Hairfall Map：主要用于设置毛发贴图的强度、柔软度等，如图 7-40 所示。

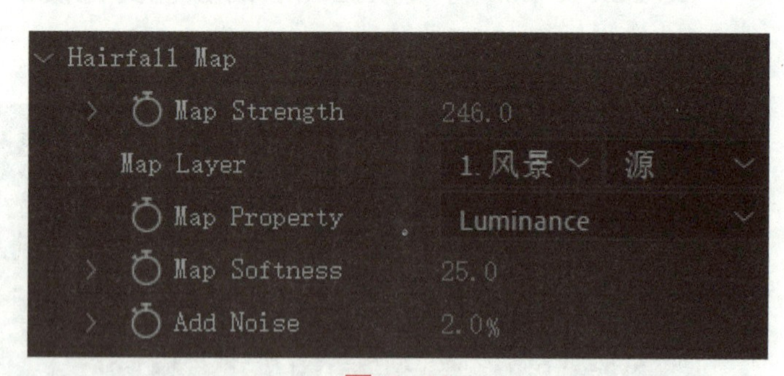

图 7-40

➢ Map Strength：设置对贴图的影响力强度。

➢ Map Layer：在右端的下拉列表中可以选择一个图层作为贴图层，使毛发根据该图层的特征生长分布。

➢ Map Property：在右端的下拉列表中可以选择毛发以何种方式生长。

➢ Map Softness：设置毛发的柔软程度。

➢ Add Noise：设置噪波叠加的程度。

• Hair Color：设置毛发的颜色变化，如图 7–41 所示。

➢ Color：设置毛发的颜色。

➢ Color Inheritan：设置毛发的颜色过渡。

➢ Opacity：设置毛发的不透明度。

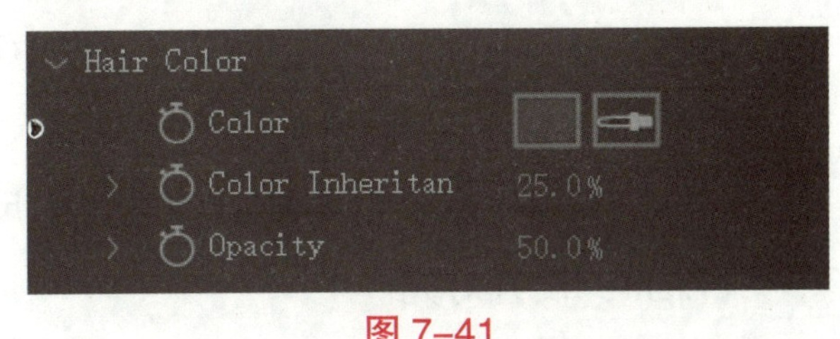

图 7–41

• Light：设置灯光。

• Shading：设置毛发的阴影。

8. CC Mr. Mercury

CC Mr.Mercury 特效可以将图像色彩等元素变形为水银滴落的动态粒子效果。选中要添加水银滴落特效的图层，执行“效果→模拟→ CC Mr.Mercury”命令，特效参数如图 7–42 所示。

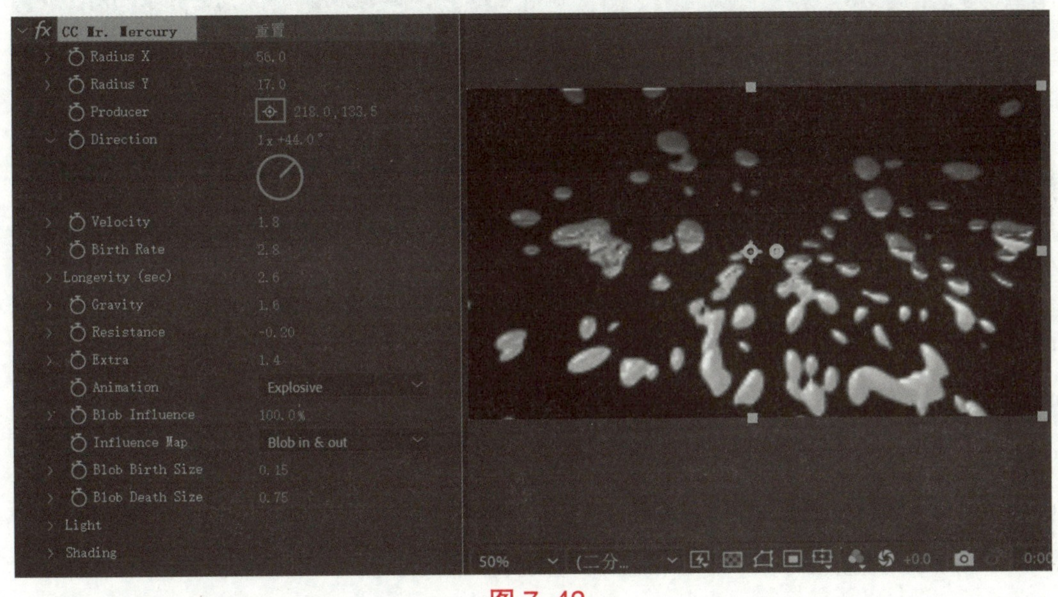

图 7–42

• Radius X/Y：设置 X/Y 轴上粒子的分布。

• Producer：设置发生器的位置。

• Direction：设置粒子流动的方向。

• Velocity：设置粒子的分散程度，数值越大，越分散。

• Birth Rate：设置在一定时间内产生的粒子数量。

• Longevity：设置粒子的存活时间，单位为秒。

• Gravity：设置粒子下落的重力大小。

• Resistance：设置粒子产生时的阻力。值越大，粒子发射的速度越小。

• Extra：设置粒子的扭曲程度。当 Animation（动画）右侧的粒子方式为 Explosive 时才有效。

• Blob Influence：设置对每滴水银的影响力大小。

• Influence Map：在右侧的下拉列表中可以选择影响贴图的方式。

• Blob Birth Size：设置粒子产生时的尺寸大小。

• Blob Death Size：设置粒子消失时的尺寸大小。

• Light：设置灯光。

• Shading：设置阴影。

9. CC Particle Systems Ⅱ

CC Particle Systems Ⅱ二维粒子运动特效，可以产生大量运动的粒子。通过对粒子颜色、形状、产生方式等的设置，制作出不同的效果。选中要添加特效的图层，执行“效果→模拟→CC Particle Systems Ⅱ”命令，特效参数如图 7-43 所示。

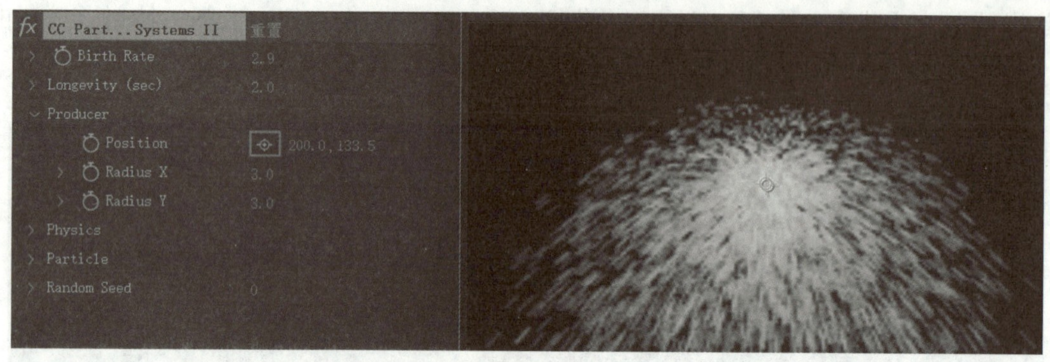

图 7-43

• Birth Rate：设置粒子产生的数量。

• Longevity：设置粒子的存活时间，其单位为秒。

• Producer：设置粒子产生的位置及范围。

➢ Position：设置粒子发生器的位置。

➢ Radius X/Y：设置粒子在 X/Y 轴上产生的范围大小。

• Physics：主要用于设置粒子的运动效果，如图 7-44 所示。

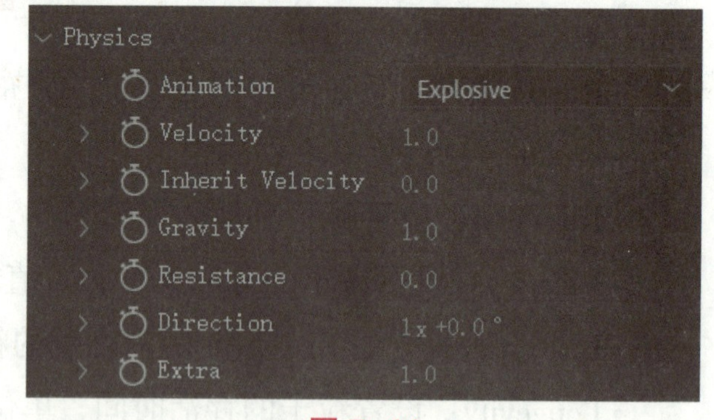

图 7-44

➢ Animation：在右侧的下拉列表中可以选择粒子的运动方式。

➢ Velocity：设置粒子的发射速度。数值越大，粒子就飞散得越高越远。

➢ Inherit Velocity：控制子粒子从主粒子继承的速率大小。

➢ Gravity：为粒子添加重力。当数值为负数时，粒子就向上运动。

➢ Resistance：设置粒子产生时的阻力。数值越大，粒子发射速度就越小。

➢ Direction：设置粒子发射的方向。

➢ Extra（追加）：设置粒子的扭曲程度。只有在 Animation 的粒子方式不是 Explosive 时，该项才可以使用。

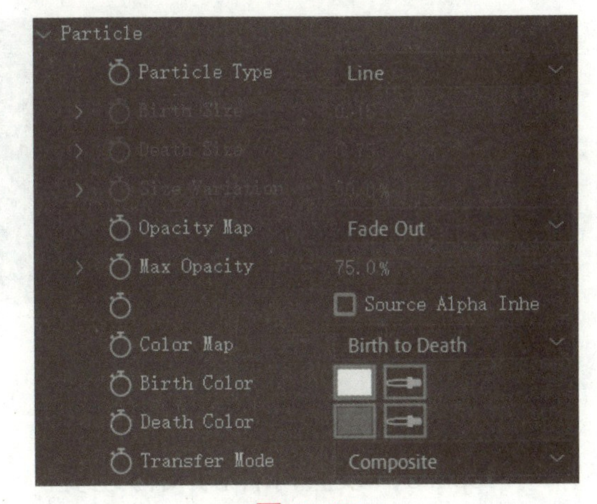

图 7-45

- Particle：主要用于设置粒子的纹理、形状以及颜色等，如图 7-45 所示。

➢ Particle Type（粒子类型）：在右侧的下拉列表中可以选择其中一种类型作为要产生的粒子的类型。

➢ Birth Size：设置刚产生的粒子的大小尺寸。

➢ Death Size：设置即将死亡的粒子的大小尺寸。

➢ Size Variation：设置粒子大小的随机变化率。

➢ Max Opacity：设置粒子的最大不透明度。

➢ Color Map：在右侧的下拉列表中可以选择粒子贴图的类型。

➢ Birth Color：设置刚产生的粒子的颜色。

➢ Death Color：设置即将死亡的粒子的颜色。

➢ Transfer Mode：设置粒子之间的叠加模式。

- Random seed：随机粒子。

10. CC Particle World

CC Particle World 三维粒子运动特效，此特效模拟三维空间中发射粒子效果。选中要添加特效的图层，执行“效果→模拟→ CC Particle World”命令，特效参数如图 7-46 所示。

图 7-46

- Grid & Guides：设置网格与参考线的各项数值。
- Birth Rate：设置粒子产生的数量。
- Longevity：设置粒子的存活时间，其单位为秒。
- Producer：设置粒子产生的位置及范围。
- Physics：主要用于设置粒子的运动效果。
- Particle：主要用于设置粒子的纹理、形状以及颜色等。

11. CC Star Burst

CC Star Burst，星爆特效，根据指定层的特性，将该层的颜色拆分为粒子，产生动态星爆效果。选中要添加特效的图层，执行“效果→模拟→ CC Star Burst”命令，特效参数如图 7-47 所示。

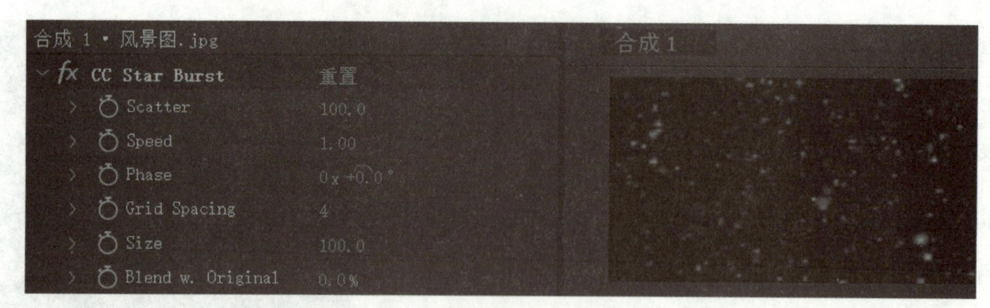

图 7–47

• Scatter：设置球体的分散程度。

• Speed：设置球体的飞行速度。

• Phase：设置球体的旋转角度。

• Grid Spacing：设置球体之间的距离。

• Size：设置球体的大小。

• Blend w.Original：设置与原图的混合程度。

12. 碎片

碎片特效能够模拟素材粉碎爆炸效果。选中要添加特效的图层，执行“效果→模拟→碎片”命令，特效参数如图 7–48 所示。

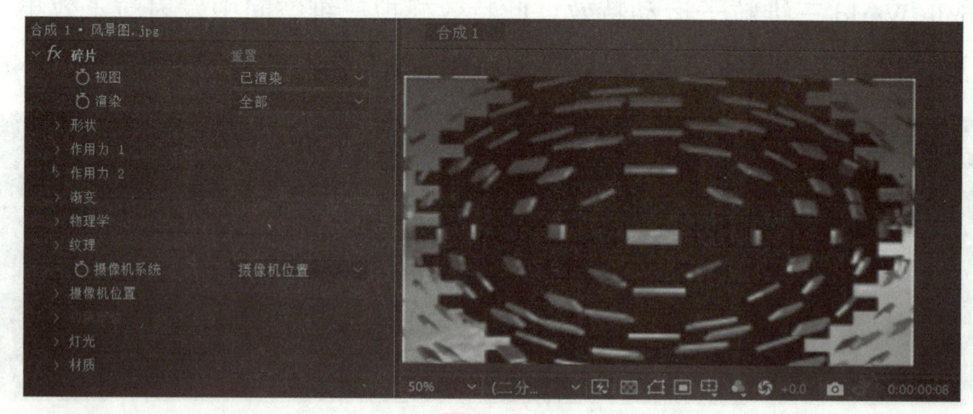

图 7–48

• 视图：选择爆炸在合成窗口中的呈现方式，如图 7–49 所示。

• 渲染：选择需要显示的对象。“全部”方式显示所有的对象（包括爆炸的碎片和没有爆炸的图像）；“图层”方式显示没有爆炸的图像；“块”方式显示爆炸的碎片。

• 形状：设置爆炸碎片的形状等参数，如图 7–50 所示。

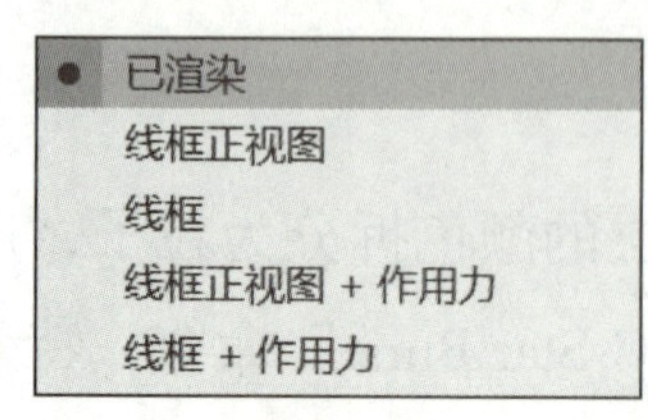

图 7–49

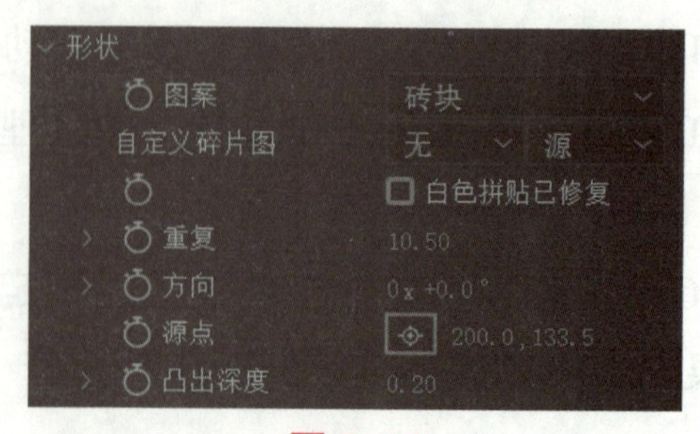

图 7–50

➢ 图案：选择爆炸将形成何种图案，有 20 种图案可供选择。

➢ 自定义碎片图：选择一个作为爆炸后形状的层，必须在图案中选中“自定义项本参数选择的层”才有意义。

➢ 白色拼贴已修复：勾选此复选框让白色平铺在层上。

➢ 重复：设置碎片的重复数量，值越大，碎片越多，所需要的渲染时间也越长。

➢ 方向：控制爆炸的角度。

➢ 源点：设置碎片图形的起源位置。

➢ 凸出深度：设置爆炸后碎片的厚度感，能够制造立体视觉效果。

• 作用力 1：设置爆炸的区域、中心和半径等，如图 7–51 所示。

➢ 位置：设置爆炸区域的中心位置。

➢ 深度：设置爆炸物在 Z 轴上的深度，也就是向外凸出还是向内凹进。

➢ 半径：设置爆炸区域的半径大小。

➢ 强度：设置爆炸强度，值越大，碎片飞得越远。

• 作用力 2：同作用力 1。

• 渐变：设置各种渐变信息。

➢ 碎片阈值：设置粉碎阈值。

➢ 渐变图层：选择一个渐变层来影响爆炸，白色为 100%影响，黑色为不影响。

• 物理学：设置和物理学有关的特性，如图 7–52 所示。

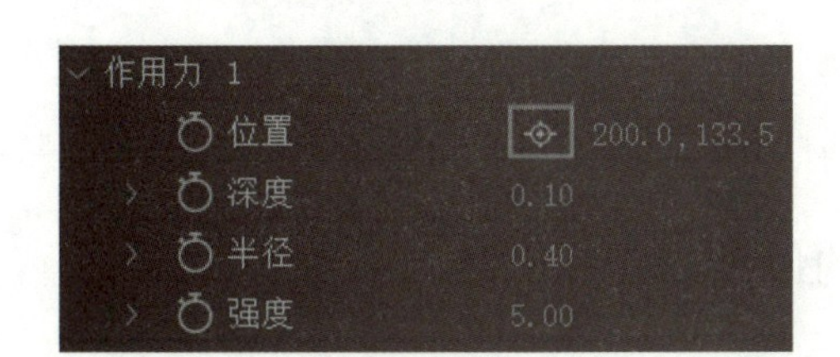

图 7–51

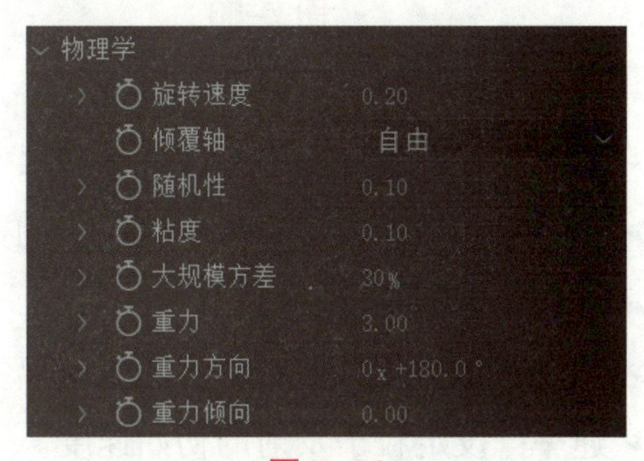

图 7–52

➢ 旋转速度：设置碎片的旋转速度。

➢ 倾覆轴：设置爆炸后碎片的翻转轴状态。

➢ 随机性：设置碎片的随机性质。

➢ 黏度：设置爆炸后碎片的黏性。

➢ 大规模方差：设置碎片之间一起变化的百分比率。

➢ 重力：设置重力的大小。

➢ 重力方向：设置重力的吸引方向。

➢ 重力倾向：设置重力的倾斜程度。

• 纹理：为爆炸后的碎片进行贴图。

• 摄像机系统：选择用来摄像的系统，包括摄像机位置、边角定位、合成摄像机三种模式。

• 摄像机位置：对摄像机的参数进行设置。

• 边角定位：对边角定位的参数进行设置。

• 灯光：对灯光进行设置。

• 材质：对物理材质进行设置。

13. 粒子运动场

粒子运动场特效能够模拟多种粒子效果，如下雨、下雪、烟、雾等。选中要添加特效的图层，执行“效果→模拟→粒子运动场”命令，特效参数如图 7–53 所示。

• 发射：用于设置加农粒子的发射，参数如图 7–54 所示。

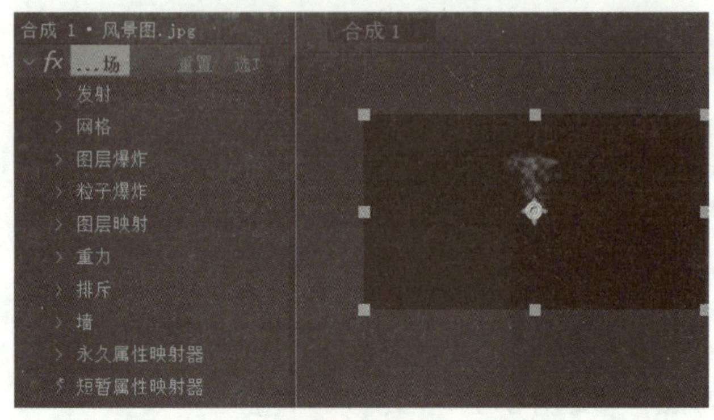

图 7–53

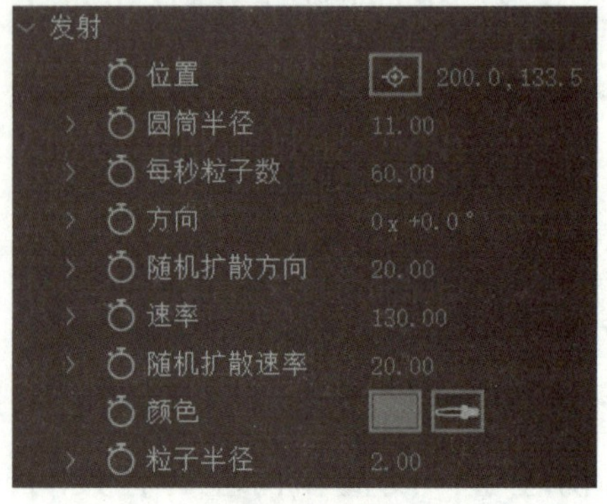

图 7–54

➢ 位置：设定粒子发射点的位置。

➢ 圆筒半径：设置发射的柱体半径尺寸。

➢ 每秒粒子数：设定每秒产生粒子的数量。

➢ 方向：控制粒子发射的角度。

➢ 随机扩散方向：控制粒子随机偏离发射方向的偏离量。

➢ 速率：设定粒子发射的初始速度。

➢ 随机扩散速率：控制粒子速度的随机量。

➢ 颜色：设定粒子或者文字的颜色。

➢ 粒子半径：设定粒子尺寸大小。

• 网格：设置网格粒子发生器。网格粒子发生器从一组网格交叉点产生连续的粒子面。网格粒子的移动全靠重力、排斥、墙和属性映像设置。在默认情况下重力属性打开，网格粒子向框架的底部飘落。其控制参数基本同发射设置。

• 图层爆炸：将目标层分裂为粒子，可以模拟爆炸、烟火等效果。其控制参数如图 7–55 所示。

图 7–55

➢ 引爆图层：选择要爆炸的图层。

➢ 新粒子的半径：为爆炸所产生的粒子输入一个半径值，该值必须小于原始层的半径值。

➢ 分散速度：控制粒子速度变化范围的最大值。值越大，产生的爆炸粒子越分散；值越小，产生的爆炸粒子越聚集。

• 粒子爆炸：将一个粒子分裂成许多新的粒子。可以用来模拟爆炸、烟火等效果。其控制参数如图 7–56 所示。

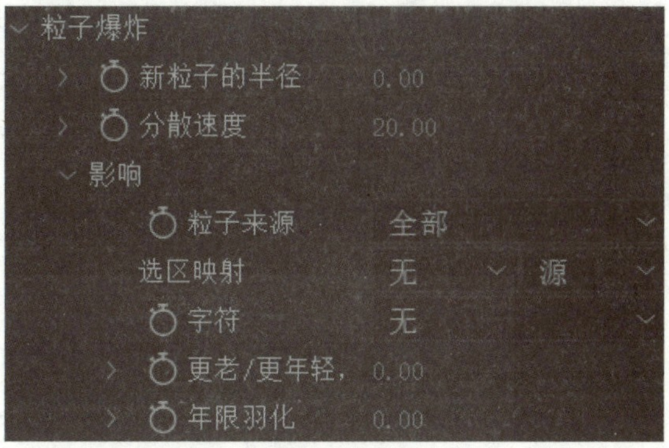

图 7–56

➢ 新粒子的半径：为爆炸所产生的粒子输入一个半径值，该值必须小于原始层的半径值。

➢ 分散速度：控制粒子速度变化范围的最大值。值越大，产生的爆炸粒子越分散；值越小，产生的爆炸粒子越聚集。

➢ 影响：指定哪些粒子受选项的影响。

➢ 粒子来源：可在其下拉列表中选择粒子发生器。

➢ 选区映射：可在其下拉列表中指定一个层映像，决定在当前选项下影响哪些粒子。

➢ 字符：在下拉列表中，可以指定受当前选项影响的字符的文本区域。只有将文本字符作为粒子使用时，该项才有效。

➢ 更老 / 更年轻：用于设定粒子受当前选项影响的年龄上限或下限，正值影响旧粒子，负值影响新粒子。

➢ 年限羽化：在指定的时间范围内所有的旧粒子或新粒子都会被羽化。

• 图层映射：可以指定合成图像中的任意层作为粒子的贴图来替换粒子。粒子贴图既可以是静止图像，也可以是动态视频。使用动态素材时，可以设定每个粒子产生时定位在哪一帧。其控制参数如图 7–57 所示。

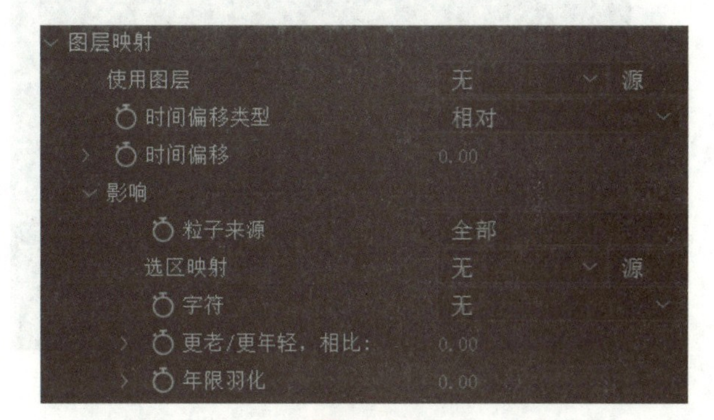

图 7–57

➢ 使用图层：指定用于映像的层。

➢ 时间偏移类型：选择从哪一帧开始播放，用于产生粒子的映像层。该选项共提供了四种方式，其中，“相对”方式由设定的时间位移决定从哪里开始播放；“绝对”方式根据设定的时间位移显示映像层中的一帧而忽略当前时间；“相对随机”方式每个粒子都从映像层中一个随机的帧开始；“绝对随机”方式每个粒子都从映像层中的 0 到所设置的 Random Time Max 值之间任意一帧开始。

➢ 时间偏移：控制时间位移效果。

➢ 影响：指定哪些粒子受选项的影响。其主要选项的参数同粒子爆炸的影响参数类似。

• 重力：在指定的方向上影响粒子的运动状态，模拟真实世界中的重力现象。其控制参数如图 7–58 所示。

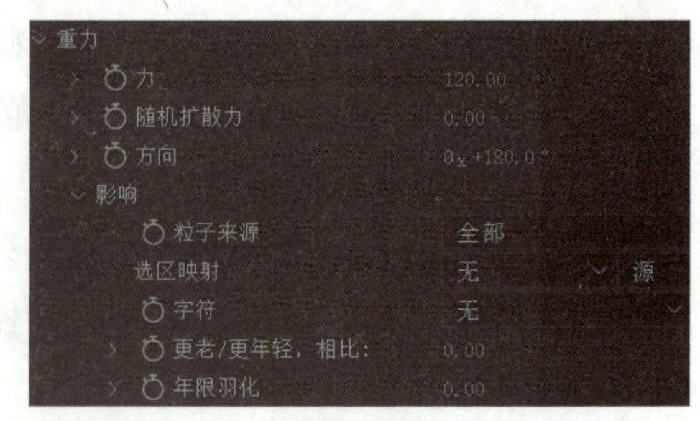

图 7–58

➢ 力：设置重力的大小。正值沿重力方向影响粒子，负值沿重力方向反向影响粒子。

➢ 随机扩散力：指定重力影响力的随机值范围。值为 0 时，所有粒子都以相同的速率下落；当值较大时，粒子以不同的速率下落。

➢ 方向：设置重力的方向，默认值为 180°，重力向下。

➢ 影响：指定哪些粒子受选项的影响，其主要选项的参数同粒子爆炸的影响参数类似。

• 排斥：控制相邻粒子的相互排斥或吸引，类似正、负磁极。其控制参数如图 7–59 所示。

➢ 力：指定排斥力的影响程度。正值排斥，负值吸引。

➢ 力半径：指定粒子受到排斥或吸引的范围，使粒子只能在这个范围内受到排斥或吸引。

➢ 排斥物：指定哪些粒子作为一个粒子子集的排斥源或吸引源。

➢ 影响：指定哪些粒子受选项的影响。其主要选项的参数同粒子爆炸的影响参数类似。

• 墙：约束粒子活动的区域。可以用遮罩工具画一个 Mask，让产生的粒子限制在 Mask 的区域内。当一个粒子碰到墙时，它就以碰墙的力度所产生的速度弹回。其控制参数如图 7–60 所示。

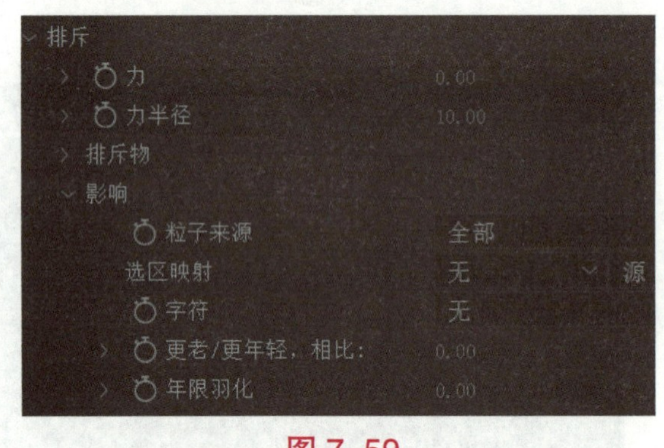

图 7–59

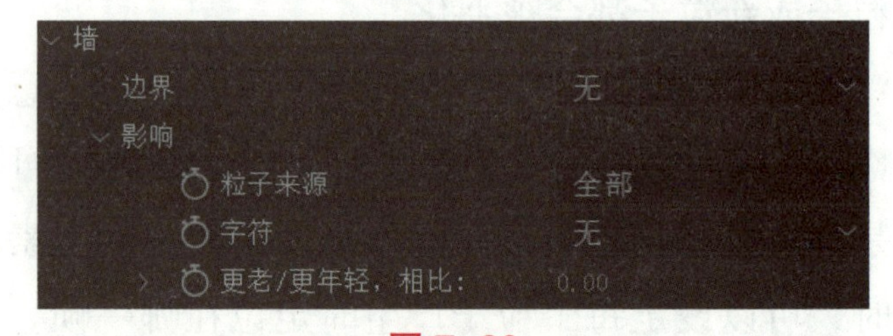

图 7–60

➢ 边界：选择一个遮罩作为边界墙。

➢ 影响：指定哪些粒子受选项的影响。其主要选项的参数同粒子爆炸的影响参数类似。

• 永久属性映射器：改变粒子属性为最近的值，直到另一个运算（如排斥、重力或墙）修改了粒子。如果使用层映像改变了粒子属性，并且动画层映像使它退出屏幕，则粒子保持层映像退出屏幕时的状态。

• 短暂属性映射器：在每一帧后恢复粒子属性为初始值。如果使用层映像改变粒子的状态，并且动画层映像使它退出屏幕，那么每个粒子在没有层映像之后，将马上恢复成原来的状态。

三、After Effects 的生成特效

生成特效主要功能是为图像添加各种填充或纹理，如圆形、渐变等，同时也可对音频添加一定的特效及渲染效果。下面介绍几种常用的生成特效。

1. CC Light Rays

CC Light Rays 特效模拟一个强光前面加一个阻挡的效果。选择需要添加 CC 光线的图层，执行“效果→生成→ CC Light Rays”命令，特效参数如图 7-61 所示。

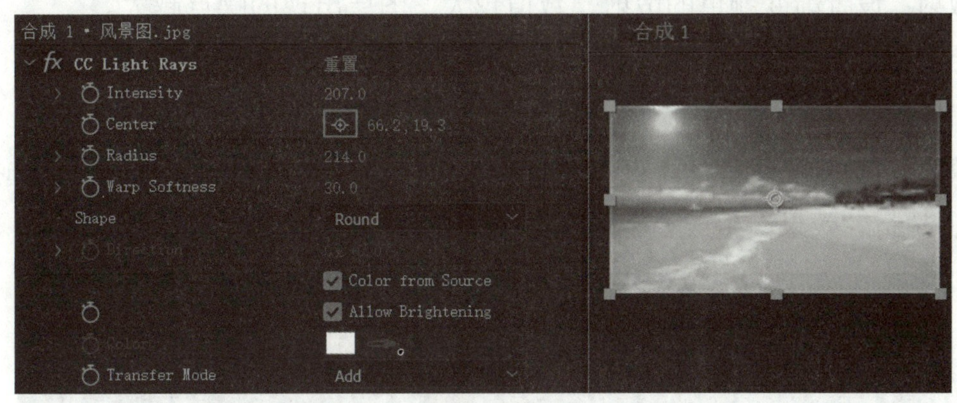

图 7-61

- Intensity：控制光线的强度。
- Center：设置光线的中心位置。
- Radius：设置光线的半径。
- Warp Softness：设置效果边缘的柔化程度。
- Shape：设置光线的形状。
- Direction：设置光线效果的方向，只有形状定义为 Square 时才能使用。
- Color from Source：启用该选项后，将从源点位置开始有颜色。
- Allow Brightening：启用该选项，将使效果跟随相应的效果中心。
- Transfer Mode：设置效果和背景图像之间的叠加模式。

2. 梯度渐变

梯度渐变特效默认是由黑到白的线性渐变效果。选择需要添加渐变的图层，执行“效果→生成→梯度渐变”命令，特效参数如图 7-62 所示。

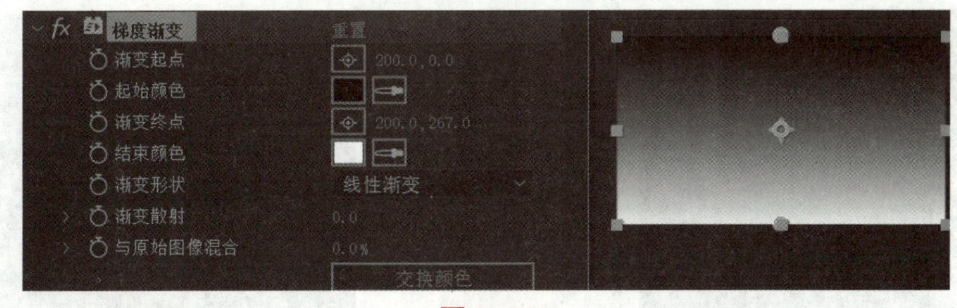

图 7-62

• 渐变起点：设置起始点的位置。

• 起始颜色：设置起始点的颜色。

• 渐变终点：设置结束点的位置。

• 结束颜色：设置结束点的颜色。

• 渐变形状：设置渐变的方式。该特效提供了两种方式，默认是线性渐变，还有一种是径向渐变。

• 渐变散射：设置渐变颜色的散射，数值越大，图层出现的噪点越大。

• 与原始图像混合：设置渐变层和原图层的混合程度。

3. 分形

分形特效通过对规则纹理的不断细分和衍生，来产生不规则的随机效果。选择需要添加分形的图层，执行“效果→生成→分形”命令，特效参数如图 7–63 所示。

图 7–63

• 设置选项：在该选项的下拉列表中选择不同选项，可设置分形的方法。这 6 种方法都属于记忆棒的分形算法——曼德布罗特和朱莉娅分形法。

• 等式：在该选项的下拉列表中选择不同选项，可定义不同算法表达式。

• 曼德布罗特 / 朱莉娅：分形算法的设置，如图 7–64 所示。

➢ X（真实的）：设置在 X 轴方向分形的位置。

➢ Y（虚构的）：设置在 Y 轴方向分形的位置。

➢ 放大率：设置分形的比例。

➢ 扩展限制：设置分形的极限。

• 颜色：可以设置分形的颜色，如图 7–65 所示。

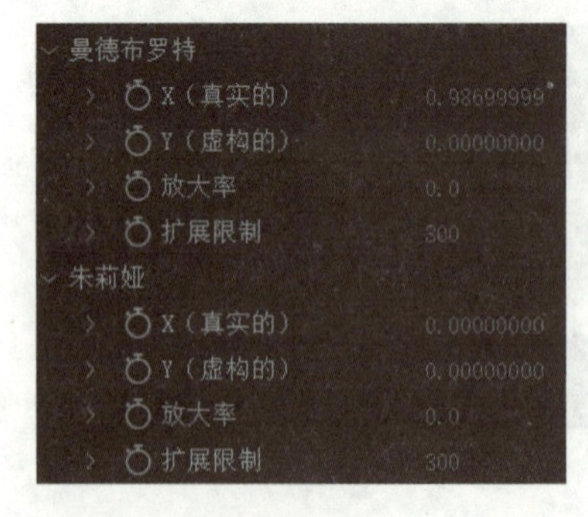

图 7–64

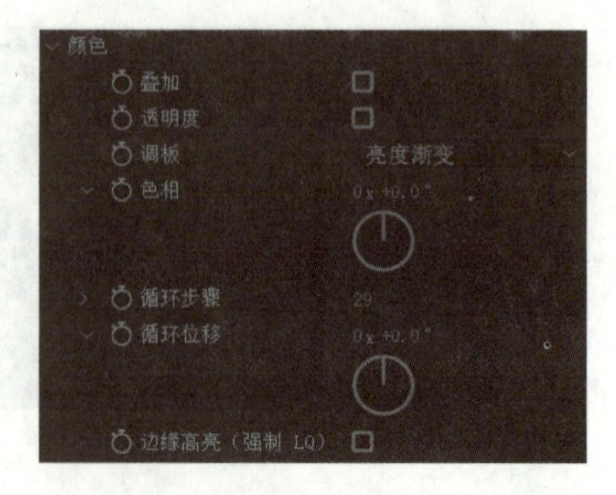

图 7–65

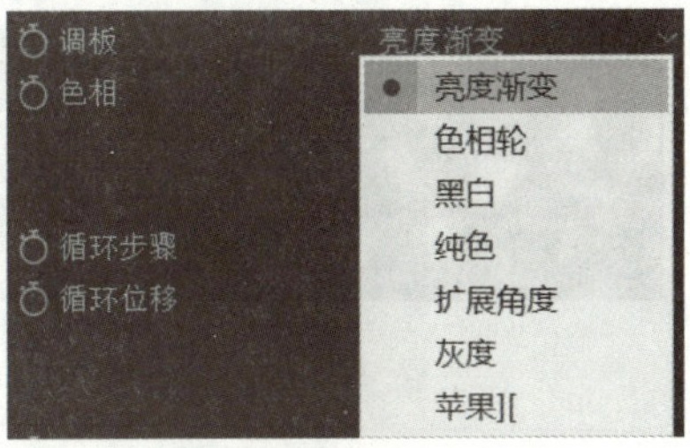

➢ 叠加：设置颜色的叠加模式。

➢ 透明度：设置颜色的透明度。

➢ 调板：设置分形调色板的类型，如图 7-66 所示。

➢ 色相：可以更改颜色。

➢ 循环步骤：设置颜色的循环步数。

➢ 循环位移：设置颜色循环的偏移。

➢ 边缘高光：选择该选项，边缘会产生高光效果。

图 7-66

• 高品质设置：可以对分形进行细节调整。

4. 镜头光晕

镜头光晕特效用于为图像添加光晕效果。选择需要添加镜头光晕的图层，执行“效果→生成→镜头光晕”命令，特效参数如图 7-67 所示。

图 7-67

• 光晕中心：设置镜头光晕的中心位置。

• 光晕亮度：设置光线的强度。

• 镜头类型：设置镜头的类型，包括 50~300 毫米变焦、35 毫米定焦、105 毫米定焦三种。

• 与原始图像混合：设置与原始图像融合的比例。

5. 单元格图案

单元格图案特效也称为细胞图案，可以产生一个个细胞紧密聚集在一起的效果。选择需要添加图案的图层，执行“效果→生成→单元格图案”命令，特效参数如图 7-68 所示。

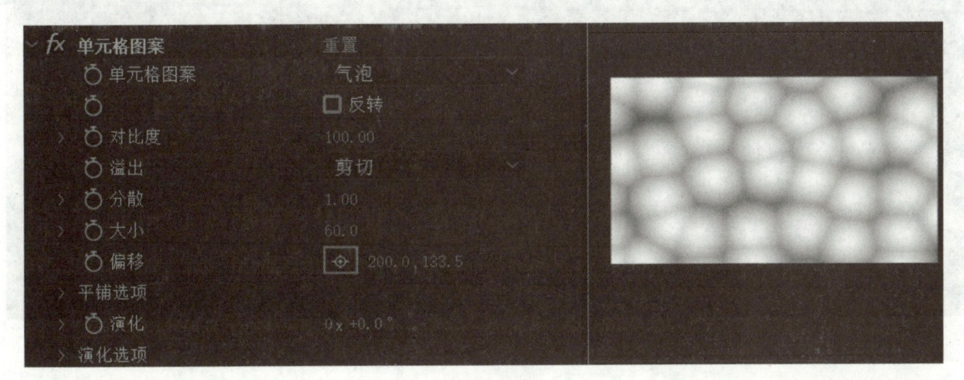

图 7-68

• 单元格图案：指定单元格图案的具体形态，共包括 12 种类型，如图 7-69 所示是其中几种图案效果。

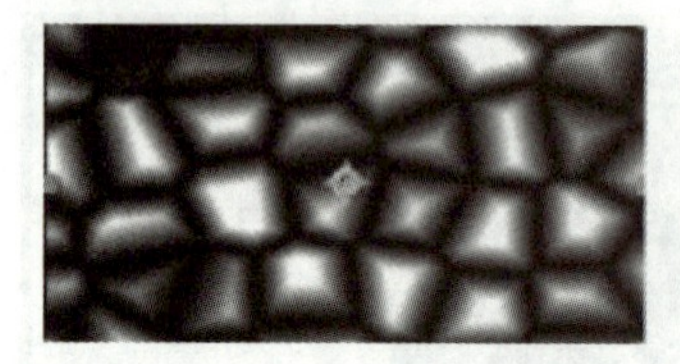  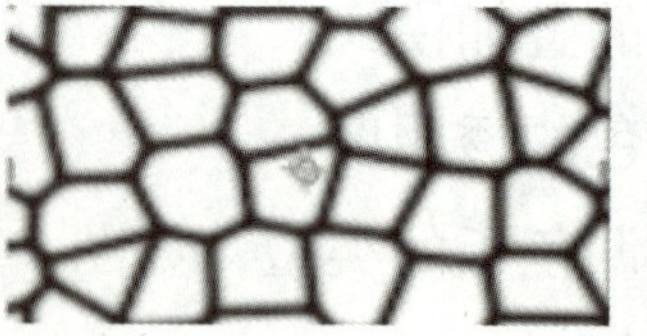 

图 7-69

• 反转：勾选该复选框后能将单元图案上的黑白区域互相替换。

• 对比度：设置单元图案的对比度。

• 溢出：设置单元图案的溢出方式，有剪切、柔和固定、反绕 3 种。

• 分散：设置单元格的分散程度。

• 大小：设置单元格的大小。

• 偏移：设置单元图案的位置偏移。

• 平铺选项：启用平铺后，即可通过水平单元格和垂直单元格参数控制单元图案在水平和垂直方向上的平铺次数。

• 演化：设置单元图案的变化相位。

• 演化选项：设置单元图案变化的循环演变和随机种子。

6. 音频频谱

音频频谱特效可以将指定的音频层以频谱波段形式图像化。图像化的音频频谱可以沿层的路径进行显示，也可以与其他层叠加显示。选择需要添加音频频谱的图层，执行“效果→生成→音频频谱”命令，特效参数如图 7-70 所示。

图 7-70

• 音频层：设置用于显示频谱波段的音频层。

• 起始点：在没有指定路径的情况下，设置频谱波段在合成图像中的开始位置。

• 结束点：在没有指定路径的情况下，设置频谱波段在合成图像中的结束位置。

• 路径：如果用钢笔工具在合成图像中绘制了路径，那么可以选择频谱波段沿路径进行显示。

• 使用极坐标路径：勾选该复选框后，频谱波段从一个点开始，呈放射状显示。

• 起始频率 / 结束频率：以 Hz 为单位指定频谱范围，取值范围为 1~22050。

• 频段：设置频谱波段的数量，取值范围为 1~4096。

• 最大高度：以像素为单位设置频谱波段的最大高度，取值范围为 1~32000。

• 音频持续时间（毫秒）：设置频谱波段的持续时间，以 ms 为单位。

• 音频偏移（毫秒）：设置频谱波段的位置偏移量。

• 厚度：设置频谱波段的厚度。

• 柔和度：设置频谱波段的柔和程度。

• 内部 / 外部颜色：设置频谱波段的内部 / 外部颜色。

• 混合叠加颜色：频谱波段颜色的混合交叠开关。

• 色相插值：设置频谱波段的色彩变化。

• 动态色相：勾选此复选框后，频谱波段的开始颜色将偏移到显示的频率范围中最大的频率。

• 颜色对称：勾选此复选框后，频谱波段显示的颜色在起点和终点是相同的，在封闭的路径上显示的色相是连续的。

• 显示选项：设置频谱图像的显示方式，有数字、模拟谱线、模拟频点 3 种方式。

• 面选项：设置频谱图像显示的面，有 A 面、B 面、A 面和 B 面 3 个面。

• 持续时间平均化：勾选此复选框后，可降低随机率。

• 在原始图像上合成：勾选此复选框后，可同时显示频谱图像和源图像。

项目拓展

一、拓展任务

以“众志成城 共克时艰”或“精益求精”为主题，制作一个 10~20s 的片头。

二、制作要求

1. 分工协作

（1）以小组为单位，选择主题及搜集素材。

（2）每个片头需要综合运用生成、模拟、透视特效中的效果进行设置。

（3）片头字幕制作动态流光金属字效果。

（4）画面美观，色彩协调，动作流畅，创意新颖。

2. 各显神通

小组成员利用本组的主题和素材，分别完成片头制作。镜头动画可自主设计，根据选取素材情况合理添加镜头光晕、模拟仿真和透视等特效技术。

3. 作品展示

将作品提交到教学平台或交流群，互相点评，推荐最优小组和最优作品。

巩固训练

一、填空题

1. __________特效可以模拟各种破碎、爆炸效果。可以设置爆炸点、爆炸范围、碎片形状等效果。

2. __________可以用于模拟比较复杂的动态效果和复杂无规律的表面纹理，例如烟雾、流动的水、岩石表面和燃烧等。

二、上机实训

1. 利用模拟中的粒子运动场特效，制作不同颜色的“动态文字雨效果”几个字从上到下满屏掉落的效果，如图 7-71 所示。

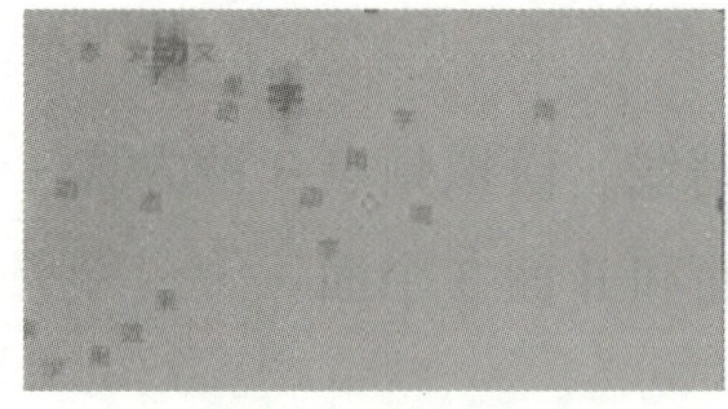
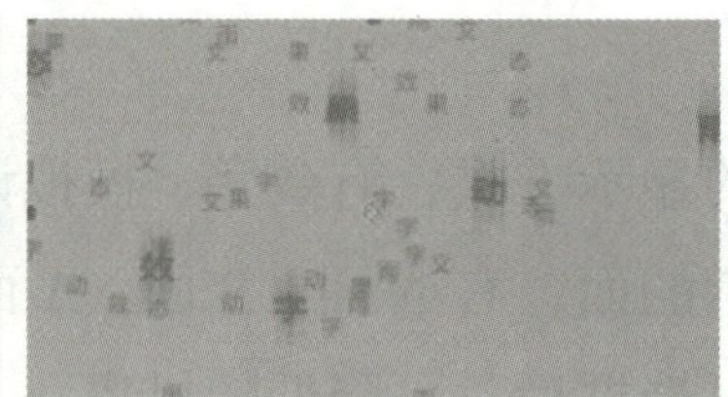
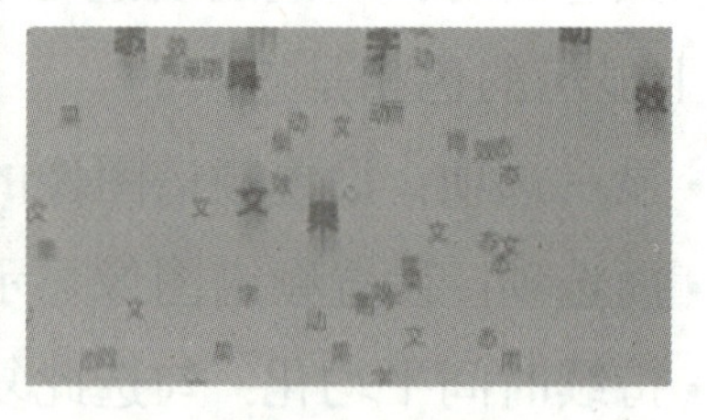

图 7-71

2. 利用碎片特效，制作 3D 立体文字动画“精益求精”，效果如图 7-72 所示。

图 7-72

3. 利用透视和生成特效，制作如图 7-73 所示效果。

图 7-73

大国工匠栏目包装

——扭曲、过渡、音频特效

项目描述

根据提供的素材，制作大国工匠栏目包装示范效果。本案例通过使用过渡、遮罩、扭曲等特效，完成大国工匠栏目包装片头制作，最终效果如图 8–1 所示。

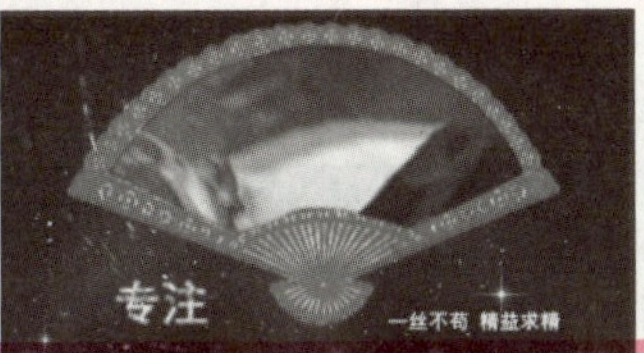

图 8–1

学习目标

知识目标

1. 掌握 AE 中常用的扭曲特效的用法。
2. 掌握 AE 中常用的过渡特效的用法。
3. 掌握 AE 中常用的音频特效的用法。

能力目标

1. 能利用过渡特效制作扇面展开效果。
2. 能正确应用蒙版。
3. 能利用音频特效处理声音效果。
4. 能制作文字渐隐渐显效果。

情感目标

1. 通过大国工匠片头制作，体会工匠精神的实质。
2. 通过分镜头制作，培养学生的工作流程意识和团队合作精神。

任务 1 镜头 1——展开扇子效果

任务解析

在本任务中，需要完成以下操作：

- 为扇面及视频绘制遮罩蒙版。
- 制作动态金属字效果和文字光线擦除效果。
- 用过渡特效制作扇面展开效果。

任务制作

（1）启动 After Effects 软件，新建名称为“扇子”的合成，选择预设模式为 HDV/HDTV 720 25，时间长度为 10 秒。

（2）导入素材。执行“文件→导入→文件”命令，或双击项目面板空白处，打开“导入文件”对话框，按【Ctrl】键选择素材“扇面 .jpg”“剪纸 .mp4”和“嵌银 .mp4”，单击“导入”按钮。

（3）制作“扇面 .jpg”蒙版效果。将“扇面 .jpg”拖放到合成“扇子”的时间线面板，选中该图层，用钢笔工具沿扇面内部绘制蒙版，如图 8-2 所示，勾选蒙版右边的“反转”复选框，效果如图 8-3 所示。

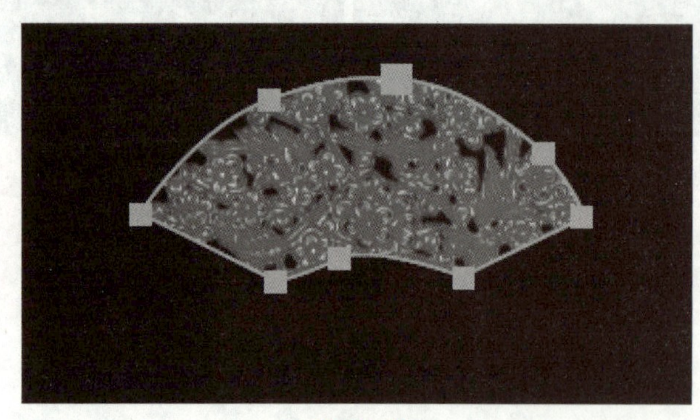

图 8-2

图 8-3

（4）制作视频在扇面蒙版内的显示效果。将“剪纸 .mp4”“嵌银 .mp4”拖放到合成“扇子”时间线面板中“扇面 .jpg”的下方，选中“扇面 .jpg”蒙版，按【Ctrl+C】组合键复制蒙版，分别选择图层“剪纸 .mp4”和“嵌银 .mp4”；按【Ctrl+V】组合键粘贴蒙版到两个视频层，取消勾选“反转”复选框，调整蒙版的羽化值为 10。参数设置完成后时间线如图 8-4 所示，预览效果如图 8-5 所示。

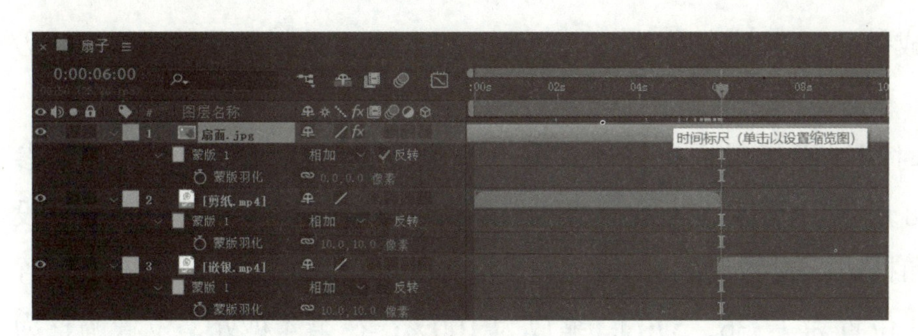

图 8-4

图 8-5

（5）制作金色文字“专注”。新建名称为“专注”的合成，选择预设模式为 HDV/HDTV 720 25，时间长度为 8 秒。在时间线面板上新建文本图层，输入文字“专注”，选择字体为黑体，字号为 80 像素，颜色为白色。

导入素材“贴图流光拉丝金属 .mp4”，拖放到时间线面板文字图层下方，调整缩放值为 15%。执行“效果→颜色校正→亮度和对比度”命令，调整亮度参数为 50，提高贴图的亮度。在时间线面板中设置该层的轨道遮罩模式为“Alpha 遮罩‘专注’”。参数设置完成后时间线如图 8-6 所示。

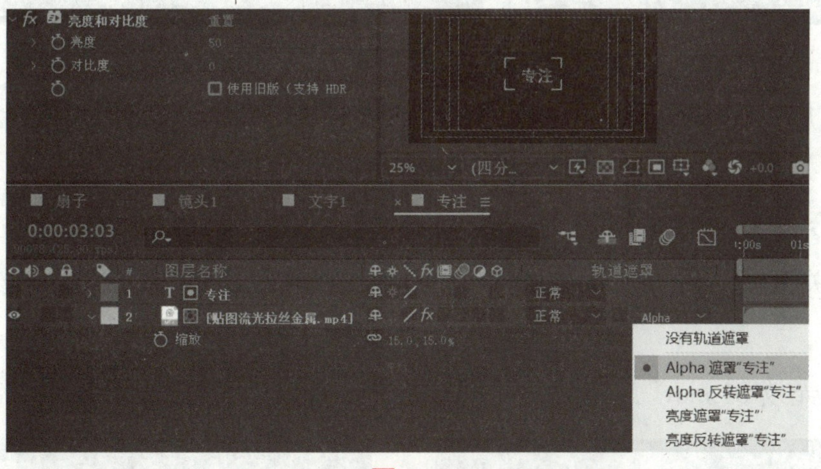

图 8-6

执行“效果→颜色校正→曲线”命令，分别调整 R/G/B 3 个颜色通道的曲线，使文字变成金色，如图 8-7 所示。

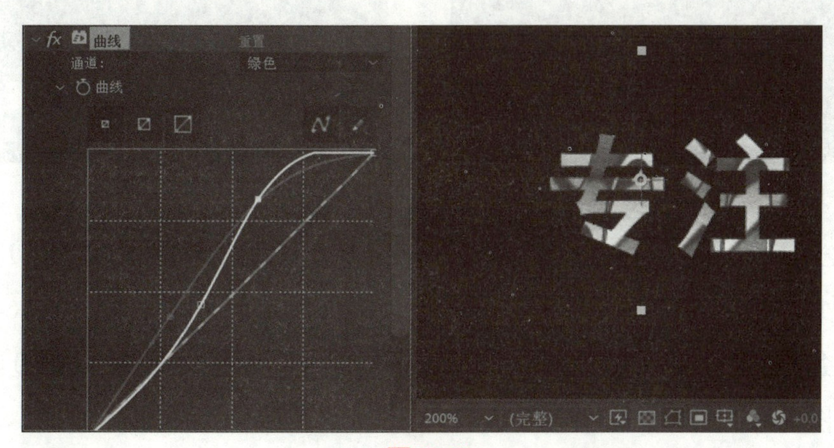

图 8-7

（6）制作文字与光效合成效果。新建名称为“文字 1”的合成，选择预设模式为 HDV/HDTV 720 25，时间长度为 10 秒。

将合成“专注”拖放到时间线面板中，执行“效果→颜色校正→曲线”命令，调整参数，增加文字亮度，如图 8–8 所示。执行“效果→透视→斜面 Alpha”和“效果→透视→投影”命令，为文字添加倒角和投影，参数设置和效果如图 8–9 所示。为“专注”层添加位置和缩放关键帧，在第 2 秒处，位置为（336，570），缩放为 100%；在第 4 秒处，位置调整为（303，570），缩放为 120%。

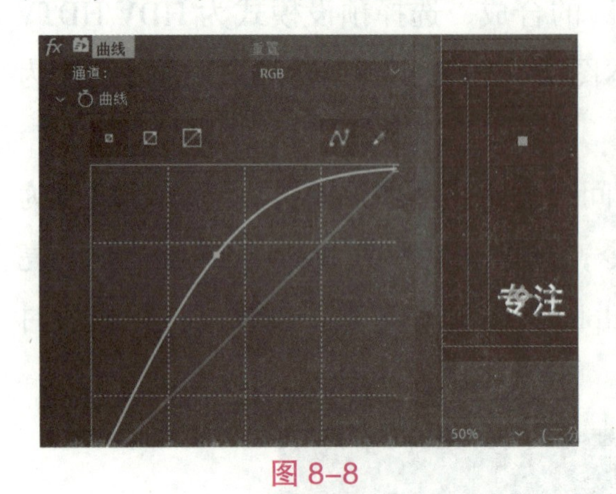

图 8–8

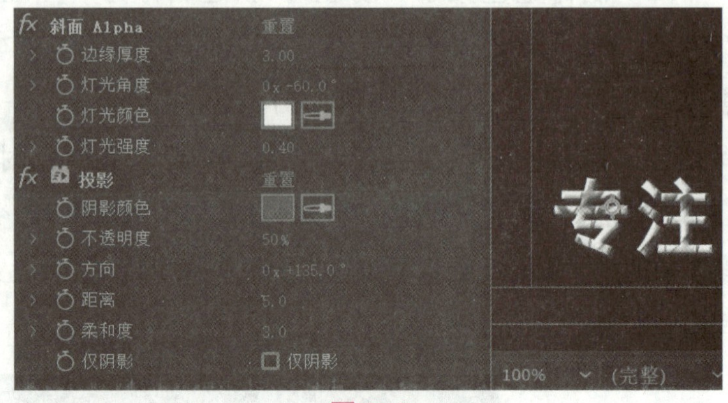

图 8–9

新建文本图层，输入文字“一丝不苟 精益求精”，字体为黑体，字号为 40 像素，颜色为白色。执行“效果→透视→投影”命令，为文字添加灰色投影。执行“效果→过渡→ CC Light Wipe”命令，为文字图层添加光线擦除过渡效果。将时间指针定位到第 2 秒处，为 Completion 添加关键帧，设置参数如图 8–10 所示；将时间指针定位到第 3 秒处，设置参数如图 8–11 所示。

导入素材“光效 01.mov”，拖放到时间线面板最下层，调整位置为（488，540）。

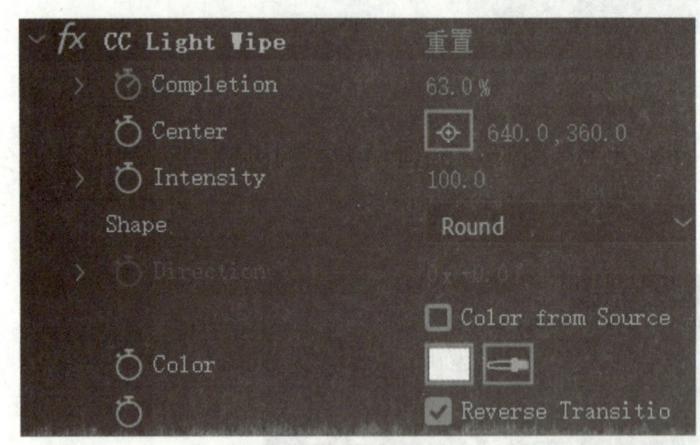

图 8–10

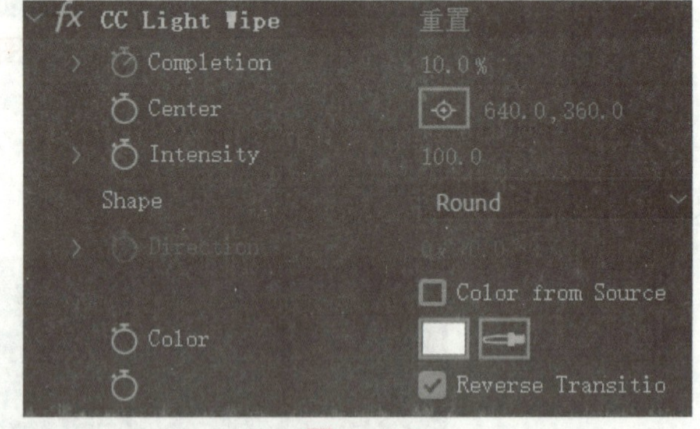

图 8–11

（7）合成镜头 1。新建名称为“镜头 1”的合成，选择预设模式为 HDV/HDTV 720 25，时间长度为 10 秒。将合成“扇子”拖放到时间线面板中，调整位置为（640，317）。执行“效果→过渡→径向擦除”命令，为“扇子”层添加沿扇面打开效果。第 0 帧处和第 2 秒处参数设置分别如图 8–12、图 8–13 所示。

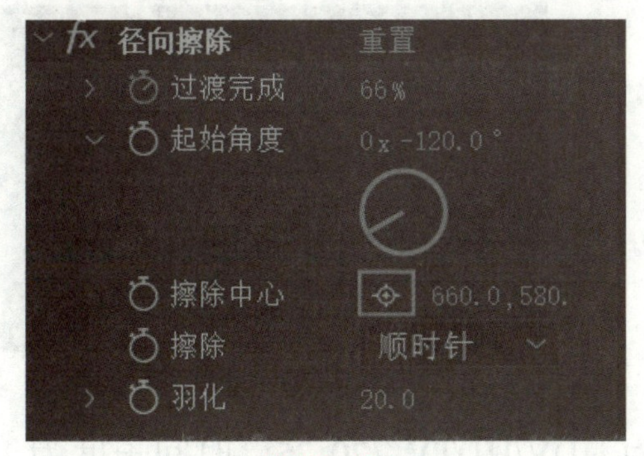

图 8-12

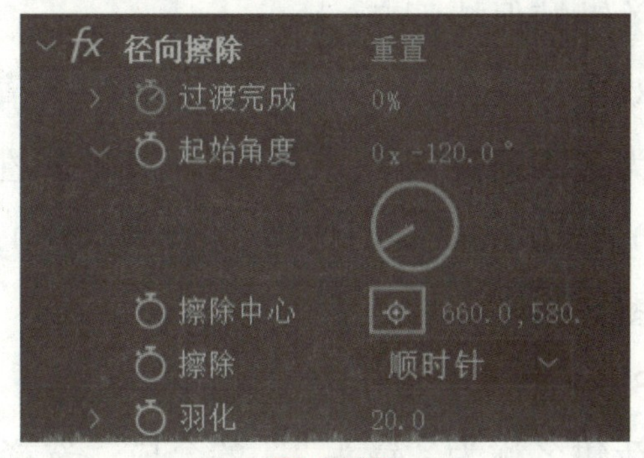

图 8-13

将合成“文字 1”拖放到时间线面板中“扇子”层的下方，导入素材“背景 .mp4”，拖放到时间线最下层，设置图层“文字 1”的模式为“相加”，至此完成镜头 1 的制作，预览效果如图 8-14 所示。

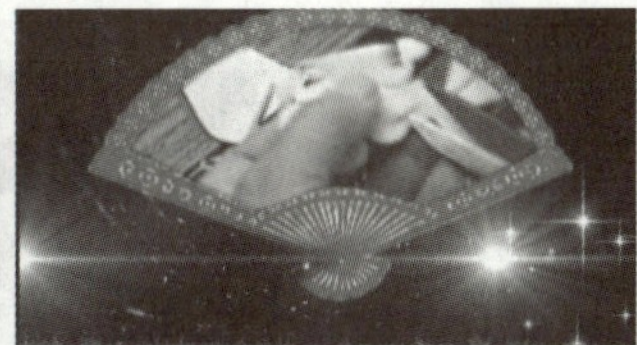

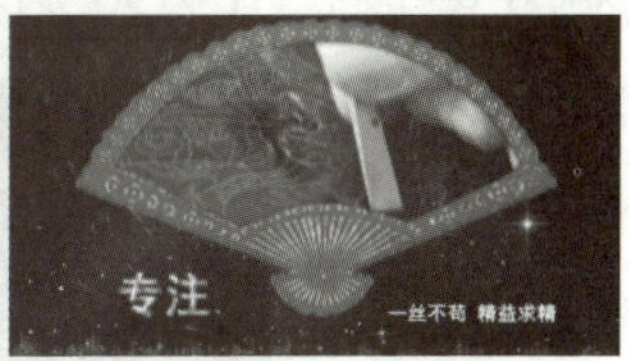

图 8-14

任务 2　镜头 2——设置蒙版效果

任务解析

在本任务中，需要完成以下操作：

- 利用湍流置换特效制作视频扭曲过渡效果。
- 利用轨道遮罩设置蒙版效果。

任务制作

1. 制作“创新”文字

在项目窗口中选中合成“专注”，按【Ctrl+D】组合键复制合成，改名为“创新”。打开合成“创新”，双击文字图层，将文字修改为“创新”，其他属性不变。

2. 制作合成“文字 2”

在项目窗口中选择合成“文字 1”，复制合成，改名为“文字 2”。在时间线面板中选中图层“专注”，按【Alt】键拖动合成“创新”到图层“专注”上进行替换。为“创新”层修改位置关键帧，在第 2 秒处，位置为（950，570），第 4 秒处，位置调整为（1035，570），缩放关键帧保持不变。

双击文字图层“一丝不苟 精益求精”，将文字修改为“不断突破 追求革新”，其他属性保持不变。将“光线 01.mov”的位置调整为（860，530），效果如图 8–15 所示。

图 8–15

3. 制作镜头 2

新建名称为“镜头 2”的合成，选择预设模式为 HDV/HDTV 720 25，时间长度为 10 秒。导入素材“面塑 .mp4”和“鲁绣 .mp4”，拖放到时间线面板，执行“效果→扭曲→湍流置换”命令，为“面塑 .mp4”层添加扭曲效果，设置湍流置换的参数，为数量和大小添加关键帧，实现“面塑 .mp4”和“鲁绣 .mp4”的扭曲过渡。在第 4 秒和第 6 秒处参数设置分别如图 8–16、图 8–17 所示。

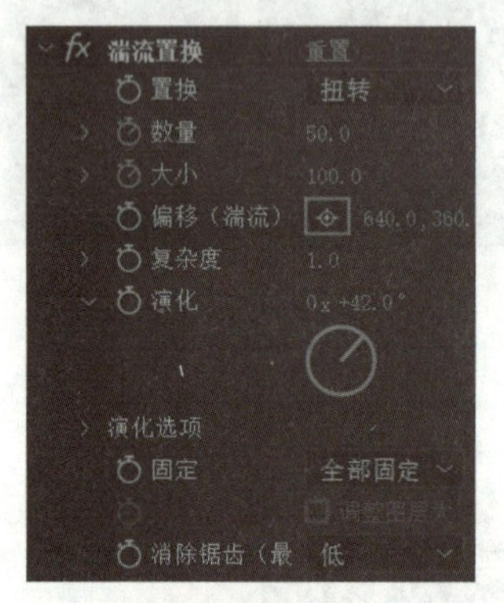

图 8–16

图 8–17

将素材“背景 .mp4”拖放到时间线面板上层，调整背景大小跟合成大小一致。导入素材“水墨 .mp4”，拖放到时间线面板“背景 .mp4”层上方，调整大小跟合成大小一致。设置“背景 .mp4”的轨道遮罩为“亮度遮罩‘水墨 .mp4’”，时间线面板如图 8–18 所示。

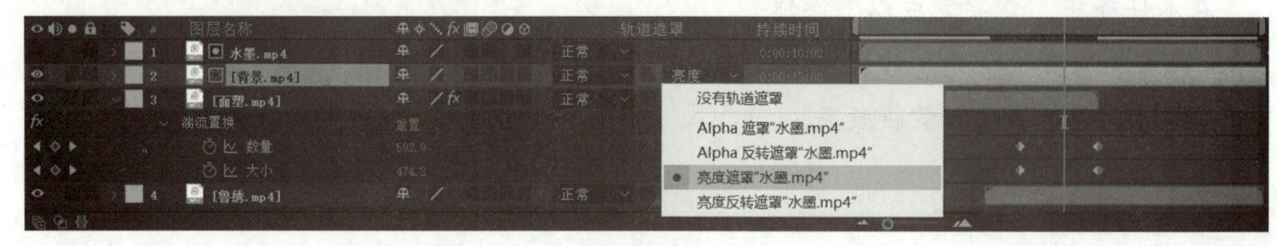

图 8–18

将合成“文字 2”拖放到时间线面板最上层，设置图层“文字 2”的模式为“相加”，至此完成镜头 2 的制作，预览效果如图 8–19 所示。

图 8–19

任务 3　镜头 3——制作文字效果

任务解析

在本任务中，需要完成以下操作：

- 利用动态拼贴制作文字纹理效果。
- 利用摄像机制作文字空间运动效果。
- 利用球面化制作文字扭曲放大效果。

任务制作

1. 大国工匠金属质感文字效果制作

新建名称为“大国工匠”的合成，选择预设模式为 HDV/HDTV 720 25，时间长度为 8 秒。执行“图层→新建→文本”命令，新建文本图层，输入文字“大国工匠”，字体为“字魂 71 号 - 御守锦书”，字号 150 像素，颜色为白色。

将素材“贴图流光拉丝金属 .mp4”拖放到文字层下方，执行“效果→颜色校正→亮度和对比度”命令，为贴图层设置亮度参数为 40，对比度参数为 100。按【Ctrl+Shift+C】组合键将“贴图流光拉丝金属 .mp4”层进行预合成，设置预合成层的轨道遮罩为“Alpha 遮罩‘大国工匠’”，如图 8-20 所示。执行“效果→风格化→动态拼贴”命令，为预合成添加动态拼贴效果，参数设置如图 8-21 所示，增加纹理的金属质感。

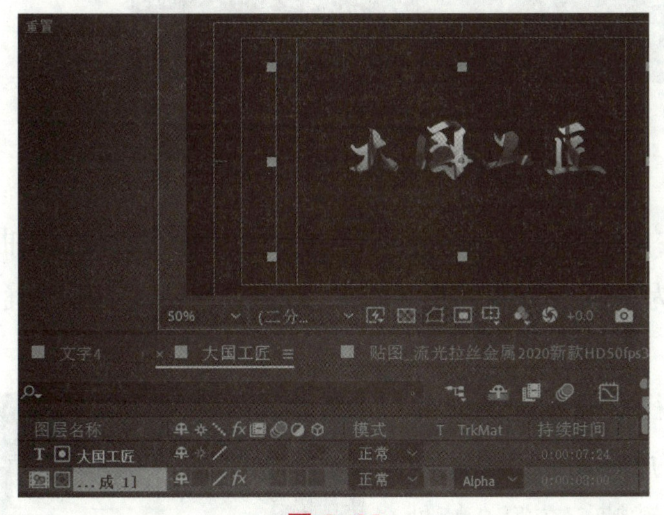

图 8-20

图 8-21

执行“效果→颜色校正→曲线”命令，调整参数如图 8-22 所示，为预合成添加金属颜色，完成后效果如图 8-23 所示。

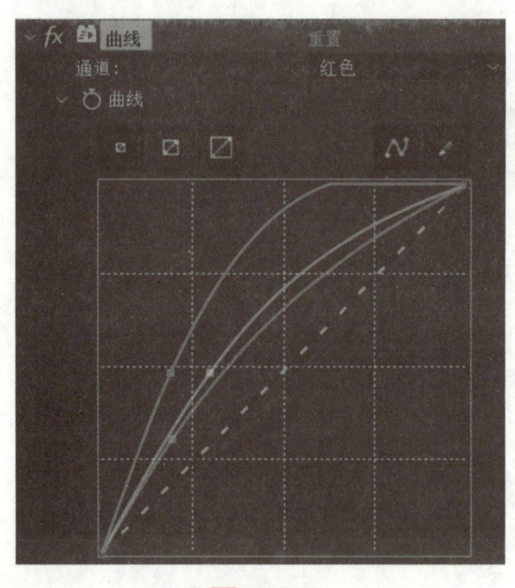

图 8-22

图 8-23

2. 文字扭曲放大效果制作

新建名称为“落版文字”的合成，选择预设模式为 HDV/HDTV 720 25，时间长度为 8 秒。将合成“大国工匠”拖放到“落版文字”的时间线面板，执行“效果→透视→斜面 Alpha”和“效果→透视→投影”命令，为图层添加倒角和投影效果。

执行“效果→扭曲→球面化”命令，为图层添加文字逐个放大显示效果，设置球面半径为 160，为球面中心添加关键帧动画。在第 3 秒处，球面中心为（350，350）；在第 7 秒处，球面中心为（920，350）；在第 8 秒处，球面中心为（1100，350）。合成预览效果如图 8-24 所示。

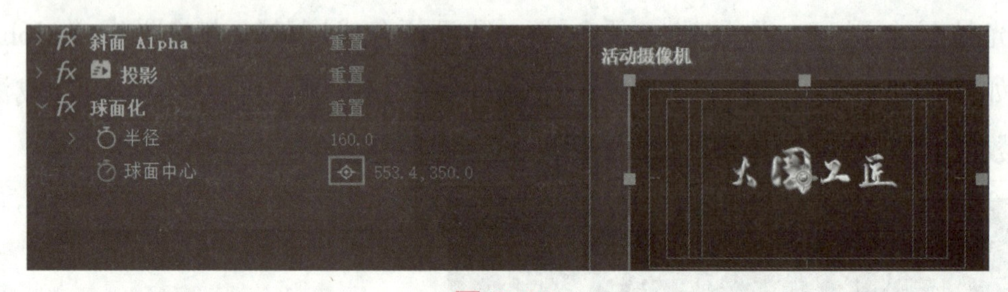

图 8-24

3. 文字逐渐显示效果制作

执行“图层→新建→形状”命令，在文字层上方新建形状图层 1，用钢笔工具绘制曲线形状，填充设置为“无填充”，描边颜色为白色，曲线的形状和长度根据下层文字排列确定，如图 8-25 所示。

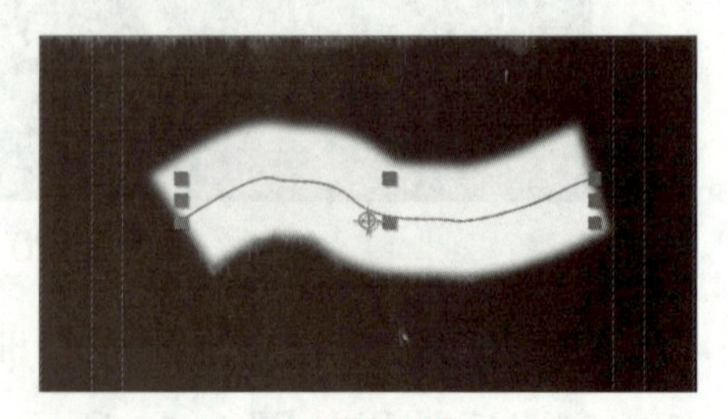
图 8-25

展开形状图层属性，添加“修剪路径”效果，为“结束”参数添加关键帧，在第 0 帧处设置为 0%，第 2 秒处设置为 100%。为描边 1 的描边宽度添加关键帧，在第 0 帧处设置为 0，第 20 帧和第 1 分 10 帧处均设置为 110，第 2 秒处设置为 117。设置“大国工匠”层的轨道遮罩为“Alpha

遮罩‘形状图层 1’”，完成文字逐渐出现效果，如图 8-26 所示。

图 8-26

4. 为文字添加粒子效果

执行“文件→导入→文件”命令，在 Particle-03 文件夹中选中第一张图片，勾选“PNG 序列”复选框，以 PNG 序列方式导入素材文件夹 Particle-03 中的粒子素材，将 Particle-03_［00000-00124］.png 拖放到时间线面板“大国工匠”层上方，将前 10 帧截取掉，时间线第 0 帧对齐粒子层的第 11 帧，选择图层模式为“相加”，为了使粒子更加明亮，按【Ctrl+D】组合键复制粒子层。时间线和预览效果如图 8-27 所示。

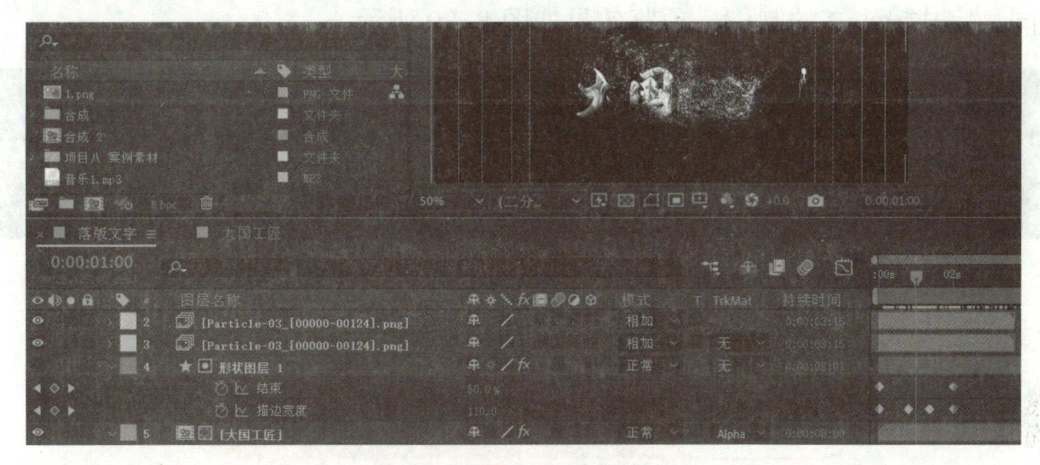

图 8-27

5. 添加摄像机动画

勾选图层 Particle-03_［00000-00124］.png，选择“大国工匠”的三维开关，执行“图层→新建→摄像机”命令，新建镜头为预设 50mm 的摄像机，为摄像机添加位置关键帧动画，第 0 帧处位置参数为（640，360，-2300），第 2 秒处位置参数为（640，360，-1800），第 7 秒处位置参数为（640，360，-1600）。制作文字由内向外放大效果。

执行“文件→导入→文件”命令，以 PNG 序列方式导入 Particle-02 文件夹中的素材，将粒子素材 Particle-02_［00000-00449］.png 拖放到时间线面板最下层，将时间指针定位到第 2 秒处，按【[】键将粒子层开始位置对齐到第 2 秒处，完成落版文字效果制作。

6. 镜头三制作

新建名称为“镜头 3”的合成，选择预设模式为 HDV/HDTV 720 25，时间长度为 8 秒。将合成“落版文字”拖放到时间线面板，执行“效果→颜色校正→亮度和对比度”命令，设置亮度参数为 50，进一步提高落版文字金属质感。

新建文本图层，输入文字“匠心独运 巧夺天工”，设置字体为黑体，字号为 40 像素，颜色为白色。为文本图层添加不透明度关键帧，第 1 秒处参数为 0，第 2 秒处参数为 100%。执行“效果→扭曲→极坐标”命令，为文本图层添加扭曲特效，第 2 秒处参数和效果如图 8-28 所示，第 4 秒处参数和效果如图 8-29 所示。执行“效果→模糊和锐化→径向模糊”命令，设置模糊类型为缩放，为数量添加关键帧，第 4 秒处为 1，第 7 秒处为 50，设置文字由清晰到模糊的效果。

图 8-28

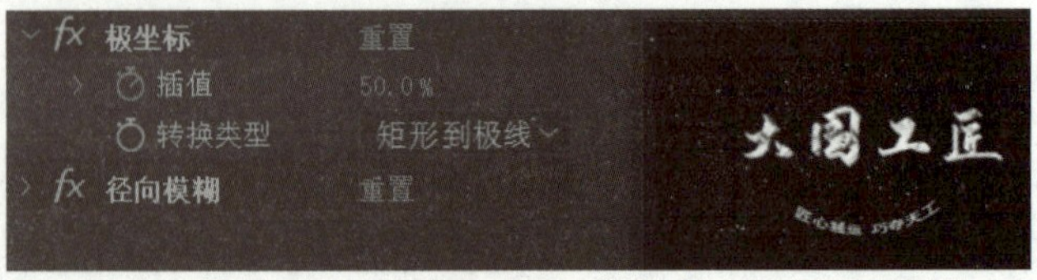

图 8-29

导入素材“粒子线条 .mp4”，拖放到时间线面板最上层，设置图层模式为“相加”，将素材开始位置对齐到第三秒处。将“背景 .mp4”拖放到时间线面板的底层，设置尺寸与合成大小相同，完成镜头 3 的制作，预览效果如图 8-30 所示。

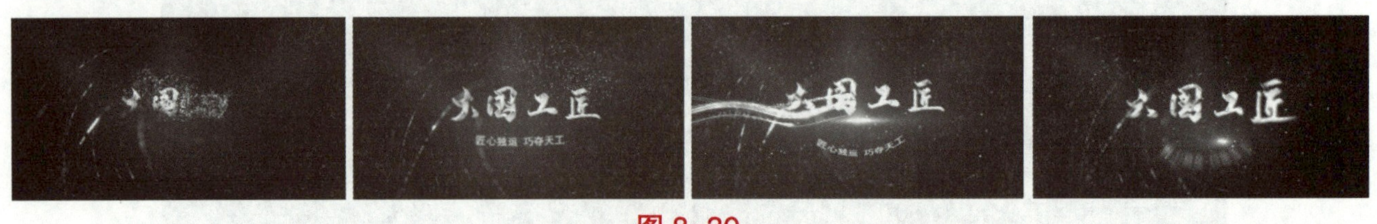

图 8-30

任务 4 大国工匠片头合成

任务解析

在本任务中，需要完成以下操作：

- 制作镜头与镜头之间的过渡效果。
- 制作音效延迟效果。
- 将视频跟声音、音效合成，渲染输出。

任务制作

1. 新建大国工匠片头合成

新建名称为“大国工匠片头”的合成，选择预设模式为 HDV/HDTV 720 25，时间长度为 26 秒。

2. 导入 3 个镜头，添加镜头与镜头的过渡效果

依次将合成镜头 1、镜头 2、镜头 3 拖放到时间线面板中，镜头 1 对齐第 0 帧处，镜头 2 开始位置对齐到第 9 秒处，镜头 3 开始位置对齐到第 18 秒处。

将时间指针定位到第 9 秒处，选择图层镜头 1，执行“效果→过渡→百叶窗”命令，为图层添加过渡特效，方向设置为 60°，其他参数使用默认，如图 8-31 所示。为过渡完成添加关键帧动画，第 9 秒处参数设置为 0，第 10 秒处参数设置为 100%。

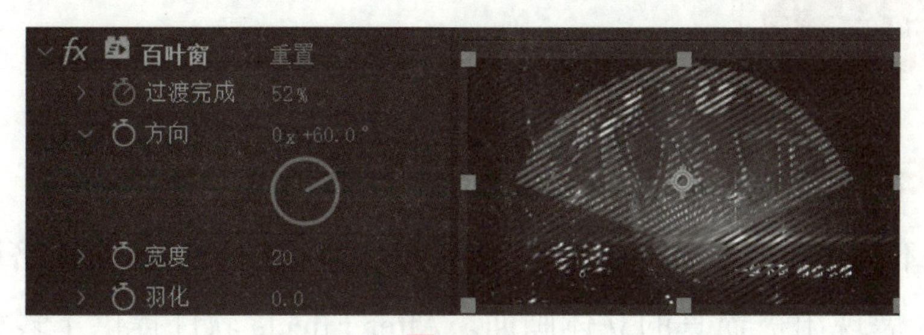

图 8-31

将时间指针定位到第 18 秒，选择图层镜头 2，执行“效果→过渡→百叶窗”命令，为图层添加过渡特效，方向设置为 -30°，其他参数使用默认。为过渡完成添加关键帧动画，第 18 秒处参数设置为 0，第 19 秒处参数设置为 100%。

3. 添加音效

导入素材“音效 .mp3”，拖放到时间线面板，打开音效的波形图，发现是多个音效波形，按【Alt+［】和【Alt+］】组合键，截取第一个波形段共 3 秒的音效。按【Ctrl+D】组合键复制两个音效图层，分别对齐到时间线的第 1 秒 10 帧处、第 10 秒 20 帧处和第 21 秒 15 帧处，使镜头 1、镜头 2 的文字和落版字幕的光线皆出现时配音效。

为了配合字幕的节奏，执行“效果→音频→延迟”命令，为第 1 秒 10 帧处的音效添加延迟效果，参数使用默认，如图 8-32 所示。

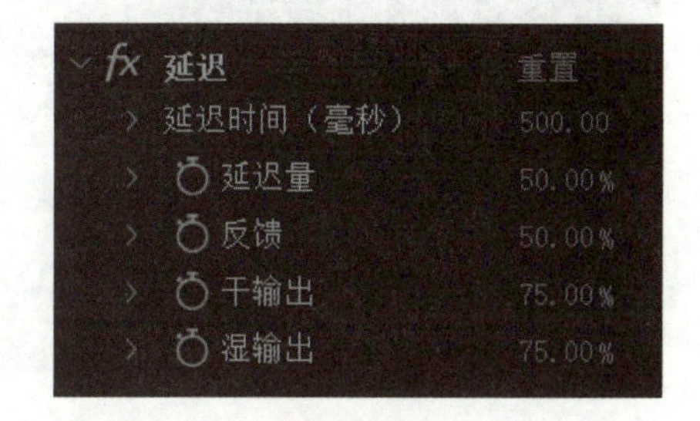

图 8-32

4. 添加背景音乐

导入素材“音乐 .mp3”，拖放到时间线面板的最下层，开始位置对齐第 0 帧。为音频电平添加关键帧，第 0 帧处参数为 -10，第 1 秒处参数为 0，第 26 秒处参数为 0，第 28 秒处参数为 -10，为声音设置淡入淡出效果。完成后时间线效果如图 8-33 所示。

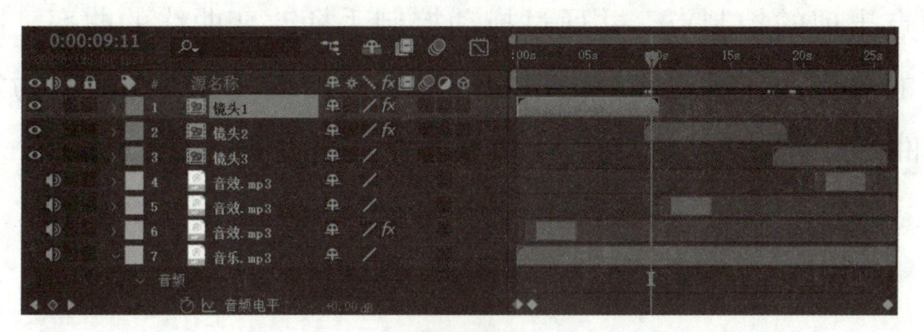

图 8-33

5. 渲染输出视频

在项目窗口中选中合成“大国工匠”栏目片头，执行“合成→添加到渲染队列”命令或按【Ctrl+M】组合键弹出“渲染队列”对话框，调整渲染参数，设置完成后单击“渲染”按钮，渲染输出栏目片头视频。

知识链接

一、After Effects 的扭曲特效

扭曲特效是在不损坏图像质量的前提下，对图像进行拉长、扭曲、挤压等操作，模拟出3D 空间效果，给人展现出极逼真的立体画面。After Effects 软件提供了多种扭曲特效，下面介绍常用的几种。

1. 球面化

球面化特效主要是在图像表面产生球面化效果，如同将图像包裹在不同半径的球面上，也可用来模拟鱼眼的效果。导入素材图像后，执行“效果→扭曲→球面化”命令，为素材添加球面化特效。特效参数及效果如图 8-34 所示。

- 半径：设置球面的半径。
- 球面中心：设置球的中心点。

图 8-34

2. 贝塞尔曲线变形

贝塞尔曲线变形特效通过调整围绕在图像周围的贝塞尔曲线来改变形状。调整该特效中图像四周每个顶点出现的控制点，并通过拖动控制手柄改变曲线的曲率，同时改变图像形状。选择要变形的图像，执行“效果→扭曲→贝塞尔曲线变形”命令，为素材添加变形特效。展开效果控件窗口，特效参数如图 8-35 所示。

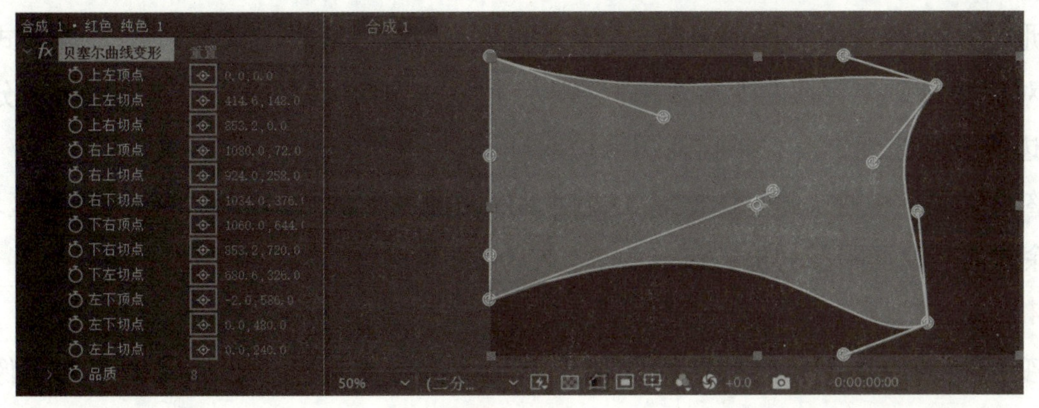

图 8–35

3. 湍流置换

湍流置换特效通过使用不规则噪波让图像生成杂乱无序的扭曲变形效果。选择要变形的图像，执行“效果→扭曲→湍流置换”命令，为素材添加无序扭曲变形特效。展开效果控件窗口，特效参数如图 8–36 所示。

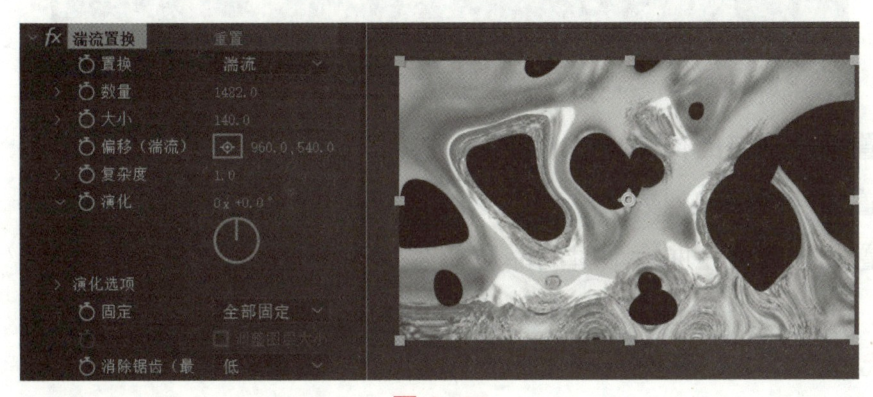

图 8–36

• 置换：指定图像扭曲变形的类型。后面的下拉菜单中有湍流、凸出、扭转、垂直置换、水平置换、交叉置换等 9 种置换类型可选。

• 数量：设置无序扭曲变形的强度。参数值越大，扭曲变形效果越明显。

• 大小：设置无序扭曲变形的大小或半径。

• 偏移（湍流）：指定无序扭曲变形的位置。

• 复杂度：指定无序扭曲变形的复杂程度。参数值越大，细节越多。

• 演化：指定无序扭曲变形在时间上的变化。

• 演化选项：各选项如图 8–37 所示。

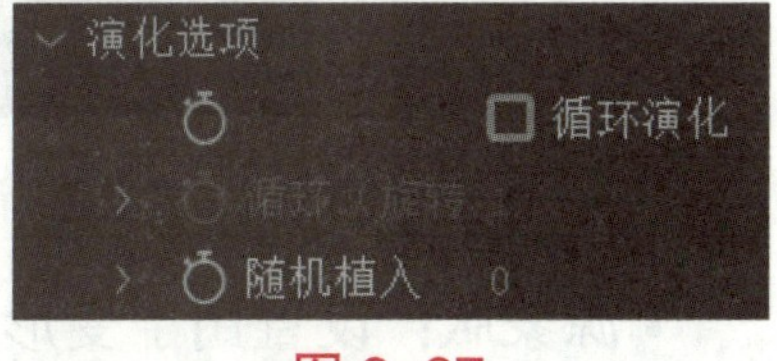

图 8–37

➢ 循环演化：勾选“循环演化”复选框后，无序扭曲变形在时间上的变化是循环性的。

➢ 循环：指定一个无序扭曲变形循环中演变的次数。

➢ 随机植入：指定无序扭曲变形产生的随机值。

• 固定：指定锁定图像边缘的方式。后面的下拉菜单中有 15 种方式可选。“无”方式表示扭曲变形对图像的边缘无任何限制。“全部固定”“水平固定”“垂直固定”等方式表示分别在图像对应边缘最小化扭曲变形效果。“锁定全部”“锁定垂直固定”等方式表示分别锁定图像对应边缘使扭曲变形不会影响到图像边缘地区。

- 调整图层大小：勾选此复选框后，将使无序扭曲变形的势力范围扩散到图像区域之外。
- 消除锯齿：设置图像的抗锯齿能力。

4. 网格变形

网格变形特效应用网格化的曲线切片控制图像的扭曲变形。选择要变形的图像，执行“效果→扭曲→网格变形”命令，为素材添加网格变形特效。展开效果控件窗口，特效参数如图 8–38 所示。

图 8–38

- 行数：设置细分网格的行数。
- 列数：设置细分网格的列数。
- 品质：设置细分网格扭曲变形时的品质。
- 扭曲网格：设置网格扭曲变形的关键帧动画。

5. 改变形状

改变形状特效通过产生一个源遮罩来定义需要变形的区域，同时建立一个目标遮罩作为变形后的区域，可以将图层上的一个形状转变为另一个形状。选择要变形的图像，执行“效果→扭曲→改变形状”命令，为素材添加改变形状特效。展开效果控件窗口，特效参数如图 8–39 所示。

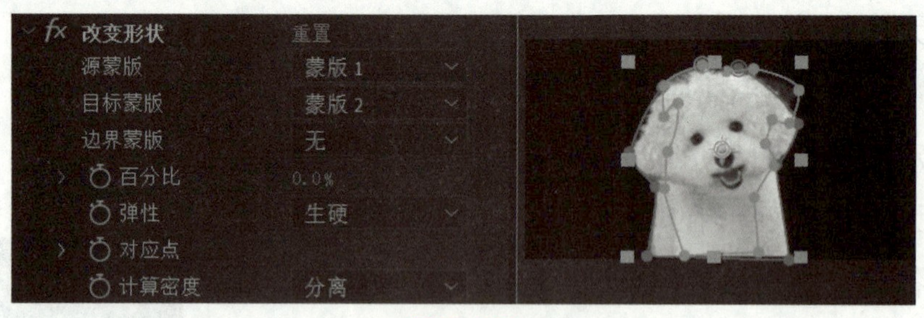

图 8–39

- 源蒙版：设置用于变形的起始遮罩蒙版。
- 目标蒙版：设置变形的结果遮罩蒙版。
- 边界蒙版：设置图像的变形范围，只在边界范围内的区域才发生变化，一般可以选择“无”。

• 百分比：控制变形的百分比。

• 弹性：设置图形变形与曲线定义的形状的贴近程度，有生硬、正常、松散、液体等 9 种方式。

• 对应点：源遮罩与目标遮罩对应点的数量。

• 计算密度：控制变形关键帧的插值方式，包括分离、线性、平滑三种方式。

6. CC Page Turn

CC Page Turn 特效可以模拟图像卷页的效果，制作出图像卷页的动画效果，如创建书本分页的动画。选择要卷页的图像，执行“效果→扭曲→ CC Page Turn”命令，为素材添加卷页特效。展开效果控件窗口，特效参数如图 8-40 所示。

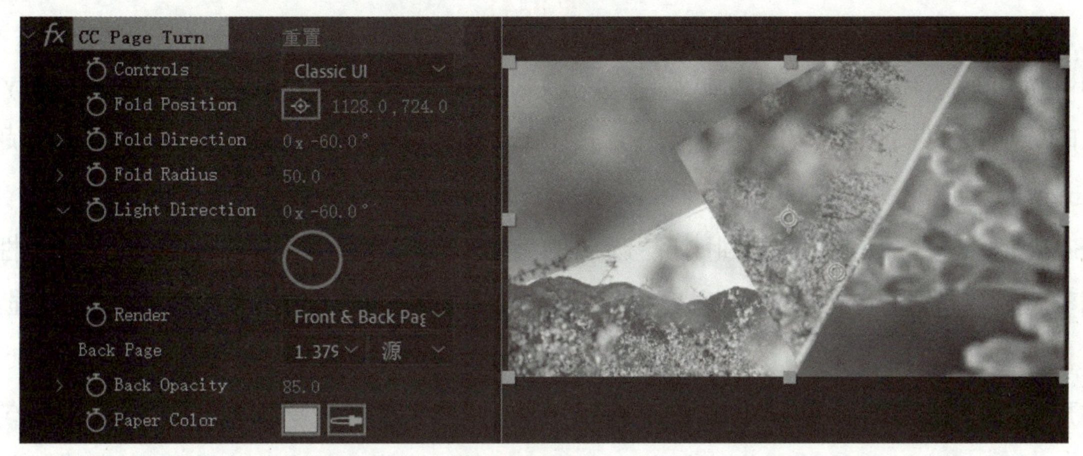

图 8-40

• Controls（控制）：在该选项的下拉列表中，可以选择不同的控制方式。

• Fold Position（折叠位置）：设置卷页的起始位置。

• Fold Direction（折叠方向）：设置卷页的方向角度。

• Fold Radius（折叠半径）：用于定义折叠部分的半径，其中，折叠半径越大，折叠的弯曲部分越平滑。

• Light Direction（光照方向）：设置光照的方向角度。

• Render（渲染）：设置效果中显示的部分，主要包括三种情况：Front&Back Page、Back Page、Front Page，选择哪个选项，渲染效果时就只显示该部分的内容。

• Back Page（背面）：可以从当前合成图层中选择图像作为背面图像。

• Back Opacity（背面透明度）：设置背面图像的透明度。

• Paper Color（纸张颜色）：设置纸张颜色。

7. CC Blobbylize

CC Blobbylize 特效可以将图像中的纹理模拟为塑料包装的效果。选择要添加特效的图像，执行“效果→扭曲→ CC Blobbylize”命令，为素材添加融化落点特效。展开效果控件窗口，特效参数如图 8-41 所示。

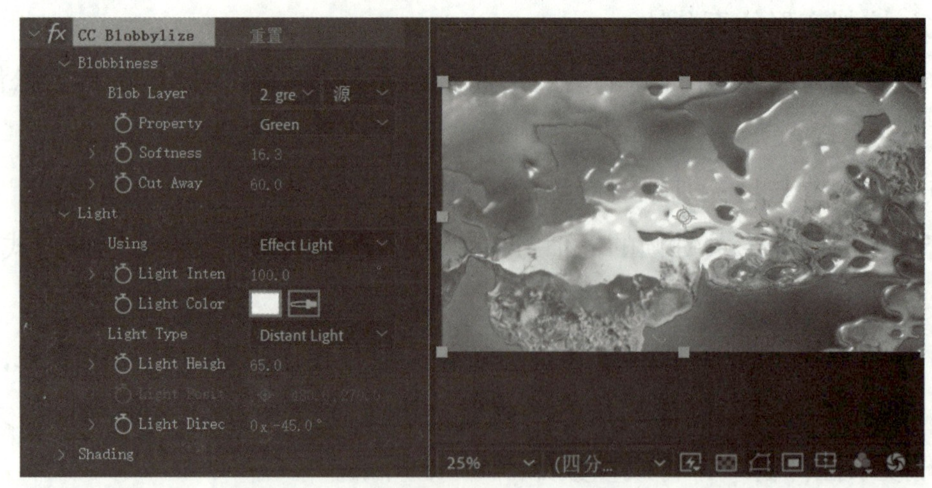

图 8-41

• Blobbiness（融化落点）：通过调整该选项组中各选项的参数，以及对 Property 选项下拉列表的设置，可模拟多样的塑料效果。其中 Cut Away 选项数值越大，删除的部分越多。

• Light：通过照明属性的设置，可以模拟各种较为真实的光照。

• Shading：通过调整该选项组中各选项的参数，可以设置图像中阴影部分的属性。其中通过调整 Metal 选项的参数，可以设置图像的金属质感强度，数值越大金属质感越强。

8. 波形变形

波形变形特效主要功能是生成波纹抖动效果，在不创建关键帧时，能自动生成匀速抖动的动画。选择要添加特效的图像，执行“效果→扭曲→波形变形”命令，为素材添加波纹抖动特效。展开效果控件窗口，特效参数如图 8-42 所示。

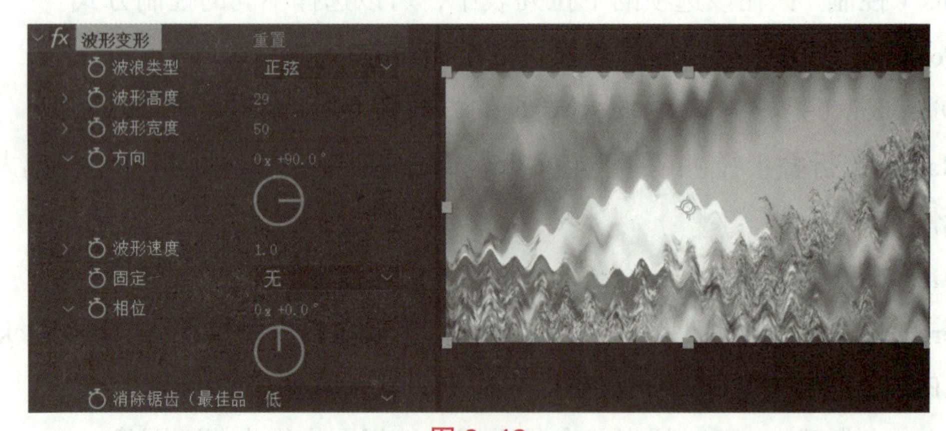

图 8-42

• 波浪类型：通过该选项的下拉列表来选择波形效果。该选项共提供了 9 种波形效果。

• 波形高度：设置波浪的高度。

• 波形宽度：设置波浪的宽度。

• 方向：设置波浪的方向。

• 波形速度：设置波浪抖动的速度。

• 固定：通过下拉列表中的选项可固定所选区域图像，防止变形。

• 相位：平移波纹效果，调整波纹位置。

• 消除锯齿：设置波浪的平滑效果。

9. 极坐标

极坐标特效可以实现平面坐标和极坐标的转换效果。选择要添加特效的图像，执行“效果→扭曲→极坐标”命令，为素材添加极坐标特效。展开效果控件窗口，特效参数及效果如图 8–43 所示。

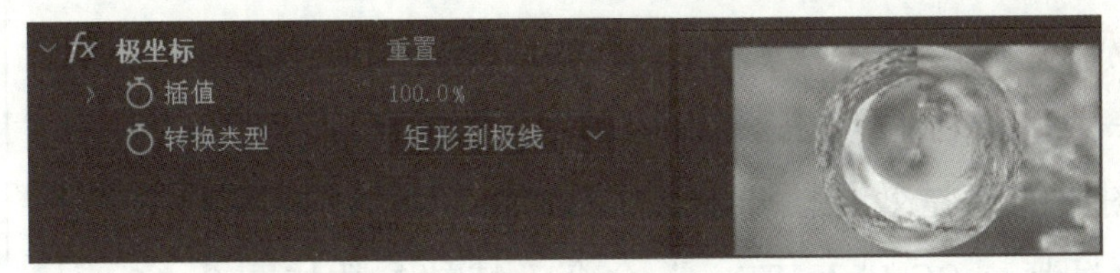

图 8–43

• 插值：设置坐标转换的百分比。

• 转换类型：选择转换类型，提供矩形到极线和极线到矩形两种转换方式。

10. 置换图

置换图特效以指定的层作为位移图层，依据其像素颜色值水平和垂直位移的颜色属性，来对当前层进行变形。选择要添加置换的图像，执行“效果→扭曲→置换图”命令，为素材添加置换图特效。展开效果控件窗口，特效参数及效果如图 8–44 所示。

图 8–44

• 置换图层：指定作为位移图层的层。

• 用于水平置换：选择位移层对本层水平方向起作用的通道。

• 最大水平置换：最大水平变形程度。

• 用于垂直置换：选择位移层对本层垂直方向起作用的通道。

• 最大垂直置换：最大垂直变形程度。

• 置换图特性：设置置换方式。其共有 3 种方工，中心图方式，置换图映射居中；伸缩对应图以适合方式，将置换图伸缩至图层大小；拼贴图方式，将置换图复制平铺。

• 边缘特性：共包括两个选项，其中“像素回绕”选项将效果锁定在边缘像素内；“扩展输出”选项将效果扩展到源图像边缘之外。

二、After Effects 的过渡特效

过渡特效主要用于实现转场效果，在 AE 中的转场特效与其他的非线性编辑软件中的转场特效不同，其他软件的转场特效是作用在镜头与镜头之间的，而 AE 中的转场特效则是作用在图层上的。After Effects 提供了多种过渡特效，如图 8–45 所示，下面介绍几种常用的过渡特效。

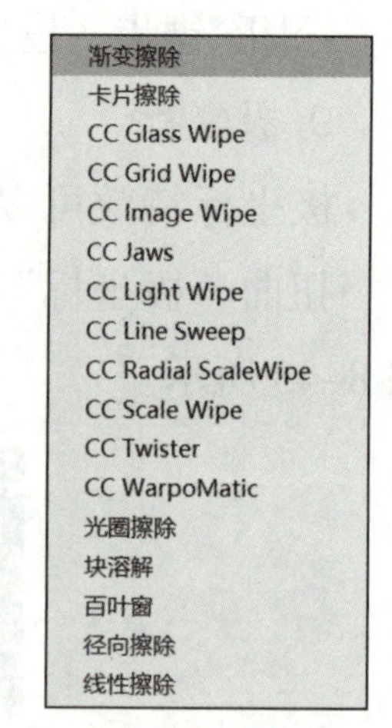

图 8–45

1.CC Light Wipe

CC Light Wipe 光线擦除特效主要功能是模拟光线在原图像前面加一个光线折射图形的擦拭效果。选择需要添加 CC 光线擦除的图层，执行“效果→过渡→ CC Light Wipe”命令，特效参数如图 8–46 所示。

图 8–46

• Completion：完成度。设置特效的完成程度，设置范围为 0~100%。

• Center：中心。通过调整该参数，可设置光线区域中心在 X 轴和 Y 轴的位置，也可单击定位点按钮，在合成窗口中进行定位。

• Intensity：强度。设置光线的强度，数值越大，光线越强，最大数值为 400。

• Shape：形状。设置模拟光线擦除层的形状。其提供了 3 种形状：Round、Doors 和 Square。

• Direction：方向。调整形状在原图像中的方向，以改变光线效果。只能在 Doors 和 Square 选项下启用。

• Color from So：颜色来自图像源。启用该选项，将从源点位置开始有颜色。

• Color：颜色。设置光线的颜色。

• Reverse Trans：反向过渡，启用该选项，将反向光线擦除层。

2.CC Glass Wipe

CC Glass Wipe 玻璃状擦除特效主要功能是模拟一种玻璃状的过渡效果。选择需要添加过渡的图层，执行“效果→过渡→ CC Glass Wipe”命令，特效参数及效果如图 8–47 所示。

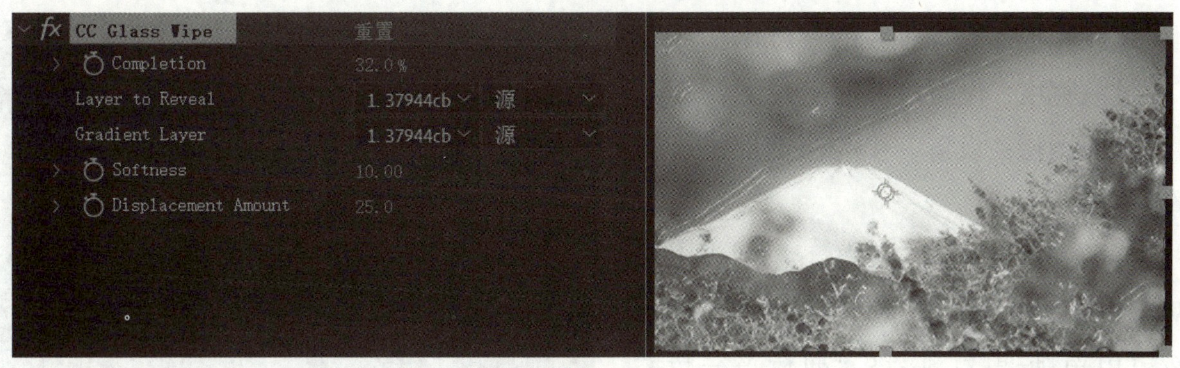

图 8–47

• Completion：完成度。设置特效的完成程度，设置范围为 0~100%。

• Layer Reveal：显示图层。通过设置该选项，定义显示图层。

• Gradient Layer：渐变图层。通过设置该选项，定义渐变效果图层。

• Softness：柔化。定义效果的柔化值。

• Displacement Amount：置换范围。定义效果的置换值，数值越大，置换效果越强烈。

3. CC Twister

CC Twister 龙卷风特效主要功能是模拟龙卷风变换的过渡效果。选择需要添加过渡的图层，执行“效果→过渡→ CC Twister”命令，特效参数及效果如图 8–48 所示。

图 8–48

• Completion：完成度。设置特效的完成程度，设置范围为 0~100%。

• Backside：背面。定义背面图像层，默认为原图像。

• Shading：阴影。启用该选项，为图像添加阴影效果。

• Center：中心。通过调整该选项参数，可改变 X、Y 轴的坐标位置，得到不同的模拟龙卷风图像效果。

• Axis：轴。设置龙卷风的轴线。

4. 卡片擦除

卡片擦除特效能和指定的切换层进行卡片式反转擦拭。此外，它还拥有独立的摄像机、灯光和材质系统。选择需要添加过渡的图层，执行“效果→过渡→卡片擦除”命令，特效参数如图 8–49 所示。

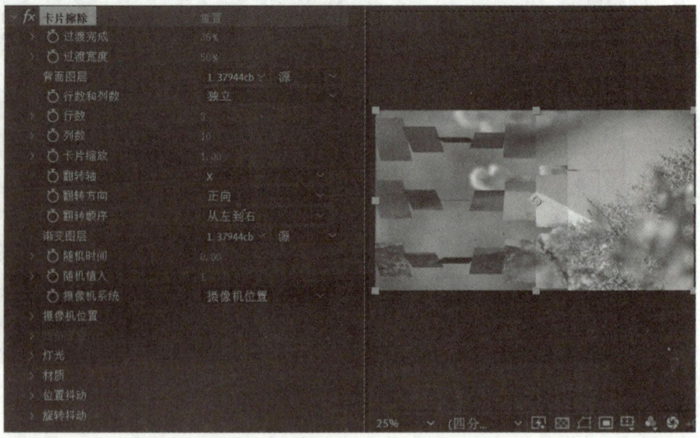

- 过渡完成：设置过渡的百分比。
- 过渡宽度：设置过渡时卡片的宽度。
- 背面图层：设置一个与当前层进行切换的图层。
- 行数和列数：该参数的下拉列表中包括两个选项，选择“独立”选项，行数和列数可以单独调整；选择“列数受行数控制”选项，列数将由行数来控制。

图 8-49

- 卡片缩放：可以对卡片尺寸进行缩放。
- 翻转轴：选择卡片翻转使用的轴。
- 翻转方向：卡片翻转的方向设置。正向方式，进行正面翻转；反向方式，进行反向翻转；随机方式，进行随机翻转。
- 翻转顺序：可以指定卡片翻转的顺序。
- 渐变图层：可以设置一个渐变层影响卡片切换的效果。
- 随机时间：可以对卡片切换进行随机定时设置，使所有的卡片翻转时间产生一定的偏差，而不是同时开始翻转。
- 随机植入：为卡片切换特效设置一个随机种子数。
- 摄像机系统：选择“摄像机位置”选项，则由特效自身的摄像机系统控制效果；选择“边角定位”选项，则由边角定位产生的 4 个顶点进行效果控制；选择“合成摄像机”选项，则由合成图像中的摄像机进行效果控制。
- 灯光：可以设置灯光的类型、强度和范围等。
- 材质：设置卡片的材质。
- 位置抖动：对卡片 X/Y/Z 轴上的位置设定一个抖动值。
- 旋转抖动：为卡片 X/Y/Z 轴上的旋转设置抖动。

5. 光圈擦除

光圈擦除特效是通过从任意位置辐射出逐渐变化的规则图形来显示下面图像层的过渡效果。选择需要添加过渡的图层，执行“效果→过渡→光圈擦除”命令，特效参数及效果如图 8-50 所示。

图 8-50

• 光圈中心：设置辐射中心的位置，可在图像范围中，也可在图像范围外。

• 点光圈：设置多边形形状，数值范围为6~32。数值越大，形状越趋向于圆。

• 外径：设置辐射的外半径。

• 使用内径：启用该选项，通过调整“外径”和“内径”参数，设置放射状图形。

• 旋转：设置多边形的旋转角度。

• 羽化：设置边缘柔化。

6. 渐变擦除

渐变擦除特效是以渐变层的亮度值为基础来模拟渐变转场的过渡效果的。选择需要添加过渡的图层，执行“效果→过渡→渐变擦除”命令，特效参数及效果如图8–51所示。

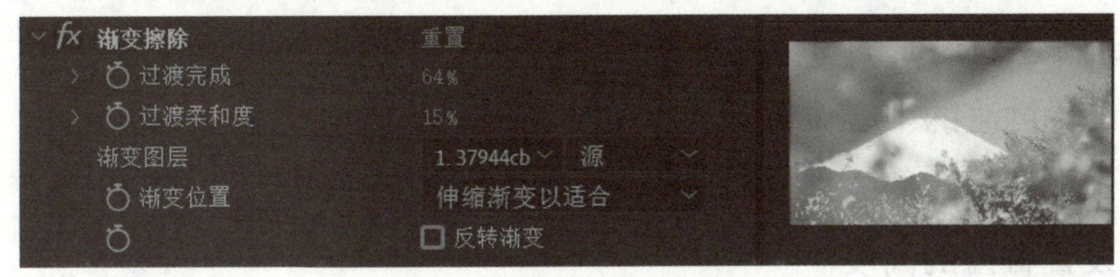

图8–51

• 过渡完成：设置过渡的百分比。

• 过渡柔和度：设置过渡的柔化程度。

• 渐变图层：定义渐变层。渐变层的像素亮度决定了渐变图像中对应区域的某像素区域先发生渐变。默认情况下，渐变层的暗部区域先发生渐变。

• 渐变位置：设置渐变层的位置和尺寸匹配方式。

• 反转渐变：启用该选项，将反转渐变层明暗次序，从亮部区域开始产生渐变过渡效果。

7. 块溶解

块溶解特效主要功能是通过随机分布黑色板块来显示下面的图像，设置不同参数可得到不同的过渡效果。选择需要添加过渡的图层，执行“效果→过渡→块溶解”命令，特效参数及效果如图8–52所示。

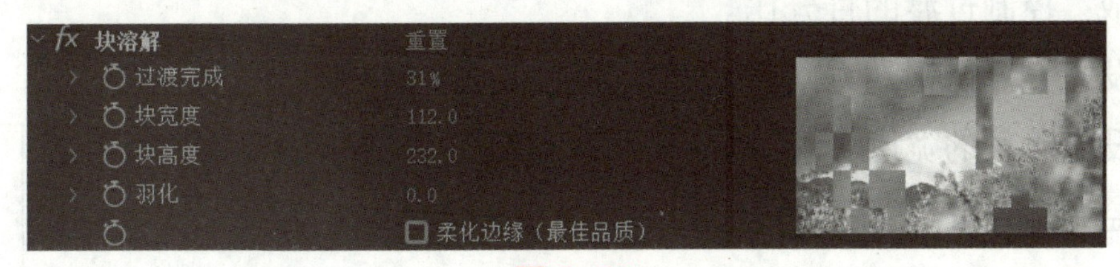

图8–52

• 过渡完成：设置过渡的百分比。

• 块宽度 / 块高度：设置块的宽度和高度。

• 羽化：设置块的柔化。

• 柔化边缘：柔化板块边缘，与羽化选项属性相似，两个属性可叠加。

8. CC Jaws

CC Jaws 特效主要功能是通过模拟鲨鱼齿的过渡效果。选择需要添加过渡的图层，执行“效果→过渡→ CC Jaws”命令，特效参数及效果如图 8-53 所示。

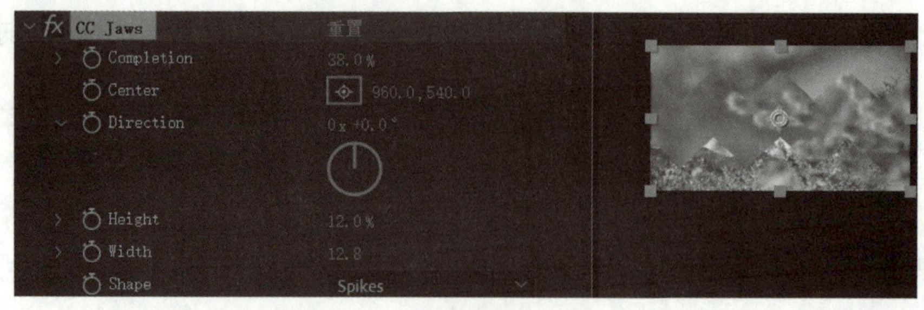

图 8-53

- Completion：设置过渡的百分比。
- Center：设置过渡的中心位置。
- Direction：设置过渡的方向。
- Height：设置鲨齿的高度。
- Width：设置鲨齿的宽度。
- Shape：设置鲨齿的形状，有 Spikes、Robojaw、Block、Waves 四种方式。

9. 百叶窗

百叶窗特效主要功能是模拟百叶窗过渡效果。选择需要添加过渡的图层，执行“效果→过渡→百叶窗”命令，特效参数及效果如图 8-54 所示。

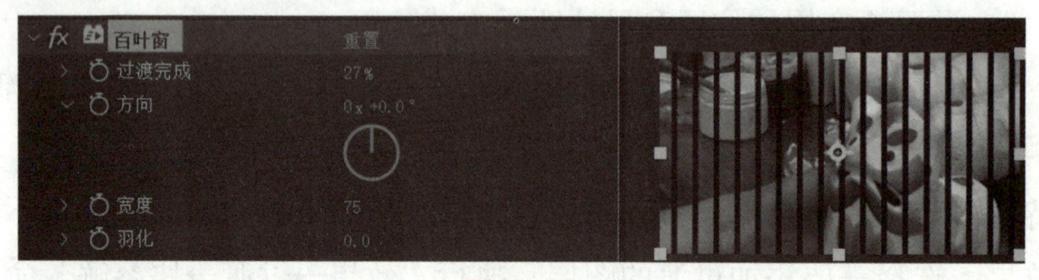

图 8-54

- 过渡完成：控制过渡的百分比。
- 方向：设置百叶窗格的方向。
- 宽度：设置叶片的宽度。
- 羽化：控制叶片的柔化程度。

三、After Effects 的音频特效

音频特效主要功能是为声音添加各种效果，例如延迟、倒放等。After Effects 提供了多种音频特效，如图 8-55 所示，下面介绍几种常用的音频特效。

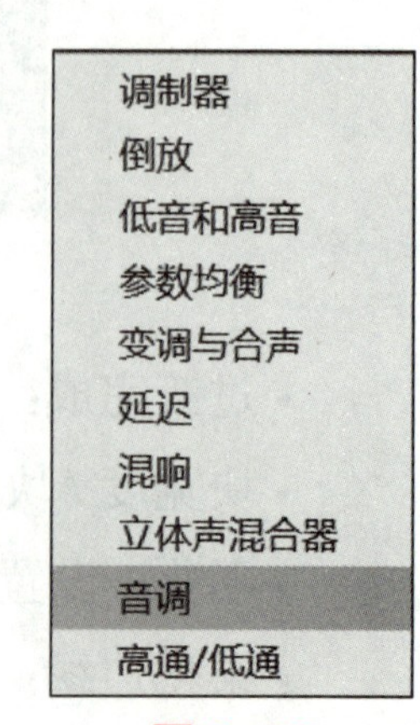

图 8-55

1. 倒放

倒放特效用于将音频素材反向播放，从最后一帧播放到第一帧，在时间线窗口中，这些帧仍然按原来的顺序排列。

2. 低音和高音

低音和高音特效用于调整高低音调，特效参数如图 8-56 所示。

- 低音：用于升高或降低低音部分。
- 高音：用于升高或降低高音部分。

3. 延迟

延迟特效用于延时效果，可以设置声音在一定的时间后重复的效果。用来模拟声音被物体反射的效果，特效参数如图 8-57 所示。

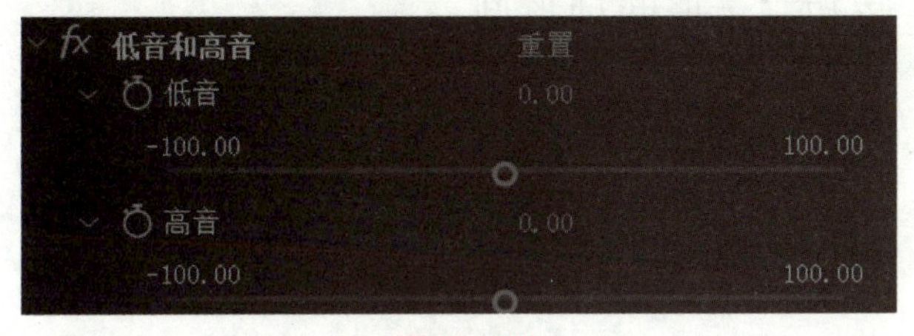

图 8-56

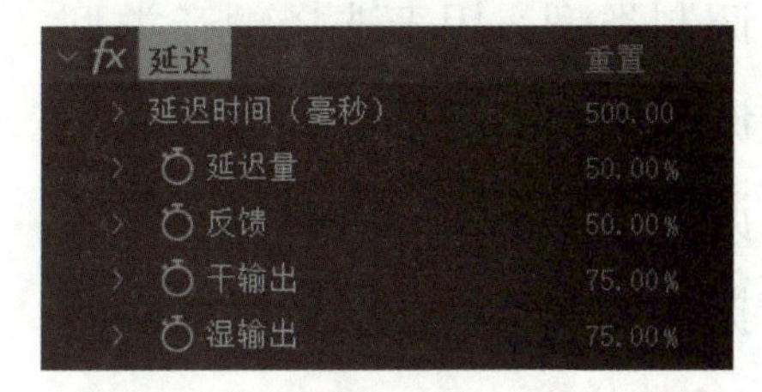

图 8-57

- 延迟时间：设置延时的时间，以毫秒（ms）为单位。
- 延迟量：设置延时的量。
- 反馈：设置反射比例。
- 干输出：设置原音输出，表示不经过修饰的声音输出量。
- 湿输出：设置效果音输出，表示经过修饰的声音输出量。

4. 变调与和声

变调与和声特效包括两个独立的音频效果。变调用于设置变调效果，和声用于设置和声效果，使单个语音或者乐器听起来更有深度，特效参数如图 8-58 所示。

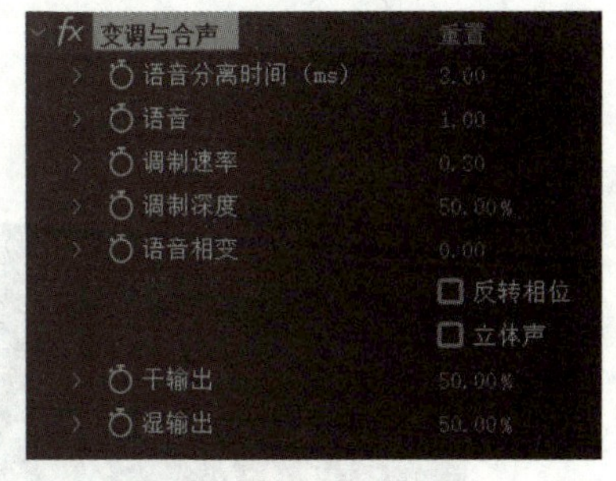

图 8-58

- 语音分离时间（ms）：用于设置声音分离时间。每个分离的声音是原音的延时效果声。设置较低的参数值通常用于变调效果，较高的数值用于和声效果。
- 语音：用于设置和声的数量。
- 调制速率：用于调整调制的速率，以 Hz 为单位指定频率调制。
- 调制深度：用于调整调制的深度。
- 语音相变：设置声音相位变化。
- 干输出：设置原音输出，不经过修饰的声音输出量。
- 湿输出：设置效果音输出，经过修饰的声音输出量。

5. 高通 / 低通

高通 / 低通特效应用高低通滤波器，只让高于或低于某个频率的声音通过，特效参数如图 8–59 所示。

图 8–59

- 滤镜选项：用于选择应用高通滤波器和低通滤波器。
- 屏蔽频率：用于设置切除频率。
- 干输出：设置原音输出，不经过修饰的声音输出量。
- 湿输出：设置效果音输出，经过修饰的声音输出量。

6. 调制器

调制器特效可以改变声音的变化率和振幅，特效参数如图 8–60 所示。

- 调制类型：用于选择颤音类型，提供正弦和三角形两种类型。
- 调制速率：用于设置速度。
- 调制深度：用于设置调制深度。
- 振幅变调：用于设置振幅。

7. 参数均衡

参数均衡特效可以为音频设置参数均衡器，强化或衰减指定的频率，参数设置如图 8–61 所示。

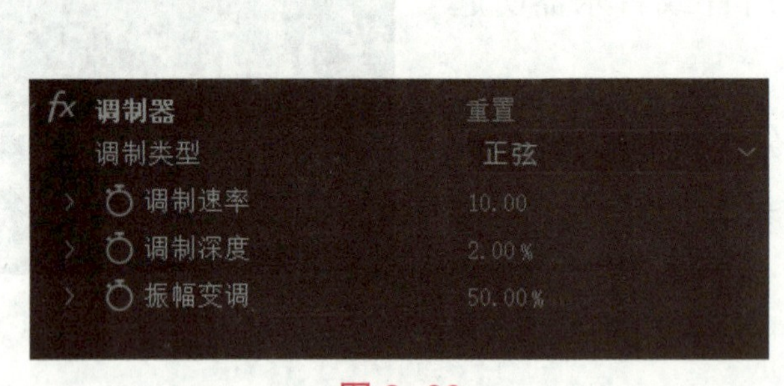

图 8–60

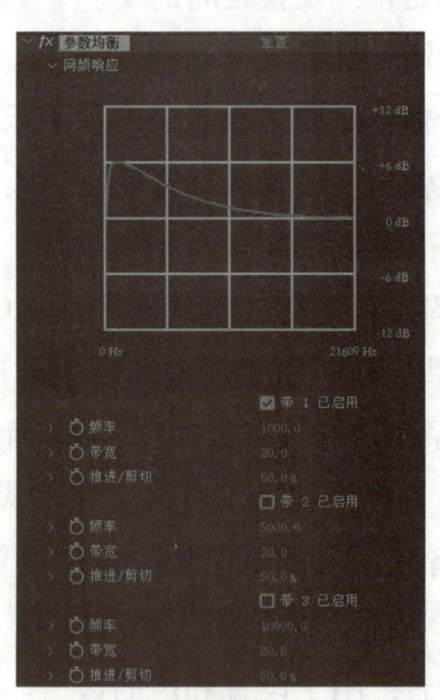

图 8–61

- 网频响应：频率响应曲线，水平方向表示频率范围，垂直表示增益值。
- 带 1/2/3 已启用：最多可以使用 3 条，打开后可以对其下面的相应参数进行调整。
- 频率：设置调整的频率点。
- 带宽：设置带宽。
- 推进 / 剪切：提升或切除，调整增益值。

8. 音调

音调特效用来简单合成固定音调，比如潜艇在水中的行进声、电话铃声、警笛声以及激光等声音效果，最多可以增加 5 个音调产生和弦，参数设置如图 8-62 所示。

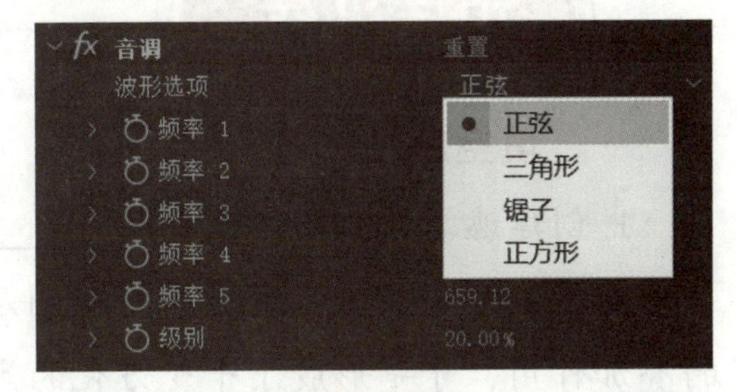

图 8-62

- 波形选项：用于选择波形形状，提供正弦、三角形、锯子、正方形四种形状。
- 频率 1/2/3/4/5：分别设置 5 个音调的频率点。如果要关闭某个频率的时候，其参数设置为 0。
- 级别：调整振幅。如果预览的时候出现警告声，说明级别设置过高。依照使用的音调个数除以 100%，如果用满 5 个音调，则级别值为 20%。

项目拓展

一、拓展任务

以“大国重器”或“科幻空间”栏目包装为主题，制作一个栏目片头和片尾。

二、制作要求

1. 分工协作

（1）以小组为单位，选择主题及搜集素材。

（2）每个片头需要综合运用蒙版、扭曲、透视特效中的效果进行设置。

（3）片头字幕制作动态文字效果。

（4）画面美观，色彩协调，动作流畅，创意新颖。

（5）对声音进行合理处理。

（6）制作合理的过渡效果。

2. 各显神通

小组成员利用本组的主题和素材，分别完成栏目包装的片头和片尾制作。镜头动画可以自主设计，根据选取素材情况合理添加扭曲、过渡等特效技术。同一个栏目主题的片头、片尾要相互呼应、风格一致。

3. 作品展示

将作品提交到教学平台或交流群互相点评，推荐最优小组和最优作品。

巩固训练

一、填空题

1. 创建遮罩蒙版的方法有：__________、通过 PS 软件绘制、__________、路径转成遮罩。

2. 在影片合成时，通过学习对图层应用不同的__________，使它们对其他图层产生相应的叠加作用，于是形成了千变万化的影像特效。

3. Afer Effects CC 2021 自带许多标准的滤镜特效，包括三维、音频、模糊与锐化、__________、__________、透视、__________、风格化、时间、切换等。

4. “色彩校正”特效菜单中提供了大量的对图像颜色信息进行调整的方法，包括自动颜色、__________、__________、色彩平衡量、__________、色相位 / 饱和度等特效。

二、上机实训

1. 利用扭曲中的改变形状特效，制作狗狗变脸效果，如图 8-63 所示效果。

 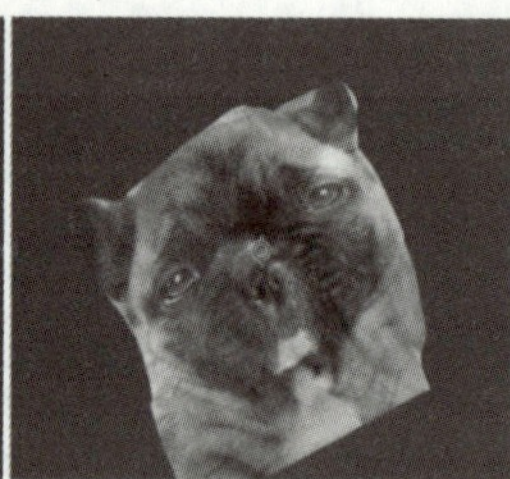  

图 8-63

2. 利用网格变形特效，制作建筑扶正效果，如图 8-64 所示。

图 8-64